工业和信息化精品系列教材

网络技术

项目式微课版

Network Technique

综合布线技术

李巧君 崔升广 ◉ 主编

时磊 余森 孔小婧 ◉ 副主编

人民邮电出版社

北 京

图书在版编目（CIP）数据

综合布线技术：项目式微课版 / 李巧君，崔升广主编. -- 北京：人民邮电出版社，2024.3
工业和信息化精品系列教材. 网络技术
ISBN 978-7-115-63660-7

Ⅰ. ①综… Ⅱ. ①李… ②崔… Ⅲ. ①计算机网络—布线—高等学校—教材 Ⅳ. ①TP393.03

中国国家版本馆CIP数据核字(2024)第023422号

内 容 提 要

根据高等院校的培养目标、培养特点和培养要求，本书由浅入深、全面系统地讲解综合布线的必备知识和实用技能。本书共 9 个项目，包括初识综合布线系统、认识综合布线产品、工作区子系统的设计与实施、配线子系统的设计与实施、干线子系统的设计与实施、电信间子系统的设计与实施、设备间子系统的设计与实施、进线间子系统和建筑群子系统的设计与实施，以及综合布线系统工程的测试与验收。为了让读者更好地巩固所学知识，为每个项目都配备了项目实训和课后习题。

本书可作为高等院校信息技术类专业综合布线技术课程的教材，也可作为从事综合布线工程的专业技术人员的参考用书。

◆ 主　　编　李巧君　崔升广
　　副主编　时　磊　余　森　孔小婧
　　责任编辑　郭　雯
　　责任印制　王　郁　焦志炜

◆ 人民邮电出版社出版发行　　北京市丰台区成寿寺路 11 号
　　邮编　100164　电子邮件　315@ptpress.com.cn
　　网址　https://www.ptpress.com.cn
　　三河市君旺印务有限公司印刷

◆ 开本：787×1092　1/16
　　印张：15.25　　　　　　　　　　2024 年 3 月第 1 版
　　字数：426 千字　　　　　　　　 2025 年 1 月河北第 2 次印刷

定价：59.80 元

读者服务热线：(010)81055256　印装质量热线：(010)81055316
反盗版热线：(010)81055315
广告经营许可证：京东市监广登字 20170147 号

前言 PREFACE

党的二十大报告提出：教育、科技、人才是全面建设社会主义现代化国家的基础性、战略性支撑。随着计算机网络技术的不断发展，计算机网络的应用越来越广泛，各行业都在建设本行业的网络工程，人们逐渐认识到优秀的结构化布线的重要性。为了给用户提供高速、可靠的信息传输通道，需要在建筑物内或建筑物之间建立方便、灵活、稳定的布线系统。综合布线系统具有统一的工业标准和严格的规范，是一个集标准与标准测试于一体的完整系统，具有高度的灵活性，能满足不同用户的各种需求。随着综合布线系统在网络工程中的广泛使用，越来越多的行业人员需要了解综合布线的基础知识，社会上也需要大量的具有综合布线知识和技能的网络工程技术人员和布线施工人员。

本书以工程设计、安装施工和运维管理等专业技能为重点，依据 GB 50311—2016《综合布线系统工程设计规范》和 GB/T 50312—2016《综合布线系统工程验收规范》等国家标准编写，内容按照典型工作任务和工程项目流程以及编者多年从事工程项目的实际经验精心安排，突出项目设计和岗位技能训练，同时列举大量的工程实例和典型工作任务，提供大量的设计图样和工程经验，层次清晰、图文并茂、实操性强。

本书融入编者丰富的教学经验，从综合布线技术初学者的视角出发，采用"教、学、做一体化"的教学方法，是一本培养应用型人才的教材。本书以实际项目转化的应用为主线，以"学做合一"的理念为指导，在完成技术讲解的同时，对读者提出相应的自学要求。读者在学习本书后，不仅能够掌握基本技术，还能够进行实际项目的开发。

本书的主要特点如下。

（1）内容丰富，技术新颖、图文并茂，通俗易懂。

（2）内容组织合理、有效。本书按照由浅入深的顺序编写内容，在逐渐丰富系统功能的同时，引入相关技术与知识，实现技术讲解与训练的合二为一，有助于"教、学、做一体化"教学方法的实施。

（3）内容充实、实用，实际项目开发与理论教学紧密结合。本书的训练紧紧围绕实际项目进行。为了使读者能够快速地掌握相关技术，并按实际项目开发要求进行熟练运用，本书在重要知识点后面根据实际项目设计相关实训，并进行详细讲解。

为方便读者学习，书中全部课程资源免费赠送给读者，读者可登录人邮教育社区（www.ryjiaoyu.com）下载。

本书由李巧君、崔升广任主编，时磊、余森、孔小婧任副主编，崔升广负责本书的统稿和定稿。

由于编者水平有限，书中不妥之处在所难免，殷切希望广大读者批评指正。同时，恳请读者在发现不妥之处后，于百忙之中及时与编者联系，以便尽快更正，编者将不胜感激。联系方式为人邮教师服务 QQ 群（群号：159528354）。

编　者

2023 年 5 月

目录 CONTENTS

项目1
初识综合布线系统

01

知识目标

- 掌握综合布线系统基本知识，综合布线术语与名词。
- 掌握智能建筑的由来和概念、综合布线系统与智能建筑的关系。
- 掌握综合布线系统的组成、结构、分级与产品类别，以及综合布线系统标准。
- 掌握综合布线系统通用安全规范和网络设备安全操作。

技能目标

- 能够设计合理的综合布线系统结构。
- 能够用拓扑图表示综合布线系统结构。
- 能够通过 Internet 搜索综合布线系统相关标准。

素养目标

- 加强爱国主义教育、弘扬爱国精神与工匠精神。
- 培养自我学习的能力和习惯。

1.1 项目陈述

综合布线系统作为智能建筑的"神经系统"，可提供信息传输的高速通道，是智能建筑的重要组成部分和关键内容，是建筑物内用户与外界沟通的主要渠道。但综合布线工程和智能建筑工程是不同类型、不同性质的工程项目，而它们彼此结合形成不可分割的整体，必然有相互融合的需要，同时有彼此矛盾的地方。因此，综合布线系统的规划、设计、施工和使用的全过程都和智能建筑有着极为密切的关系，相关单位必须相互联系、协调配合，采取妥善、合理的方式，以满足各方面的要求。综合布线工程是一项系统工程，它是建筑、通信、计算机和监控等方面的先进技术相互融合的产物。

1.2 知识准备

1.2.1 综合布线系统基本知识

综合布线的发展与智能建筑密切相关。传统布线是各自独立的，系统分别由不同的厂商设计和安装，传统布线采用不同的线缆和不同的终端插座。此外，连接不同传统布线的插头、插座及配线架均无法互相兼容。办公布局及环境改变的情况是经常发生的，需要调整办公设备或随着新技术的发展需要更换设备时，就必须更换布线。这样会增加新线缆而留下不用的旧线缆，天长日久，导致建筑物内有一堆堆杂乱的线缆，存在很大隐患，令维护不便、改造困难。随着全球社会信息化与经济国际化的深入发展，人们对信息共享的需求日趋迫切，因此需要适合信息时代的布线方案。

随着智能建筑的兴起，美国电话电报（American Telephone & Telegraph，AT&T）公司贝尔实验室的专家们经过多年的研究，在办公楼和工厂试验成功的基础上，于 20 世纪 80 年代末期率先推出结构化布线系统（Structured Cabling System，SCS），并逐步演变为综合布线系统（Generic Cabling System，GCS），从而取代了传统布线系统。

1. 综合布线系统的定义与功能

综合布线系统将所有语音、数据、图像及多媒体业务设备的布线网络组合在一套标准的布线系统上，以一套由共用配件所组成的单一配线系统，将各个不同制造厂商的各类设备综合在一起，使各类设备相互兼容、同时工作，实现综合通信网络、信息网络及控制网络间的互联互通。将应用系统的各种终端设备插头插入综合布线系统的标准插座内，再在设备间和电信间对通信链路进行相应的跳接，就可运行各应用系统了。

综合布线系统的开放结构可以作为各种不同工业产品标准的基准，使得配线系统具有更强的适用性、灵活性，而且可以利用最低的成本在最小的干扰下对设于工作地点的终端设备进行重新安排与规划。当终端设备的位置需要变动或信息应用系统需要变更时，只需要做一些简单的跳接即可完成，不需要再布放新的线缆以及安装新的插座。

综合布线是一种预布线，除能满足目前的通信需求外，还能满足未来一段时间内的通信需求。设计综合布线时，信息点数量需满足未来信息应用系统数量、种类增加的需求，采用 5e 类和 6 类布线产品能满足 1Gbit/s 到桌面的应用需求，若采用 6A 类布线产品，则传输速率可以达到 10Gbit/s。在确定建筑物或建筑群的功能与需求以后，规划能适应智能化发展要求的相应的综合布线系统设施和预埋管线，可以防止今后增设或改造时造成工程复杂性的提高和资源的浪费。

综合布线系统实现了综合通信网络、信息网络及控制网络间的互联互通。智能建筑建设中，楼控系统、监控系统、出入口控制系统等系统的设备在提供满足传输控制协议/互联网协议（Transmission Control Protocol/Internet Protocol，TCP/IP）的接口时，使用综合布线系统作为信息的传输介质，可为大楼的集中监测、控制与管理打下良好的基础。

2. 综合布线系统的特点

综合布线系统同传统布线系统相比有着许多优越性。综合布线系统的特点主要表现在具有开放性、灵活性、可靠性、兼容性、先进性和经济性，而且一般在设计、施工和维护方面也能给人们带来许多方便。

V1-1 综合布线系统的特点

（1）开放性

对于传统布线系统，用户选定了某种设备，也就选定了与之相适应的布线方式和传输介质。如果更换另一种设备，则原来的布线系统要全部更换，这样做增加了很多麻烦和成本。综合布线系统采用了开放式的体系结构，符合多种国际流行的标准，包括计算机网络设备、交换机设备和几乎所有的通信协议标准等。

（2）灵活性

在综合布线系统中，由于所有信息系统采用相同的传输介质和星形拓扑结构，因此所有的信息通道都是通用的，每条信息通道都可支持电话和多用户终端。

（3）可靠性

综合布线系统采用高品质的材料和组合压接方式构成一套高标准的信息通道。所有器件均通过美国保险商实验室（Underwriters Laboratories，UL）、加拿大标准协会（Canadian Standards Association，CSA）和国际标准化组织（International Organization for Standardization，ISO）认证，每条信息通道都采用星形拓扑结构、点到点连接，任何一条信息通道故障均不影响其他信息通道的运行，这为信息通道的运行、维护及故障检修提供了极大的方便，从而保障了系统的可靠运行。各综合布线系统采用了相同的传输介质，因而可互为备用，提高了可靠性。

（4）兼容性

所谓兼容性是指其设备或程序可以用在多种系统中的特性。综合布线系统通过将语音信号、数据信号与图像信号的配线经过统一的规划和设计，采用相同的传输介质、信息插座、交连设备和适配器等，把这些性质不同的信号综合到一套标准的布线系统中。

（5）先进性

综合布线系统通常采用光纤与双绞线混合布线方式，采用这种方式能够十分合理地构建一套完整的布线系统。所有布线采用当前最新通信标准，信息通道均按布线标准进行设计，按 8 芯双绞线进行配置，数据最大传输速率可达到 10Gbit/s。对于需求特殊的用户，可将光纤敷设到桌面，通过主干通道同时传输多路实时多媒体信息。同时，星形拓扑结构的物理布线方式为交换式网络奠定了通信基础。

（6）经济性

建筑产品的经济性应该从两个方面加以衡量，即初期投资和性价比。一般来说，用户总是希望建筑物所采用的设备在开始使用时就具有良好的实用性，而且应有一定的技术储备，在今后的若干年内应保持最初的投资价值，即在不增加新投资的情况下，还能保持建筑物的先进性。

综合布线较好地解决了传统布线存在的许多问题。随着科学技术的迅猛发展，人们对信息资源共享的需求越来越迫切，越来越重视能够同时提供语音、数据图像和视频传输功能的集成通信网。因此，综合布线取代功能单一、昂贵、复杂的传统布线，是历史发展的必然趋势。

1.2.2 综合布线术语与名词

拓展学习

要详细学习综合布线国家标准，请阅读以下内容。
➢ 国家标准《综合布线系统工程设计规范》（GB 50311—2016）
➢ 国家标准《综合布线系统工程验收规范》（GB/T 50312—2016）

中华人民共和国国家标准《综合布线系统工程设计规范》（GB 50311—2016）中定义了综合布线的有关术语与符号，本书除特别说明外，都采用其中定义的术语与符号。

1. 综合布线术语

综合布线术语如表 1.1 所示。

表 1.1 综合布线术语

术语	英文名称	解释
布线	Cabling	能够支持电子信息设备相连的各种线缆、跳线、接插软线和由连接器件组成的系统
建筑群子系统	Campus Subsystem	由配线设备、建筑物之间的干线线缆、设备线缆、跳线等组成
电信间	Telecommunications Room	放置电信设备、线缆终接的配线设备，并进行线缆交接的空间
工作区	Work Area	需要设置终端设备的独立区域

术语	英文名称	解释
信道	Channel	连接两个应用设备的端到端的传输通道
链路	Link	CP 链路或是永久链路
永久链路	Permanent Link	信息点与楼层配线设备之间的传输线路。它不包括工作区线缆和连接楼层配线设备的设备线缆、跳线，但包括 CP 链路
集合点（CP）	Consolidation Point	楼层配线设备与工作区信息点之间水平线缆路由中的连接点
CP 链路	CP Link	楼层配线设备与集合点之间，包括两端的连接器件的永久性链路
建筑群配线设备	Campus Distributor	终接建筑群主干线缆的配线设备
建筑物配线设备	Building Distributor	为建筑物主干线缆或建筑群主干线缆终接的配线设备
楼层配线设备	Floor Distributor	终接水平线缆和其他布线子系统线缆的配线设备
入口设施	Building Entrance Facility	提供符合相关规范的机械与电气特性的连接器件，使得外部网络线缆引入建筑物内
连接器件	Connecting Hardware	用于连接电线缆对和光缆光纤的一个器件或一组器件
光纤适配器	Optical Fibre Adapter	使光纤连接器实现光学连接的器件
建筑群主干线缆	Campus Backbone Cable	用于在建筑群内连接建筑群配线设备与建筑物配线设备的线缆
建筑物主干线缆	Building Backbone Cable	入口设施至建筑物配线设备、建筑物配线设备至楼层配线设备、建筑物内楼层配线设备之间相连接的线缆
水平线缆	Horizontal Cable	楼层配线设备至信息点之间的连接线缆
CP 线缆	CP Cable	连接集合点至工作区信息点的线缆
信息点（TO）	Telecommunications Outlet	线缆终接的信息插座模块
设备线缆	Equipment Cable	通信设备连接到配线设备的线缆
跳线	Jumper	不带连接器件或带连接器件的电线缆对和带连接器件的光纤，用于配线设备之间进行连接
线缆	Cable	电缆和光缆的统称
光缆	Optical Cable	由单芯或多芯光纤构成的线缆
线对	Pair	由两个相互绝缘的导体双绞线组成，通常是双绞线对
对绞电缆	Balanced Cable	由一个或多个金属导体线对组成的对称电缆
屏蔽对绞电缆	Screened Balanced Cable	含有总屏蔽层和/或每线对屏蔽层的对绞电缆
非屏蔽对绞电缆	Unscreened Balanced Cable	不带有任何屏蔽物的对绞电缆
接插软线	Patch Cord	一端或两端带有连接器件的软电缆
多用户信息插座	Multi-user Telecommunication Outlet	工作区内若干信息插座模块的组合装置
配线区	the Wiring Zone	根据建筑物的类型、规模、用户单元的密度，以单栋或若干栋建筑物的用户单元组成的配线区域
配线管网	the Wiring Pipeline Network	由建筑物外线引入管和建筑物内的竖井、管、桥架等组成的管网
用户接入点	the Subscriber Access Point	多家电信业务经营者的电信业务共同接入的部位，是电信业务经营者与建筑建设方的工程界面
用户单元	Subscriber Unit	建筑物内占有一定空间、使用者或使用业务会发生变化的、需要直接与公用电信网互联互通的用户区域
光纤到用户单元通信设施	Fiber to the Subscriber Unit Communication Facilities	光纤到用户单元工程中，建筑规划用地红线内地下通信管道、建筑内管槽及通信光缆、光配线设备、用户单元信息配线箱及预留的设备间等设备安装空间

续表

术语	英文名称	解释
配线光缆	Wiring Optical Cable	用户接入点至园区或建筑群光缆的汇聚配线设备之间，或用户接入点至建筑规划用地红线范围内与公用通信管道互通的人（手）孔之间的互通光缆
用户光缆	Subscriber Optical Cable	用户接入点配线设备至建筑物内用户单元信息配线箱之间相连接的光缆
户内线缆	Indoor Cable	用户单元信息配线箱至用户区域内信息插座模块之间相连接的线缆
信息配线箱	Information Distribution Box	安装于用户单元内的完成信息互通与通信业务接入的配线箱体
桥架	Cable Tray	梯架、托盘及槽盒的统称

2. 综合布线缩略语

综合布线缩略语如表 1.2 所示。

表 1.2　综合布线缩略语

英文缩写	英文名称	中文名称或解释
ACR-F	Attenuation to Crosstalk Ratio at the Far-end	衰减远端串扰比
ACR-N	Attenuation to Crosstalk Ratio at the Near-end	衰减近端串扰比
BD	Building Distributor	建筑物配线设备
CD	Campus Distributor	建筑群配线设备
CP	Consolidation Point	集合点
d.c.	Direct Current loop resistance	直流环路电阻
EIA	Electronic Industries Association	电子工业协会
ELTCTL	Equal Level TCTL	两端等效横向转换损耗
FD	Floor Distributor	楼层配线设备
FEXT	Far End Crosstalk Attenuation(loss)	远端串扰
ID	Intermediate Distributor	中间配线设备
IEC	International Electrotechnical Commission	国际电工委员会
IEEE	the Institute of Electrical and Electronics Engineers	美国电气及电子工程师学会
IL	Insertion Loss	插入损耗
IP	Internet Protocol	因特网协议
ISDN	Integrated Services Digital Network	综合业务数字网
ISO	International Organization for Standardization	国际标准化组织
MUTO	Multi-User Telecommunications Outlet	多用户信息插座
MPO	Multi-fiber Push On	多芯推进锁闭光纤连接器件
NI	Network Interface	网络接口
NEXT	Near End Crosstalk Attenuation(loss)	近端串扰
OF	Optical Fibre	光纤
POE	Power Over Ethernet	以太网供电
PS NEXT	Power Sum Near End Crosstalk Attenuation(loss)	近端串扰功率和
PS AACR-F	Power Sum Attenuation to Alien Crosstalk Ratio at the Far-end	外部远端串扰比功率和
PS AACR-F$_{avg}$	Average Power Sum Attenuation to Alien Crosstalk Ratio at the Far-end	外部远端串扰比功率和平均值
PS ACR-F	Power Sum Attenuation to Crosstalk Ratio at the Far-end	衰减远端串扰比功率和

英文缩写	英文名称	中文名称或解释
PS ACR-N	Power Sum Attenuation to Crosstalk Ratio at the Near-end	衰减近端串扰比功率和
PS ANEXT	Power Sum Alien Near-End Crosstalk(loss)	外部近端串扰功率和
PS ANEXT$_{avg}$	Average Power Sum Alien Near-End Crosstalk(loss)	外部近端串扰功率和平均值
PS FEXT	Power Sum Far end Crosstalk(loss)	远端串扰功率和
RL	Return Loss	回波损耗
SC	Subscriber Connector(optical fibre connector)	用户连接器件（光纤活动连接器件）
SW	Switch	交换机
SFF	Small Form Factor connector	小型光纤连接器件
TCL	Transverse Conversion Loss	横向转换损耗
TCTL	Transverse Conversion Transfer Loss	横向转换转移损耗
TE	Terminal Equipment	终端设备
TO	Telecommunications Outlet	信息点
TIA	Telecommunications Industry Association	美国电信工业协会
UL	Underwriters Laboratories	美国保险商实验室
Vr.m.s	Vroot.mean.square	电压有效值

GB 50311—2016 与 ANSI/TIA/EIA 568-A 在综合布线设计与安装中主要术语对照如表 1.3 所示。

表 1.3 综合布线设计与安装中主要术语对照

GB 50311—2016		ANSI/TIA/EIA 568-A	
缩略语	解释	术语	解释
CD	建筑群配线设备	MDF	主配线架
BD	建筑物配线设备	IDF	楼层配线架
FD	楼层配线设备	IO	通信插座
TO	信息点	TP	过渡点
CP	集合点		

3. 综合布线相关名词

综合布线系统中经常出现的几个名词如下。

（1）数据传输速率

在数字通信系统中，电信号把数据从一个节点送到另一个节点。数字信号是一系列的电脉冲，如用正电压表示二进制的 1，负电压表示二进制的 0。数据传输速率是指每秒传输的电脉冲的信息量，其单位通常为 bit/s。

在实际应用中，有些人常将传输通道的频率与传输通道的数据传输速率混淆，其实它们是两个截然不同的概念。在信噪比确定不变的情况下，数据传输速率是单位时间内线路传输的二进制位（bit）的数量，衡量的是线路传输信息的能力；而传输通道的频率是单位时间内线路电信号的振荡次数。单位时间内线路传输的二进制位的数量由单位时间内线路中电信号的振荡次数与电信号每次振荡所携带二进制位的数量（信号编码效率）来决定，因此传输通道的频率与数据传输速率的关系类似于高速公路上行车道数量与车流量的关系。

（2）带宽

传输介质的带宽定义为介质所能携带的信息量，单位常用 MHz，表示介质所支持的频率范围。大多数铜质通信电缆（简称铜缆）的规定带宽范围可以是从 1MHz 到介质所能支持的最高带宽，例如，6

类双绞线支持的带宽范围为 1～250MHz，7 类双绞线支持的带宽范围为 1～600MHz。对于光纤来说，光纤的带宽指标根据光纤类型的不同而不同，一般认为单模光纤的带宽是无极限的，多模光纤有非常确定的带宽极限，如 62.5/125μm 的多模光纤在 850nm 波长下可支持 1～160MHz 带宽范围，62.5/125μm 的多模光纤在 1300nm 波长下可支持 1～500MHz 带宽范围。

（3）分贝

分贝（deciBel，dB）是一种标准信号强度的度量单位，由 Alexander Graham Bell（亚历山大·格雷厄姆·贝尔）提出，这也是在 deciBel 这个词中 B 为大写形式的原因。

分贝可以用来衡量信号的能量或强度，也可以用来衡量两个信号之间的比例或差别，如输入信号和输出信号的间隔差别。大部分情况下，分贝用于描述建筑环境的声音等级或声音系统的等级。分贝越高，等级也就越高。典型的工作环境和对应的噪声就是用分贝度量其等级的。人类的耳朵是非常敏感的器官，能够感受到最小的噪声变化（1dB）。人类习惯了周围时时刻刻都有噪声。相对安静的环境的噪声级数为 55dB；吵闹的环境的噪声级数大概是 70dB；当噪声级数达到 90dB 或更高值时，就会对人的听力造成伤害。

分贝也是常用的度量通信电缆的单位，大部分电缆测试设备提供以分贝为单位的测试结果。在测试通信电缆时，分贝用来指出在通过电缆后电压信号等级的变化。在综合布线测试验收中，分贝用于衡量衰减、近端串扰（NEXT）、近端串扰功率和（PS NEXT）、衰减串话比（Attenuation to Crosstalk Ratio，ACR）和回波损耗（RL）等电气性能指标。

（4）特性阻抗与阻抗匹配

① 特性阻抗

特性阻抗定义为通信电缆对电流的总抵抗力，用欧姆（Ω）作为计量单位。所有的铜缆都有一个确定的特性阻抗指标。一种通信电缆的特性阻抗指标是电缆的导线直径和覆盖在电缆导线外面的绝缘材料的电介质常数的函数。一种通信电缆的特性阻抗指标是电缆的电容、电缆的电感和电缆的电阻 3 个变量的结合体。

在一条电缆中，无论哪个部分，其特性阻抗指标都必须是统一的。电缆的特性阻抗指标与电缆的长度不相关，这意味着一条 10m 长的通信电缆必须与一条 100m 长的通信电缆具有相同的特性阻抗指标。另外，一条布线链路中的所有电缆和部件都必须有一致的特性阻抗指标。任何布线链路中的阻抗若不连续都会导致链路中的信号反射，而链路中的反射会导致信号损耗，并可能导致信号被破坏或与链路中的其他信号冲突。

双绞线通信电缆有如下特性阻抗指标。

- UTP 电缆的特性阻抗指标为 100Ω±15%。
- ScTP 电缆的特性阻抗指标为 100Ω±15%。
- STP-A 电缆的特性阻抗指标为 150Ω±15%。

② 阻抗匹配

电子部件，如局域网网卡和网络交换机，在经过设计后，可以在一条与特定的特性阻抗指标相匹配的电缆上传输信号。因为不同的通信电缆有不同的特性阻抗指标，所以使用正确类型的通信电缆来连接特定类型的装置是很重要的。设备的特性阻抗指标必须与通信电缆的特性阻抗指标相匹配，不匹配会导致电缆或局域网电路中的信号反射，而信号反射会造成对传输信息信号的干扰和破坏。例如，以太网中的信号反射会造成数据帧的冲突，被破坏的数据帧必须在局域网中重传，这造成了网络吞吐量的下降和更高的流量负荷。

当不同类型的电缆连接到不同类型的电子部件上时，必须要考虑阻抗匹配，非屏蔽双绞线（Unshielded Twisted Pair，UTP）、屏蔽双绞线（Shielded Twisted Pair，STP）和同轴电缆各有不同的特性阻抗指标。使用 UTP 电缆连接到局域网设备时，若局域网设备只使用同轴电缆，则将会造成阻抗不匹配。如果一种电缆必须连接到一种电子设备上，而该设备有不同的特性阻抗，则必须使用阻抗匹配部件（如介质滤波器）来消除信号反射。

（5）平衡电缆和非平衡电缆

通信电缆分为平衡电缆和非平衡电缆。同轴电缆属于非平衡电缆，即中心导线和电缆屏蔽层的电气特性是不相同的。对绞电缆属于平衡电缆，即电缆对中的两根导体对地具有相同的电压。UTP 电缆、STP-A 电缆和 ScTP 电缆都是平衡电缆。

平衡电缆更适合传输通信信号，因为它支持差分信令——应用在局域网上的典型的信令。在差分信令中，信号的正部在双绞线的一根中传输，而信号的负部在另一根中传输。有差分信令的 UTP 电缆更为健壮和可靠。任何加于 UTP 电缆上的噪声会同时出现在传输信号的正部和负部中，这就为接收者对信号进行抵偿和排除提供了一种方法。差分信令也为电缆的电磁能量自我消除提供了一种方法，这就意味着在通信电缆运作的范围内的其他电气设备不会受到信号的干扰。

（6）电磁干扰与电磁兼容性

① 电磁干扰

噪声也称为电磁干扰（Electromagnetic Interference，EMI）。潜在的电磁干扰大部分存在于大型的商业建筑中，这些地方有很多电气和电子系统共用相同的空间。许多这样的系统会产生操作频率相同或者有部分频率重叠的信号，在相同频率范围内的系统之间，或者在类似频率范围内部分重叠的系统之间，将会互相干扰。

有许多种不同的电磁干扰源，其中一些是人工干扰源，另一些则是自然干扰源。电磁干扰的人工干扰源有电力电缆和设备、通信设备和系统、具有大型电动机的大型设备、加热器和荧光灯；自然干扰源有静电和闪电。

具有大型电动机的大型设备能产生很强的电磁场，而这种电磁场会在铜缆上引发电感应。另外，任何产生电火花或者辐射出其他类型的电能的事物都被视为电磁干扰源。这种电磁场将会导致 UTP 电缆中产生电磁感应信号，而这些信号将会干扰正在相同电缆中传输的语音信号或者数据信号。设备产生的电磁场越强，电缆就应该离它越远，这样才可以保护电缆不会受到电磁干扰的影响。

在铜缆中传输的信号很容易受电磁干扰的影响。电磁干扰可以通过电感、传导或耦合的方式进入通信电缆。

铜缆必须防止电磁干扰的影响，可以运用适当的安装技术，或者运用屏蔽电缆来阻挡电磁干扰信号进入。光缆不容易受到电磁干扰的影响，因为光缆以光脉冲的形式传输信号。因此，如果电磁干扰很严重以致找不到合理的解决方法，那么可以选择用光缆来取代铜缆。

② 电磁兼容性

电磁兼容性是指设备或者设备系统在正常情况下运行时，不会产生干扰或者扰乱其他在相同空间或者环境中的设备或者系统运行的信号的能力。当两个设备可以共存并且能够在不会引入有害的电磁干扰的情况下正常运行时，一个设备被认为与另一个设备是电磁兼容的。电磁兼容具有两个方面的功能：放射和免疫。为了让通信系统和电气设备被认为是电磁兼容的，应该选定通信系统和电气设备并检验它们可以在相同的环境下运行，并且不会产生电磁干扰。必须选择那些不会干扰其他系统的放射系统。此外，必须选择那些对其他设备产生的电磁干扰最具免疫力的系统。

1.2.3 智能建筑的由来和概念

随着人类社会的不断进步和科学技术的突飞猛进，尤其是 Internet 技术的发展，人类已经迈入了以数字化和网络化为主题的智能化社会，国民经济信息化、信息数字化、设备智能化已经成为知识经济的主要特征。人类对其居住条件和办公环境提出了更高的要求，需要健康舒适、安全可靠、便利高效、具备适应信息化社会发展需求的各种信息手段和设备的建筑。20 世纪 80 年代初，智能建筑（Intelligent Building，IB）的概念在美国应运而生。第一栋智能建筑由美国联合技术公司于 1984 年 1 月在美国康涅狄格州哈特福德市建成，它是由一栋旧金融建筑改建而成的大楼，楼内主要增添了计算机、数字程控交换机等先进的办公设备以及高速通信线路等基础设施，大楼的用户不必购置设备便可进行语音通信、文字处理、电子邮件传递、市场行情查询、情报资料检索和科学计算等操作。此外，大楼内的供暖、给排水、消防、安保、供配电、照明和交通等系统均由计算机控制，实现了自动化综合管理，使用户感到非常舒适、方便和安全，从而第一次出现了"智能建筑"这一名称。从此，智能建筑在世界各地蓬勃发展。智能建筑的建设在我国于 20 世纪 90 年代才起步，但迅猛发展的势头令世人瞩目，智能建筑已成为一个迅速成长的新兴产业。

1. 智能建筑的定义

有关智能建筑的描述不少，美国智能建筑学会（American Intelligent Building Institute）对智能建筑下的定义如下：将结构、系统、服务、运营及相互关系全面综合以达到最佳组合，获得高效率、高性能与高舒适性的大楼或建筑。智能建筑通过建筑物的 4 个基本要素，即结构、系统、服务和管理以及它们之间的内在联系，以最优化的设计提供投资合理又拥有高效率的幽雅舒适、便利快捷和高度安全的环境空间。

《智能建筑设计标准》（GB/T 50314—2000）中对智能建筑是这样定义的："它是以建筑为平台，兼备建筑设备、办公自动化及通信系统，集结构、系统、服务、管理及它们之间的最优化组合，向人们提供一个安全、高效、舒适、便利的建筑环境。"

《智能建筑设计标准》（GB/T 50314—2006）对智能建筑做了如下定义："以建筑物为平台，兼备信息设施系统、信息化应用系统、建筑设备管理系统、公共安全系统等，集结构、系统、服务、管理及其优化组合为一体，向人们提供安全、高效、便捷、节能、环保、健康的建筑环境。"

《智能建筑设计标准》（GB 50314—2015）对智能建筑做了如下定义："以建筑物为平台，基于对各类智能化信息的综合应用，集架构、系统、应用、管理及优化组合为一体，具有感知、传输、记忆、推理、判断和决策的综合智慧能力，形成以人、建筑、环境互为协调的整合体，为人们提供安全、高效、便利及可持续发展功能环境的建筑。"

2000 版标准主要从系统的结构（建筑设备、办公自动化及通信网络系统）描述智能建筑，而 2006 版标准主要是从系统的功能（信息设施系统、信息化应用系统、建筑设备管理系统、公共安全系统等）来描述智能建筑的。2006 版标准向智能建筑的定义中加入了国家大力推广的"节能""环保"技术和努力创建的"绿色"建筑等元素。2015 版标准中智能建筑的定义突出了智能化信息的综合应用与综合智慧能力，要求形成以人、建筑、环境互为协调的整合体。

总体来说，智能建筑是多学科、跨行业的系统技术与工程。它是现代高新技术的代表，是建筑艺术与信息技术相结合的产物。随着微电子技术的不断发展和通信设备、计算机的应用、普及，建筑物内的所有公共设施都可以采用智能建筑系统来提高大楼的综合服务能力。

2. 智能建筑术语

智能建筑中经常出现的术语如下。

（1）工程架构（Engineering Architecture）：以建筑物的应用需求为依据，通过对智能化系统工程的设施、业务及管理等应用功能做层次化结构规划，从而构成由若干智能化设施组合而成的架构形式。

（2）信息化应用系统（Information Application System）：以信息设施系统和建筑设备管理系统等智能化系统为基础，为满足建筑物的各类专业化业务、规范化运营及管理的需要，由多种类信息设施、操作程序和相关应用设备等组合而成的系统。

（3）智能化集成系统（Intelligent Integration System）：为实现建筑物的运营及管理目标，基于统一的信息平台，以多种类智能化信息集成方式形成的，具有信息汇聚、资源共享、协同运行、优化管理等综合应用功能的系统。

（4）信息设施系统（Information Facility System）：为满足建筑物的应用与管理对通信的需求，将各类具有接收、交换、传输、处理、存储和显示等功能的信息系统整合，形成建筑物公共通信服务综合基础条件的系统。

（5）建筑设备管理系统（Building Management System）：对建筑设备监控系统和公共安全系统等实施综合管理的系统。

（6）公共安全系统（Public Security System）：为维护公共安全，运用现代科学技术，具有为应对危害社会安全的各类突发事件而构建的综合技术防范或安全保障体系综合功能的系统。

（7）应急响应系统（Emergency Response System）：为应对各类突发公共安全事件，提高应急响应速度和决策指挥能力，有效预防、控制和消除突发公共安全事件的危害，具有应急技术体系和响应处置功能的应急响应保障机制或履行协调指挥职能的系统。

（8）机房工程（Engineering of Electronic Equipment Plant）：为提供机房内各智能化系统设备及装置的安置和运行条件，以确保各智能化系统安全、可靠和高效地运行与便于维护的建筑功能环境而实施的综合工程。

3. 智能建筑的功能

也许你听过"智能大厦""3A 建筑""5A 建筑"等名词，其实它们都是智能建筑的不同表述。智能建筑是信息时代的必然产物，是建筑业和电子信息业共同谋求发展的方向。随着科学技术的迅速发展，建筑物智能化的程度正在逐步提高，能够更好地方便人们的工作、学习和娱乐。从传统意义上看，智能建筑的基本系统主要由三大部分构成，即通信自动化系统（Communication Automation System，CAS）、楼宇自动化系统（Building Automation System，BAS）和办公自动化系统（Office Automation System，OAS）。这 3 个自动化系统通常称为"3A"系统，它们是智能建筑必须具备的基本功能，从而形成"3A 建筑"。图 1.1 给出了"3A"系统的构成，有些组织为了突出某项功能，将"3A"系统中的某些子系统单列出来与"3A"系统并列，形成"×A"系统，如将"安全防范系统"单列为"安全防范自动化"（SA）系统，将"火灾报警系统"单列为"消防报警自动化"（FA）系统，与"3A"系统合称为"5A"系统。

拓展学习

要学习更多智能建筑知识，可阅读以下国家标准。

➢ 《智能建筑设计标准》（GB 50314—2015）。

➢ 《智能建筑工程质量验收规范》（GB 50339—2013）。

智能建筑系统集成实施的子系统包括通信自动化系统、楼宇自动化系统、办公自动化系统等系统。

楼宇自动化系统负责对整个建筑的所有公用机电设备，包括建筑的火灾报警系统等系统，进行集中检测和控制，保证所有设备的正常运行，并达到最佳状态，营造出高效、舒适、安全的工作环境，提高建筑的管理水平，降低设备故障率，减少维护及营运成本。

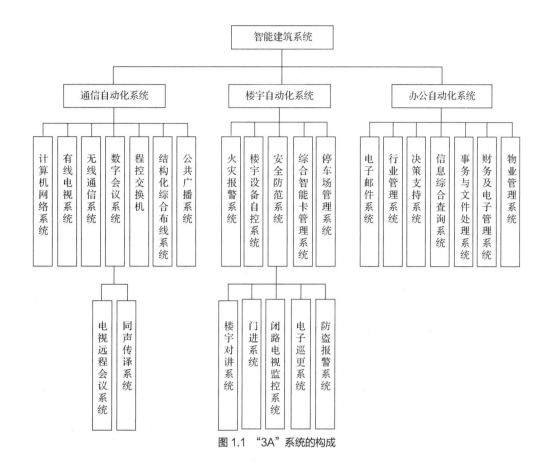

图 1.1 "3A" 系统的构成

1.2.4 综合布线系统与智能建筑的关系

综合布线系统在建筑物内部和其他设施一样，都是附属于建筑物的基础设施，通过综合布线系统能够把智能建筑内的各种信息终端（包括语音终端、数据终端、图像终端和各种传感设备）及其设施相互连接起来，形成完整配套的整体，为智能建筑的主人或用户服务。因此，综合布线系统是保证建筑物内部和建筑物之间提供优质、高效信息服务的基础设施之一。在衡量智能建筑的智能化程度时，起决定作用的重要因素是综合布线系统的配线能力，包括设备配置是否成套、技术功能是否完善、网络分布是否合理、工程质量是否优良等。通过这一系统，既可实现智能建筑内部和外部的信息沟通，又可为智能建筑以后的改造、扩充、维护提供便利。

综合布线技术的引入，在建筑物内部为语音信号和数据信号的传输提供了一个开放的标准，加强了信息技术与建筑功能的结合，对智能建筑的发展和普及产生了巨大的作用。

《智能建筑设计标准》（GB 50314—2015）中提到，综合布线系统与楼宇自动化系统、通信网络系统、办公自动化系统和系统集成（System Integration，SI）组成智能建筑的五大部分，智能建筑所用的主要设备通常放置在智能建筑内的系统集成中心（System Integrated Center，SIC）中。它通过建筑物综合布线系统与各种终端设备，如通信终端（如电话机、传真机等）、传感器（如烟雾、压力、温度、湿度等传感器）进行连接，"感知"建筑物内各个空间的"信息"，并通过计算机进行处理后给出相应的控制策略，再通过通信终端或控制终端（如步进电动机、电子锁等）给出相应控制对象的动作反应，使大楼具有所谓的某种"智能"，从而形成"3A"系统。综合布线系统与智能建筑的关系如图 1.2 所示。

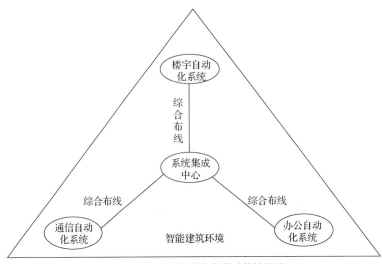

图 1.2　综合布线系统与智能建筑的关系

综合布线系统在建筑内和其他设施一样，都是附属于建筑物的基础设施，为智能建筑的主人或用户服务。虽然综合布线工程和智能建筑工程彼此结合形成不可分离的整体，但要看到它们是不同类型和工程性质的建设项目，具体表现为以下几点。

（1）综合布线系统是智能建筑必备的基础设施。综合布线系统将智能建筑内的通信设备、计算机、监控等设备及设施相互连接形成完整配套的整体，从而满足高度智能化的要求。

（2）综合布线系统是智能建筑智能化程度的重要标志。在衡量智能建筑的智能化程度时，既不是看建筑物的体积是否高大巍峨、造型是否新型壮观，也不是看装修是否华丽、设备是否配备齐全，而是看综合布线系统承载信息系统的种类和能力、设备配置是否成套、各类信息点分布是否合理、工程质量是否优良，这些都是决定智能建筑的智能化程度高低的重要因素。

（3）综合布线系统能满足今后智能建筑和各种科学技术的发展需要。房屋建筑的使用寿命较长，因此，目前在规划和设计新的建筑时，应考虑如何满足今后发展的需要。综合布线系统具有很高的适应性和灵活性，能在今后相当长的时期内满足客观发展需要。因此，在新建高层或重要的智能建筑时，应根据建筑物的使用性质和今后发展等因素，积极采用综合布线系统。对于近期不拟设综合布线系统的建筑，应在工程中考虑今后设置综合布线系统的可能性，在主要部位、通道或路由等关键地方适当预留房间（或空间）、洞孔和线槽，以便今后安装综合布线系统时，避免打洞、穿孔或拆卸地板及吊顶等装置。

1.2.5　综合布线系统的组成

综合布线是建筑物内或建筑群之间的模块化、灵活性极高的信息传输通道，是智能建筑的"信息高速公路"。综合布线系统由不同系列和规格的部件组成，其中包括传输介质、相关连接硬件（如配线架、插座、插头和适配器等）、电气保护设备等。

综合布线系统一般采用分层星形拓扑结构。该结构下的每个分支子系统都是相对独立的单元，对每个分支子系统的改动都不影响其他子系统，只要改变节点连接方式就可使综合布线系统在星形、总线型、环形、树形等结构之间进行转换。

综合布线系统采用模块化的结构，依照国家标准《综合布线系统工程设计规范》（GB 50311—2016），综合布线系统工程宜按下列 7 个部分进行设计，如图 1.3 所示。

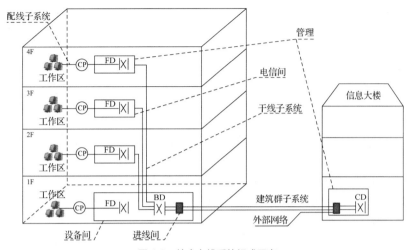

图 1.3　综合布线系统组成示意

管理员应对综合布线系统工程的技术文档及工作区、电信间、设备间、进线间的配线设备、线缆、信息插座模块等设施按一定的模式进行标识和记录，包括管理方式、标识（贴在 TO、FD、BD、CD 和线缆上的标签）和交叉连接（通过跳线等实现配线和干线、干线和建筑群线缆之间的连接、变换）等，这有利于今后的维护和管理。

1. 工作区

独立的需要设置终端设备的区域宜划分为工作区。一个工作区中可能只有一台终端设备，也可能有多台终端设备，一般以房间为单位划分。终端设备包括计算机、电话机、传感器、网络摄像机/球等。工作区应由配线子系统的信息插座模块延伸到终端设备处的连接线缆及适配器组成。对于结构化布线来说，工作区的常见设备包括计算机中的网卡、信息插座和计算机网卡之间的接插软线，以及连接电话插座和电话机的用户线，信息插座模块通常是 RJ-45 接口。

V1-2　综合布线系统的组成

2. 配线子系统

配线子系统是综合布线系统的重要组成部分，是 3 个布线子系统之一，也是综合布线系统中线缆用量最大、施工要求较高的部分，其线缆的两端分别终接到电信间的 FD 和信息插座模块上。配线子系统由工作区的信息插座模块、信息插座模块至电信间 FD 的配线电缆和光缆、电信间的 FD 及设备线缆和跳线等组成。

3. 干线子系统

干线子系统是综合布线系统的重要组成部分，是 3 个布线子系统之一，它负责提供建筑物的干线路由。干线子系统由设备间至电信间的干线电缆和光缆，以及安装在设备间的 BD 及设备线缆和跳线组成。

4. 电信间

电信间是放置电信设备、电缆、光缆、终端配线设备，并进行布线交接的一个专用空间，一般为电信专用房间，有时是弱电系统的安装设备或敷设线缆的场所。在综合布线系统工程中，电信间是建筑物干线子系统和配线子系统的线缆互相连接点或指定交接点，通常利用暗敷管路或电缆竖井形成上下垂直、互相贯通的专用空间。

5. 设备间

设备间是每栋建筑物进行网络管理和信息交换的场地。对于综合布线系统工程设计而言，设备间主要用于安装 BD。电话交换机、计算机主机设备及入口设施也可与配线设备安装在一起。

6．进线间

进线间是建筑物外部通信和信息管线的入口部位，并可作为入口设施和 CD 的安装场地。

7．建筑群子系统

建筑群子系统是综合布线系统的重要组成部分，是 3 个布线子系统之一，用于将一座建筑物中的线缆延伸到另一座建筑物的布线部分。建筑群子系统由连接多个建筑物的主干电缆和光缆、CD，以及设备线缆和跳线组成。

1.2.6　综合布线系统的结构

综合布线系统的结构是开放式的，该结构下的每个分支子系统都是相对独立的单元，对每个分支子系统的改动都不会影响其他子系统。

1．综合布线部件

综合布线采用的主要布线部件有下列几种。

- CD。
- 建筑群子系统电缆或光缆。
- BD。
- 建筑物干线子系统电缆或光缆。
- 电信间 FD。
- 配线子系统电缆或光缆。
- CP（选用）。
- 信息插座模块。
- 工作区线缆。
- 终端设备。

2．三级综合布线系统结构

综合布线系统可为计算机网络系统提供信息传输通道，各级交换设备通过综合布线系统将计算机连在一起形成网络，网络系统结构决定了综合布线系统结构。三级网络系统结构与三级综合布线系统结构的对应关系如图 1.4 所示。

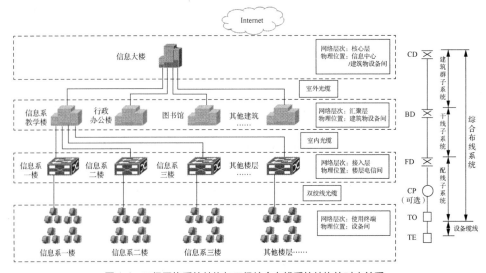

图 1.4　三级网络系统结构与三级综合布线系统结构的对应关系

通常的局域网络结构分为核心层、汇聚层和接入层，分别对应综合布线系统结构中的 CD、BD 和电信间 FD。建筑群子系统电缆或光缆用于连接核心层到汇聚层的网络设备，建筑物干线子系统电缆或光缆用于连接汇聚层到接入层的网络设备，配线子系统电缆或光缆用于连接接入层的网络设备到工作区的终端设备。建筑群设备间的 CD 至工作区的终端设备（计算机、电话等）形成完整的通信链路。其中，配线子系统中可以设置 CP，也可不设置 CP。

3. 综合布线系统构成

综合布线系统应能支持语音、数据、图像等业务信息的传递。

综合布线系统的构成应符合下列规定。

（1）综合布线系统应包括建筑群子系统、干线子系统、配线子系统和设备线缆等，如图 1.5 所示。配线子系统中可以设置 CP，也可不设置 CP。

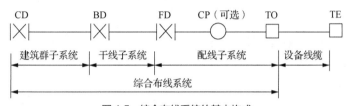

图 1.5　综合布线系统的基本构成

（2）综合布线系统的各子系统中，建筑物内 FD 之间、不同建筑物的 BD 之间可建立直达路由，如图 1.6（a）所示。工作区 TO 可不经过 FD 直接连接至 BD，FD 也可不经过 BD 直接与 CD 互连，如图 1.6（b）所示。

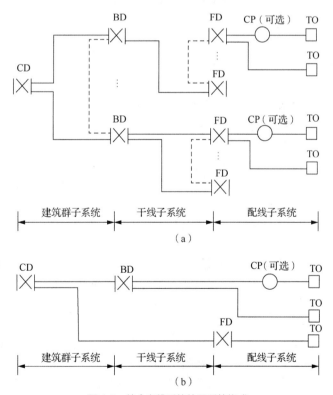

图 1.6　综合布线系统的子系统构成

（3）综合布线系统入口设施连接外部网络和其他建筑物线缆，应通过线缆和 BD 或 CD 进行互连，如图 1.7 所示。对设置了设备间的建筑物，可以将设备间所在楼层的 FD 和设备间中的 BD/CD 及入口设施安装在同一场地。

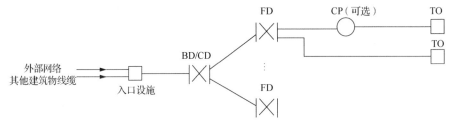

图 1.7　综合布线系统引入部分构成

（4）在综合布线系统的典型应用中，配线子系统信道由 4 对双绞线电缆和电缆连接器件组成，干线子系统信道和建筑群子系统信道由光缆和光连接器件组成。其中，FD 和 CD 处的配线模块和网络设备之间可采用互连或交叉的连接方式，BD 处的光纤配线模块可仅与光纤进行互连，如图 1.8 所示。

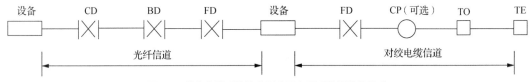

图 1.8　综合布线系统的典型应用中子系统信道的组成

4. 综合布线系统结构的变化

设备配置是综合布线系统设计的重要内容，关系到整个网络和通信系统的投资和性能。进行设备配置时首先要确定综合布线系统的结构，然后对配线架、布线子系统、传输介质、信息插座和交换机等设备做实际的配置。

综合布线系统的主干线路连接方式均采用树形拓扑结构，要求整个布线系统干线电缆或光缆的交接次数不超过两次，即 FD 到 CD 之间只允许经过一次配线设备，即 BD，形成 FD-BD-CD 形式的三级结构，这是园区建筑群综合布线系统的标准结构。由于计算机大楼每层楼面积较大，根据计算必须在每层楼设置一个电信间，因此计算机大楼综合布线系统就采用了这种结构。

综合布线系统结构的变化主要体现在楼层电信间的设置上。是否需要为每层楼设置电信间，需要根据配线子系统双绞线电缆有限传输距离的覆盖范围、管理的要求、设备间和楼层电信间的空间要求、信息点的分布等多种情况对建筑物综合布线系统进行灵活的设备配置，有以下两种结构形式。

（1）FD 和 BD 合一结构

FD 和 BD 合一结构是指建筑物不设楼层电信间，FD 和 BD 全部设置在建筑物设备间中，设备间一般放在建筑物中心位置，TO 至 BD 之间电缆的最大长度不超过 90m。这种结构既便于网络维护与管理，又减少了对空间的占用。图 1.9 所示为教学楼的综合布线系统结构。

（2）楼层共用 FD 结构

当智能建筑的楼层面积不大且用户信息点数量不多时，为了简化网络结构和减少接续设备，可以每相邻几个楼层共用一个楼层电信间，由某楼层的 FD 负责连接相邻楼层的 TO，但是要满足 TO 至 FD 之间的水平线缆的最大长度不超过 90m 的限制。图 1.10 所示为办公大楼的综合布线系统结构，每两层设置一个电信间。

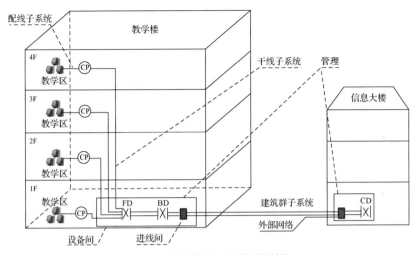

图 1.9　教学楼的综合布线系统结构

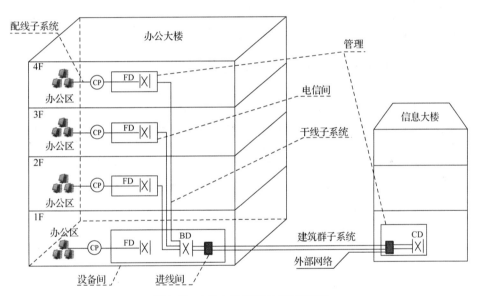

图 1.10　办公大楼的综合布线系统结构

1.2.7　综合布线系统分级与产品类别

当用户参观学习园区或建筑物的综合布线系统时，网络管理人员可能会向用户介绍园区或建筑物采用 5e 类（又称超 5 类、增强 5 类）或 6 类综合布线系统，5e 类或 6 类是综合布线系统的分类。由于最早进入中国市场的是北美布线产品，人们习惯根据 TIA/EIA 布线标准将综合布线系统分为 1 类、2 类、3 类、4 类、5 类、5e 类、6 类、6A 类、7 类和 7A 类。ISO/IEC 将综合布线系统分为 A、B、C、D、E、E_A、F 和 F_A 级。ISO/TIA 已于 2016 年正式发布下一代数据中心支持 40GBase-T 的 8 类综合布线系统。

综合布线系统是根据双绞线电缆支持的传输带宽分级和分类的。TIA/EIA 和 ISO/IEC 最初分级和分类所依据的带宽不尽相同，但 2002 年以后分级和分类所依据的带宽已经一致，例如，E 级综合布线系统就是 6 类综合布线系统，支持的带宽为 250 MHz。综合布线系统国家标准同时按上述两个国际标准进行分级和分类，实际工作中，可用等级或类别划分综合布线系统。表 1.4 列出了综合布线系统分级与分类对应关系。

表 1.4 综合布线系统分级与分类对应关系

系统分级	系统分类	支持最高带宽	支持应用器件	
			电缆	连接硬件
A 级	1 类	100kHz	—	—
B 级	2 类	1MHz	—	—
C 级	3 类（大对数）	16MHz	3 类	3 类
D 级	5/5e 类（屏蔽和非屏蔽）	100MHz	5 类	5 类
E 级	6 类（屏蔽和非屏蔽）	250MHz	6 类	6 类
E_A 级	6A 类（屏蔽和非屏蔽）	500MHz	6A 类	6A 类
F 级	7 类（屏蔽）	600MHz	7 类	7 类
F_A 级	7A 类（屏蔽）	1000MHz	7A 类	7A 类

注：5/5e 类、6 类、6A 类、7 类、7A 类综合布线系统支持向下兼容。

1.2.8 综合布线系统标准

综合布线系统标准是于 1985 年在美国开始讨论的。随着信息技术的日益成熟，信息系统应用得越来越多，但当时每个系统都需要自己独特的布线和连接器，用户更改计算机平台的同时也不得不相应改变其布线方式。为赢得并保持市场的信任，TIA 和 EIA 联合开发了建筑物布线标准。在国际上，制定综合布线系统标准的主要国际组织有 ISO/IEC、TIA、EIA、美国国家标准协会（American National Standards Institute，ANSI）、欧洲电工标准化委员会（the European Committee for Electrotechnical Standardization，CENELEC）。

当前国际上主要的综合布线技术标准有北美标准 TIA/EIA 568-B、国际标准 ISO/ IEC 11801:2002 和欧洲标准 CENELEC EN 50173:2002，这些标准都在 2002 年推出。20 多年来，综合布线技术推陈出新，为了在标准中体现新技术的发展，将新技术以增编的方式添加到标准中。例如，在北美标准中，传输速率达 10Gbit/s、传输距离可达 100m、传输带宽为 500 MHz 的 6A 类综合布线系统就定义在增编 TIA/EIA 568-B.2-10 中。每当综合布线技术更新换代时，国际组织总是先推出标准草案试行一段时间，再推出新版标准。

1. 北美标准

TIA/EIA 标准主要是指 TIA/EIA 568 商业建筑通信布线标准（Commercial Building Telecommunications Cabling Standard），包括 TIA/EIA 568-A、TIA/EIA 568-B、TIA/EIA 568-C。其他相关标准有 TIA/EIA 569-A 商业建筑电信通道和空间标准、TIA/EIA 570-A 住宅电信布线标准、TIA/EIA 606 商业建筑电信基础设施管理标准，以及 TIA/EIA 607 商业建筑物接地和接线规范。下面重点介绍 TIA/EIA 568 和 TIA/EIA 606 标准。

（1）TIA/EIA 568 系列

① TIA/EIA 568。1991 年 7 月，TIA、EIA 发布了 TIA/EIA 568，正式给出了综合布线系统的线缆与相关组成部件的物理和电气指标。该标准规定了 100ΩUTP、150ΩSTP、50Ω 同轴线缆和 62.5/125μm 光纤的参数指标。

② TIA/EIA 568-A（1995）。该版本对传输延迟和延迟偏移、配线子系统采用 62.5/125μm 光纤的集中光纤布线、TIA/EIA TSB67 作为现场测试方法、混合电缆的性能、UTP 布线模块化线缆的 NEXT 损耗测试方法进行了定义。特别是增编的 ANSI/TIA/EIA 568-A5（A5）首次定义了 100Ω 4 对 5e 类布线传输性能规范，同时因为在测试中经常出现回波损耗失败的情况，所以在这个标准中引入了 3dB 原则。

③ TIA/EIA 568-B。自 TIA/EIA 568-A 发布以来，更高性能的产品和市场应用需求的改变，对这个标准也提出了更高的要求。TIA、EIA 相继公布了很多的标准增编、临时标准以及技术服务公告（Technical Service Bulietin，TSB）。TIA/EIA 568-B 标准分为 3 个部分，于 2002 年 6 月正式出台。

• TIA/EIA 568-B.1（第一部分：一般要求）。该标准着重于水平和主干布线拓扑、距离、介质选择、工作区连接、开放办公布线、电信与设备间、安装方法及现场测试等内容。它集合了 TIA/EIA TSB67、TIA/EIA 568-A 等标准中的内容，其中最主要的变化是用永久链路定义取代了过去基本链路（Basic Link）的定义。

• TIA/EIA 568-B.2（第二部分：平衡双绞线布线系统）。该标准着重于平衡双绞线电缆、跳线、连接硬件（包括 ScTP 和 150Ω 的 STP-A 器件）的电气和机械性能规范以及部件可靠性测试规范、现场测试仪性能规范、实验室与现场测试仪比对方法等内容。TIA/EIA 568-B.2-1 是 TIA/EIA 568-B.2 的增编，是第一个关于 6 类综合布线系统的标准。增编的 TIA/EIA 568-B.2-10 中，定义了传输速率达 10 Gbit/s、传输带宽为 500 MHz、传输距离可达 100m 的 6A 类综合布线系统。

• TIA/EIA 568-B.3（第三部分：光纤布线部件标准）。该标准定义了光纤布线系统的部件和传输性能指标，包括光缆、光跳线和连接硬件的电气与机械性能要求、器件可靠性测试规范和现场测试性能规范。

④ TIA/EIA 568-C。该标准和 TIA/EIA 568-B 相比，结构有所调整，分为以下 4 个部分。

• TIA/EIA 568-C.0：用户建筑物通用布线标准。

• TIA/EIA 568-C.1：商业楼宇电信布线标准。

• TIA/EIA 568-C.2：平衡双绞线电信布线和连接硬件标准。

• TIA/EIA 568-C.3：光纤布线和连接硬件标准。

该标准的各部分是陆续发布的，如 2009 年 8 月发布的是 TIA/EIA 568-C.2。在内容方面，TIA/EIA 568-C.2 相比 TIA/EIA 568-B 最大的变化就是将原来在其附件中的许多定义（如 6A 和外部串扰参数）列入正文，在新的标准中加入了一些先进技术，如将测试内容分离出去，专门使用新标准来描述。

最新的 TIA/EIA 568.2-D 标准已于 2018 年 6 月发布。

（2）TIA/EIA 606 标准

TIA/EIA 606 标准用于对布线和硬件进行标识，目的是提供一套独立于系统应用之外的统一管理方案。

对于布线系统来说，标记管理问题是日渐突出的问题。该问题会影响到布线系统能否有效地管理和运用，而有效的布线管理对于布线系统和网络的有效运作与维护具有重要意义。

与布线系统一样，布线的管理系统必须独立于应用之外，这是因为在建筑物的使用寿命内，应用系统大多会有多次的变化。布线系统的标签与管理可以使系统移动、设备增添更加容易、快捷。

对于布线的标记系统来说，标签的材质是关键，标签除了要满足 TIA/EIA 606 标准要求的标识中的分类规定外，还要通过标准中要求的 UL969 认证，这样可以保证长期不会脱落，而且防水、防撕、防腐、耐低温、耐高温，可适用于不同环境及特殊、恶劣户外环境的应用。

TIA/EIA 606 涉及布线文档的 4 个类别：Class1（用于单一电信间）、Class2（用于建筑物内的多个电信间）、Class3（用于园区内多个建筑物）、Class4（用于多个地理位置）。

2. 国际标准

综合布线国际标准主要是指 ISO/IEC 11801 系列标准。

Information Technology-Generic Cabling for Customer Premises 即《信息技术-用户建筑群通用布缆》（ISO/IEC 11801）标准是在 1995 年制定、发布的。该标准把有关元器件和测试方法归入国际标准。

目前该标准有 3 个版本：ISO/IEC 11801:1995、ISO/IEC 11801:2000 和 ISO/IEC 11801: 2002。

在 ISO/IEC 11801:2002 后推出了很多修订版，如 ISO/IEC 11801 Am.1:2008、ISO/IEC 11801 Am.2:2010，分别定义了传输带宽可高达 1000MHz，分别于 50m 内和 15m 内，提供 40Gbit/s 以太网和 100Gbit/s 以太网传输的 7A 类传输标准。

3. 欧洲标准

欧洲标准 CENELEC EN 50173（信息系统通用布线标准）与国际标准 ISO/IEC 11801 是一致的。但是 CENELEC EN 50173 比 ISO/IEC 11801 更为严格，它更强调电磁兼容性，提出通过线缆屏蔽层，使线缆内部的双绞线对在高带宽传输的条件下，具备更强的抗干扰能力和防辐射能力。该标准先后有 3 个版本，即 CENELEC EN 50173:1995、CENELEC EN 50173A1:2000 和 CENELEC EN 50173:2002。相应的还有欧洲标准 CENELEC EN 50174（信息系统布线安装标准）。

4. 中国国家标准

综合布线系统标准是布线系统产品设计、制造、安装和维护所应遵循的基本原则。该标准对于生产厂商和布线施工人员都十分重要，生产厂商必须十分清楚如何设计和制造符合综合布线系统标准的产品，布线施工人员需要掌握符合综合布线系统标准的各种施工技术和测试方法。

（1）综合布线系统标准在中国的发展

中国工程建设标准化协会在 1997 年颁布了《建筑与建筑群综合布线系统工程设计规范》（CECS 72—1997），这是我国第一部关于综合布线系统的设计规范。该设计规范在很大程度上参考了北美的综合布线系统标准 TIA/EIA 568。

1997 年 9 月 9 日，我国通信行业标准 YD/T 926《大楼通信综合布线系统》正式发布。2001 年 10 月 19 日，原中华人民共和国信息产业部发布通信行业标准 YD/T 926—2001《大楼通信综合布线系统》，并于 2001 年 11 月 1 日起正式实施。2009 年 6 月 15 日，中华人民共和国工业和信息化部又发布了通信行业标准 YD/T 926—2009《大楼通信综合布线系统》，并于 2009 年 9 月 1 日起正式实施。

综合布线国家标准《建筑与建筑群综合布线系统工程设计规范》（GB/T 50311—2000）、《建筑与建筑群综合布线系统工程验收规范》（GB/T 50312—2000）于 2000 年 2 月 28 日发布，2000 年 8 月 1 日开始执行。综合布线国家标准《综合布线系统工程设计规范》（GB 50311—2016）、《综合布线系统工程验收规范》（GB/T 50312—2016）于 2016 年 8 月 26 日发布，2017 年 4 月 1 日开始执行。新的综合布线国家标准正在修订之中。

（2）综合布线国家标准

《综合布线系统工程设计规范》（GB 50311—2016）、《综合布线系统工程验收规范》（GB/T 50312—2016）是目前执行的国家标准。新标准是在参考国际标准 ISO/IEC 11801:2002 和 TIA/EIA 568-B，依据综合布线技术的发展，总结 2000 版标准经验的基础上编写出来的。

新标准的变动遵循几个主导思想：一是和国际标准接轨，以国际标准的技术要求为主，避免造成厂商对标准的一些误导；二是符合国家的法规政策，新标准的编制要体现国家最新的法规政策；三是很多的数据、条款的内容更贴近工程的应用，使用方便，不抽象，更具实用性和可操作性。

GB 50311—2007 定义到了最新的 F 级（7 类）综合布线系统，在设计和验收标准中分别增加了一条必须严格执行的强制性条文。例如，"当电缆从建筑物外面进入建筑物时，应选用适配的信号线路浪涌保护器，信号线路浪涌保护器应符合设计要求。"这主要是指将通信电缆或园区内的大对数电缆引入建筑物时，在入口设施或大楼的 BD、CD 外线侧的配线模块应该加装线路的浪涌保护器。

① 《综合布线系统工程设计规范》（GB 50311—2016）共有 9 章和 3 个附录，主要技术内容包括：总则、术语和缩略语、系统设计、光纤到用户单元通信设施、系统配置设计、性能指标、安装工艺要求、电气防护及接地、防火等。

此规范修订的主要技术内容如下。

- 在《综合布线系统工程设计规范》（GB 50311—2007）内容的基础上，对建筑群与建筑物综合布线系统及通信基础设施工程的设计要求进行补充与完善。
- 增加布线系统在弱电系统中的应用相关内容。
- 增加光纤到用户单元通信设施工程设计要求，并新增有关光纤到用户单元通信设施工程建设的强制性条文。
- 丰富管槽和设备的安装工艺要求。
- 增加相关附录。

② 《综合布线系统工程验收规范》（GB/T 50312—2016）共有 10 章和 3 个附录，主要技术内容包括：总则、缩略语、环境检查、器材及测试仪表工具检查、设备安装检验、线缆的敷设和保护方式检验、线缆终接、工程电气测试、管理系统验收、工程验收等。

此规范修订的主要技术内容如下。

- 在原规范内容的基础上，对建筑群与建筑物综合布线系统及通信基础设施工程的验收要求进行补充与完善。
- 增加缩略语。
- 增加光纤到用户单元通信设施工程的验收要求。
- 完善光纤信道和链路的测试方法与要求。

1.2.9　综合布线系统通用安全规范

安全生产是指生产过程要符合安全规则要求，保证人员的安全和健康，保证企业生产正常、有序进行，防止人员伤亡和财产损失的发生。因为安全无小事，一旦发生安全事故，会对个人和家庭造成巨大的伤害，会影响到企业的经营生产，严重时也会影响社会和国家的稳定发展。因此，安全生产是我国一项非常重要的政策，也是开展所有生产活动前首先要考虑的。

综合布线系统设备的安装、操作和维护也属于安全生产的范畴。综合布线系统设备的相关操作既要满足一般安全生产的规则要求，又要遵守综合布线系统设备特有的安全规则。综合布线系统设备的安装、操作和维护必须遵守相关的规则和注意事项，否则轻则导致设备损坏无法正常工作，重则导致人身伤亡。要实现安全生产，首先要具有安全防范意识，其次要具备相应的安全处理知识。

1．安全防范意识

参与综合布线系统建设与运维的人员，要认真学习和贯彻《中华人民共和国安全生产法》，坚持"安全第一，预防为主"的方针，牢固树立"安全重于泰山"的意识，认真学习相关的安全操作知识，遵守相关的安全操作规范，预防和减少工程事故和人身伤亡事故的发生。

2．安全处理知识

在实际生产操作过程中，安全永远是首先要考虑的，必须严格按照相关的规范进行生产操作。下面介绍常规安全操作中需要掌握的知识。

（1）负责安装、操作、维护设备的人员，必须在经过严格培训，获得相应的上岗资质，了解各种安全注意事项，掌握正确的方法之后，方可安装、操作和维护设备。

（2）安装、操作、维护设备时应遵守当地法律和规范，同时要遵守以下要求。

① 只允许有资质的专业人员和已培训人员安装、操作、维护设备。

② 只允许有资质的专业人员拆除安全设施和检修设备。

③ 操作人员应及时向负责人汇报可能导致安全问题的故障或错误。

④ 对设备进行操作的人员，包括操作人员、已培训人员、专业人员应该有当地要求的特种操作资质。

（3）在操作过程中，如发现可能导致人身或设备受到伤害时，对设备进行操作的人员应立即终止操作，向项目负责人进行报告，并采取行之有效的保护措施。

（4）严禁在雷电、雨、雪、大风等恶劣天气下，安装、操作室外设备（包括但不限于搬运设备、安装机柜、安装电源线等），以及连接通向室外的电缆。

（5）安装、操作和维护设备时，严禁佩戴手表、手链、手镯、戒指、项链等易导电的物体。

（6）安装、操作和维护设备过程中必须采取安全防护措施，如佩戴绝缘手套、穿安全服、戴安全帽、穿安全鞋等，如图 1.11 所示。

（7）安装、操作和维护设备时必须按照指导书中的步骤进行。

（8）接触任何导体表面或端子之前应使用电压表测量接触点的电压，确认无触电危险。

（9）应确保所有槽位均有单板或者假面板。防止单板上危险电压裸露在外，保证风道正常，控制电磁干扰，并且避免背板、底板、单板上有灰尘或其他异物。

（10）设备安装完成后，用户应按照指导书对设备进行例行检查和维护，及时更换故障部件，以保障设备安全运行。

（11）设备安装完成后，应清除设备区域的包装材料，如纸箱、泡沫材料、塑料制品、扎线带等。

（12）如发生火灾，应按下火警警铃并撤离建筑物或设备区域，拨打火警电话。任何情况下，严禁再次进入发生火灾的建筑物或设备区域。

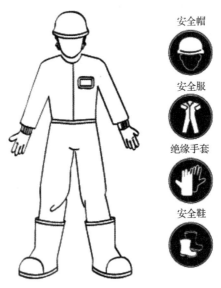

图 1.11　安全防护用品

上面的介绍中涉及几个相关的概念，分别解释如下。

（1）专业人员：拥有培训能力或操作设备经验丰富，清楚设备安装、操作、维护过程中潜在的各种危险和危险量级的人员。

（2）已培训人员：经过相应的技术培训且具有必要经验的人员，能意识到在进行某项操作时可能产生的危险，并能采取措施将自身及其他人员的危险降至最低限度。

（3）操作人员：除已培训人员、专业人员以外的任何人员，包括操作人员、客户、可能接触到设备的普通人等。

1.2.10 综合布线系统网络设备安全操作

由于网络设备的特点，技术人员虽然具备安全处理知识，但在进行网络设备的安装、操作和维护时，还是会遇到一些具体的安全问题，包括电气安全、电池安全、辐射安全、机械安全和维护安全等方面的问题，技术人员需要掌握不同的场合下安全操作的详细规范。

1. 电气安全

电气安全是网络设备系统安全中的一个重要内容。电气操作中的任何一个微小的不规范操作都可能导致人员伤亡、设备损毁等严重事故。因此，在设备安装过程中必须严格遵守相关的电气安全规范。

（1）接地要求

接地包括工作接地和保护接地。

① 工作接地是指电气装置的电源（如变压器或发电机）中性点的接地。工作接地的作用如下。

• 减轻因暂态过电压或电气系统中一相接地时，另两相对地电压的升高导致的对电气设备绝缘的损害。

• 当电气装置发生接地故障时，提供接地故障电流通路，使电路保护器迅速动作，切断故障电路。

② 保护接地是指电气装置的外露导电部分的接地。保护接地的作用如下。

• 降低外露导电部分在发生接地故障时的对地电压，即降低接触电压。

• 提供接地故障电流通路，使电路保护器迅速动作，切断故障电路。

在安装、操作和维护网络设备时，应确保保护地线已按照当地建筑物配电规范可靠接地。对于需接地的设备，在安装时，必须首先安装永久连接的保护地线；在拆除时，必须最后拆除保护地线。对于使用三芯插座的设备，必须确保三芯插座中的接地端子与保护地连接。

（2）电源系统操作要求

电源系统的供电电压是危险电压，直接接触或通过导电物体间接接触可能会导致触电。而不规范、不正确的操作，可能会引起火灾或触电等意外事故。因此，对于电源系统的操作一定要按照相关的安全规范进行。需要注意以下几个方面。

① 设备前级应匹配过电流保护装置，安装设备前请确认规格是否匹配。

② 若设备的电源输入方式为永久连接，则应在设备外部装上易于接触到的断开装置。

③ 交流电源供电的设备，适用于 TN、TT 电源系统。

④ 直流电源供电的设备，需确保直流电源与交流电源之间做了加强绝缘或双重绝缘。

⑤ 进行设备电气连接之前，如可能碰到带电部件，则必须断开设备前级对应的分断装置。

⑥ 连接负载（用电设备）线缆或电池线缆之前，必须确认输入电压是否在设备额定电压范围内。

⑦ 连接负载（用电设备）线缆或电池线缆之前，必须确认线缆和端子的极性，以防反接。

⑧ 接通电源之前，必须确保设备已正确实现电气连接。

⑨ 若设备有多路输入，则应断开设备所有输入后再对设备进行操作。

（3）布线要求

合理的布线可以降低设备维护成本，提高设备使用年限。在布线时需要注意以下几个方面。

① 在电源线现场做线的情况下，除接线部分外，其他位置的电源线绝缘皮不可被割破，否则可能

导致短路，引起人员受伤或火灾等事故。

② 线缆在高温环境下使用时可能出现绝缘层老化、破损，线缆与功率铜排、分流器、熔丝、散热片等发热器件之间应保持足够距离。

③ 信号线与大电流线或高压线应分开绑扎。

④ 用户自备线缆应符合当地标准。

⑤ 机柜内出风口位置不允许有线缆经过。

⑥ 如线缆的储存环境温度在 0° 以下，在进行敷设、布放操作前，必须将线缆移置室温环境下储存 24h 以上。

（4）TNV 电路要求

电信网络电压（Telecommunication Network Voltage，TNV）电路是携带通信信号的电路。TNV 电路定义为可触及接触区域受到限制的设备中的电路，对该电路进行了适当的设计和保护，使得在正常工作条件下和单一故障条件下，它的电压均不会超过规定的限值。一般对于 TNV 电路有以下几点要求。

① 为避免触电，请勿将安全特低电压（Safety Extra-Low Voltage，SELV）电路连接到 TNV 电路上。

② 雷电天气时请勿插拔连接到户外的信号接口。

③ 为了降低发生火灾的风险，必须使用 26 AWG 或以上的电话线。AWG 是美国线规（American Wire Gauge）的英文缩写，是一种区分线缆直径的标准。AWG 前面的数值越大，线缆的直径就越小，具体可以参考相应的手册说明。

（5）防静电要求

人体移动时，在衣服摩擦、鞋与地板摩擦或手拿普通塑料制品等情况下，人体会产生静电电磁场，它在放电前不易消失。所以，在接触设备，如手拿插板、单板、专用集成电路（Application Specific Integrated Circuit，ASIC）芯片等之前，为防止人体静电损坏敏感元器件，必须佩戴防静电手腕带，佩戴时将防静电手腕带的另一端良好接地，如图 1.12 所示，并注意以下两点。

① 手持单板时，必须持单板边缘不含元器件的部位，严禁用手触摸芯片。

② 拆卸下来的单板，必须用防静电包装材料进行包装后储存或运输。

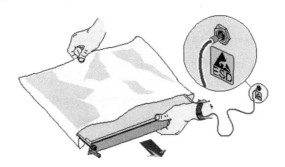

图 1.12　佩戴防静电手腕带示意

2. 电池安全

网络设备通常会使用到电池，电池的安装与使用必须遵循规范。

（1）电池的安装、操作和维护时的安全要求

① 不应将电池暴露在高温环境（如日照环境）下或发热设备（如取暖器、微波炉、烤箱或热水器等）的周围，电池过热可能发生爆炸。

② 不应拆解或改装电池、不应往电池中插入异物、不应将电池浸入水或其他液体中，以免引起电池漏液、过热、起火或爆炸。

③ 如电池在使用或保存过程中有变色、变形、异常发热等异常现象，则应停止使用并更换电池。

④ 进行电池安装、维护等操作前，应佩戴护目镜、橡胶手套，穿防护服，预防电解液外溢造成的伤害。如电池漏液，请勿使皮肤或眼睛接触到漏出的液体，若不慎接触，则应立即用大量清水冲洗，并到医院进行处理。

⑤ 在搬运电池的过程中，应按照电池要求的方向搬运，严禁倒置、倾斜。

⑥ 进行电池安装、维护等操作时，电池回路应保持断开状态。

⑦ 更换电池时，必须使用同类型或等效类型的电池。若电池更换不当，则可能会导致电池爆炸。

⑧ 不应将金属导体与电池两极对接或使其接触电池的端点，以免电池短路，导致电池过热爆炸而造成伤害。

⑨ 应按当地法规处理电池，不可将电池作为生活垃圾处理，处置不当可能会导致电池爆炸。

⑩ 不应摔、挤压或刺穿电池。避免让电池遭受外部大的压力，以防电池内部短路和过热。

⑪ 不应使用已经损坏的电池。

⑫ 不应让儿童或宠物吞咬电池，以免对其造成伤害或导致电池爆炸。

不同厂家的电池存在差异，因此在安装、操作和维护之前，请阅读电池厂家提供的说明书。此外，设备中的电池包括可充电电池和不可充电电池，两种电池的安全要求也有所不同。

（2）可充电电池的安全要求

对于可充电电池，需要对电池短路、易燃气体、电池漏液及电池放亏进行防护。

① 电池短路防护。电池短路时会在瞬间产生大电流，并释放大量能量，可能造成人身伤害及财产损失，因此在允许的情况下，应该首先断开工作中的电池连接，再进行其他作业。要避免金属等导电物体造成电池短路。

② 易燃气体防护。铅酸蓄电池在异常工作时会释放易燃气体，摆放铅酸蓄电池的地方应保持通风并做好防火措施。严禁使用未封闭的铅酸蓄电池。铅酸蓄电池应水平摆放、固定，确保排氢措施正常，避免燃烧或腐蚀设备。

③ 电池漏液防护。电池温度过高会导致电池变形、损坏及电解液溢出。当电池温度超过 60℃ 时，应检查是否有电解液溢出。在移动漏液电池时，应注意防止电解液可能带来的伤害；一旦发现电解液溢出，可采用碳酸氢钠（$NaHCO_3$）或碳酸钠（Na_2CO_3）进行中和、吸收。

④ 电池放亏防护。在电池连接完成且电源系统通电之前，应保证电池熔丝或空气开关（简称空开）处于断开的状态，以免系统长期不上电造成电池放亏，从而损坏电池。

除了上面 4 个方面的安全要求外，还需要注意根据电池资料中的力矩拧紧电池线缆或铜排，否则电池螺栓虚接将导致连接压降过大，甚至在电流较大时产生大量热量而将电池烧毁。

（3）不可充电电池的安全要求

设备若使用干电池、不可充电锂电池，则其安全要求如下。

① 如果设备配有不可拆卸的内置电池，则不应自行更换电池，以免损坏电池或设备。如果需要更换电池，则可以找厂商售后服务人员进行更换。

② 严禁把电池扔到火堆里，以免电池起火和爆炸。

3. 辐射安全

这里的辐射是指电磁辐射，即能量以电磁波形式由辐射源发射到空间，或者能量以电磁波形式在空间中传播。电磁辐射包括电离辐射和非电离辐射。当电磁波的波长非常小，或者说频率非常高的时候，电磁波的每个光子都具有非常高的能量，能够破坏分子间的化学键，这种辐射被称为电离辐射，放射性物质产生的伽马射线、宇宙射线和 X 射线等都属于电离辐射；当电磁波的频率比较低的时候，电磁波的每个光子不能破坏分子间的化学键，这种辐射被称为非电离辐射，如可见光、激光、微波、无线电波等都属于非电离辐射。这里讨论的电磁辐射指的是非电离辐射。电磁辐射在日常生活中普遍存在，当电磁辐射的能量被控制在一定限度内时，它对人们的身体健康几乎是没有影响的；当电磁辐射的能量超过一定的限度之后，就会逐渐出现负面效应，可能会影响人们的身体健康。下面主要介绍电磁辐射安全相关的知识。

（1）电磁场暴露

如果设备属于无线发射产品、带无线发射功能的产品，或者高电压设备、设施，就需要考虑其工频电磁场的暴露危害。在架设某些专业设备或设施时，操作人员必须遵循相关的地方法律和规范。当对设备的结构和天线、射频输出规格和参数，或者专业架设设备、设施的场地环境做出任何变动时，都需要对电磁场暴露进行重新评定。

① 电磁场暴露禁区。电磁场暴露禁区（超标区域）是指，为控制电磁场所致公众或操作人员暴露，根据相关法规的暴露控制限值所划分的距离设备或设施一定范围的安全区域。应采取适当的措施确保电磁场暴露安全距离，包括但不限于以下几个方面。

- 专业设备或设施站点不应向公众开放，应规划在公众无法接近的区域。
- 只有专业人员和已培训人员才能进入专业设备或设施站点。
- 专业人员进入电磁场暴露禁区之前，应先了解辐射超标区域的位置，并在进入前关闭发射源。
- 应在站点内给出明确标志，提醒专业人员其正在前往或可能处于电磁场暴露禁区。
- 站点在安装后，应定期对其进行监测并检查。
- 每个电磁场暴露禁区应设置有效的物理屏障和醒目的警告标志。
- 在设备结构体外加装隔离装置。

② 基站收发信台

基站收发信台（Base Transceiver Station，BTS）经过合适设计，其射频电磁辐射低于相关射频辐射危害标准的限值。因此，在正常工作条件下，BTS 不会对公众和工作人员造成危害。然而，有瑕疵的BTS 天线或其他缺陷仍可能导致 BTS 的射频电磁辐射超出标准的限值。

专业人员安装和操作 BTS 及其天线时，应遵循如下原则。

a. 安装和操作 BTS 及其天线前，应先阅读安全工作建议，并应遵守当地的法律和规范。

b. 在装有 BTS 及其天线的铁塔、桅杆等位置处，对天线进行近距离安装、维护等操作时，应先联系相关人员关闭发射源。

c. 必要时，现场作业人员随身佩戴辐射监控和报警仪器。

d. 对于在屋顶安装的天线，要提高天线的高度，以使其超过可能在屋顶工作和生活的人员的高度。

e. 对于在屋顶安装的天线，要保证发射天线远离人们最有可能出现的区域，如屋顶接入点、电话服务点和供热通风与空调设备等。

f. 对于在屋顶安装的定向天线，要将天线置于外围，并且不使天线面对建筑物。

g. 大孔径天线可以实现良好的信号覆盖，而小孔径天线具有较小的视觉影响，因此要尽可能平衡好大孔径天线和小孔径天线之间的选择。

h. 当在同一地点安装多个公司所属的天线时要特别小心。对于小区或者建筑物管理人员来说，一般倾向于把所有公司的天线都安装在同一地点，但是这样非常容易造成安全隐患，因此需要安装人员非常小心。

i. 医院和学校附近的天线站点应采取特殊的安全措施。

③ 其他无线设备使用指导如下。

a. 如果无线设备在相关手册中指定了电磁场暴露安全距离，则应遵循相关使用距离要求。

b. 如果某些设备由于具有较低的射频发射功率，足够满足电磁场暴露安全要求，则不会限定使用距离。

c. 如果某些设备经过专门的设计，在贴近人体使用时，可满足电磁场暴露安全要求，则不会限定使用距离。

④ 高压设备或设施使用指导。只有工作在较高电压（如 100kV 以上）的设备或设施产生的工频电磁场会对人体有影响，从而需要按照相关要求进行电磁场暴露评定。

（2）激光辐射

激光在当今的社会生产和生活中有着广泛的应用。在网络设备中，经常会遇到激光收发器，它主要用于光传输系统及相关的测试工具。光通信所使用的激光波长在红外波段，因此光纤或连接器端口会发射肉眼看不到的激光，而功率密度却非常高。裸眼直视激光输出端会灼伤眼睛。在进行激光相关的操作时，需要遵守以下操作规范，以避免激光辐射造成的损伤。

① 完成相关培训的授权人员方可进行操作。

② 在操作激光或光纤时应佩戴护目镜。

③ 在断开光纤连接器之前确保关闭光源。

④ 断开光纤连接器后，使用光纤帽保护所有的光纤连接器。

⑤ 在不确定光源是否已关闭前，严禁注视裸露的光纤连接器端头，立即为光纤连接器安装光纤帽。

⑥ 在剪切或熔接光纤前，确保光纤和光源断开。

⑦ 通过光功率计测量光功率来确保光源已关闭。

⑧ 在打开光纤传输系统前门时，注意避免激光辐射。

⑨ 严禁使用显微镜、放大镜或寸镜等光学仪器观看光纤连接器或光纤的端头。

4. 其他安全知识

除了前面介绍的几种操作安全知识外，还包括机械安全、维护安全和安全标志等方面的知识。

（1）机械安全

① 吊装安全。吊装时要注意以下事项。

a. 进行吊装作业的人员需经过相关培训，合格后方可上岗。

b. 吊装工具需经检验，工具齐全方可进行吊装。

c. 进行吊装作业之前，确保吊装工具牢固固定在可承重的固定物或墙上。

d. 在吊装过程中，确保两条缆绳间的夹角不大于 90°，如图 1.13 所示。

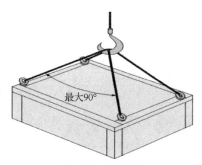

最大90°

图 1.13 吊装重物

② 梯子使用安全。使用梯子前要注意以下事项。

a. 先确认梯子是否完好无损，再确认梯子规定的承载重量，严禁超重使用。

b. 梯子的倾斜度以 75°为宜，可使用角尺测量。使用梯子时应将宽的梯脚朝下或在梯子的底部采取保护措施，以防滑倒。梯子应放在稳固的地方。

使用梯子时要注意以下事项。

a. 确保身体重心不要偏离梯架的边缘。

b. 操作前保持身体平稳。

c. 爬梯的最高高度为距离梯子顶部的第 4 个横档。

d. 若要爬上屋顶，则超出屋檐的梯子的垂直高度至少为 1m。

③ 钻孔安全。严禁在机柜上钻孔。不符合要求的钻孔会破坏机柜的电磁屏蔽性能、损伤内部电缆，钻孔所产生的金属屑进入机柜会导致电路板短路。在墙面、地面钻孔时，需要考虑以下安全注意事项。

a. 钻孔时应佩戴护目镜和保护手套。

b. 钻孔过程中应对设备进行遮挡，严防金属屑掉入设备内部，钻孔后应及时打扫、清理金属屑。

④ 搬运重物安全。

a. 搬运重物时，应做好承重的准备，避免作业人员被重物压伤；在搬运机箱时，保持后背挺直，平稳移动，以免扭伤。

b. 用手搬运设备时，应佩戴保护手套，以免双手被尖角割伤。

c. 移动机箱时，应握住机箱手柄或托住机箱底边，而不应握住机箱内已安装模块（如电源模块、风扇模块或单板）的手柄。

（2）维护安全

① 对设备进行维护的注意事项如下。

a. 更换设备上的任何配件或部件前，请佩戴防静电腕带，需确保防静电腕带一端已经接地，另一端与佩戴者的皮肤良好接触。

b. 更换部件时，注意放好部件、螺钉、工具等物体，以免掉进运行的风扇中而损坏风扇或设备。

c. 更换机柜中的机箱、部件时，将机箱、部件从机柜拉出时，要小心装在机柜中可能不稳固或很重的设备，避免被压伤或砸伤。

② 维护操作场景需要注意的情况如下。

a. 可更换熔断器。如更换熔断器，新的熔断器应和被更换熔断器的类型及规格相同。在更换面板处熔断器前，要断开设备的电源，否则可能出现触电危险，导致人身伤害。可更换熔断器一般位于设备的交流（Alternating Current，AC）或直流（Direct Current，DC）电源的输入口或输出口附近的面板处。可更换熔断器的规格可参考备份熔断器的规格，或参考面板处标准熔断器的规格，使用不同规格的熔断器可能造成设备损伤、人身伤害及财产损失。

b. 焊接熔断器。如产品的单板上熔断器有丝印熔断器额定值，若需要更换熔断器，则由授权人员根据丝印规格来更换；如产品的单板上熔断器没有丝印熔断器额定值，则严禁现场维护单板熔断器，必须返厂维修。若需要更换熔断器，则由授权人员根据产品物料清单中相应位号的厂家型号与额定值进行更换。

c. 更换配电盒和单板。更换配电盒时，应确保前端保护空开已断开，佩戴好绝缘手套；更换单板时，严禁用手接触单板上的元器件，以免损坏单板；对于不使用的槽位，应安装假面板。

d. 更换风扇。抓住风扇模块上的拉手，向外拉出风扇一部分，务必等风扇完全停止转动后，轻轻将风扇模块从机柜中全部拔出，避免扇叶打伤手指。

（3）安全标志说明

① 激光危险等级标志。激光危险等级标志如图 1.14 和图 1.15 所示，进行光纤操作时，严禁裸眼靠近或直视光纤端口。

图 1.14　CLASS 1 激光危险等级标志

图 1.15　CLASS 1M 激光危险等级标志

② 设备重量标志。设备重量标志如图 1.16 所示。其中，图 1.16（a）表示可更换/插拔式部件或设备重量在 18～32kg，需要 2 个人同时搬抬；图 1.16（b）表示可更换/插拔式部件或设备重量在 32～55kg，需要 3 个人同时搬抬；图 1.16（c）表示可更换/插拔式部件或设备重量超过 55kg，需要使用叉车搬运或者 4 个人同时搬抬。

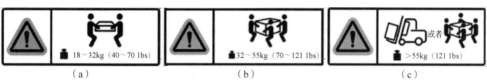

图 1.16　设备重量标志

③ 防尘网定期清扫标志。防尘网定期清扫标志如图 1.17 所示，对于具有此标志的设备，应定期对防尘网进行清扫。

图 1.17　防尘网定期清扫标志

④ 互锁装置警告标志。户外设备的门，一般在打开后使用金属支杆来固定，防止门意外关闭造成事故；在关门时，需要抬起金属支杆。互锁装置警告标志如图 1.18 所示，对于具有此标志的设备，请在关门时，抬起金属支杆后再关门。

图 1.18　互锁装置警告标志

⑤ 高压开盖危险标志。高压开盖危险标志如图 1.19 所示。对于具有此标志的设备，请先阅读安全手册中的所有内容，确保都已了解手册的注意事项后再进行操作。

图 1.19　高压开盖危险标志

1.3 项目实训

1. 实训目的

通过参观施工现场等实践，区分综合布线系统的不同部分，了解综合布线系统所用的设备及其为用户提供的服务业务。如有条件可参观当地的智能建筑，理解综合布线系统的作用，掌握综合布线系统的基本组成以及每一部分的覆盖范围、结构和所采用的设备。

2. 实训内容

（1）查询最新的综合布线系统标准。网络技术日新月异，布线标准推陈出新，可通过 Internet 或其他途径查询我国相关部门是否推出了比本书中介绍的标准更新的内容，如增编、标准草案、新增附件或更新的标准等。

（2）参观、访问一个采用综合布线系统的校园或企业。

（3）根据参观情况，画出相应的综合布线系统结构简图。

3. 实训过程

（1）参观、访问一个采用综合布线系统的校园或企业。

① 在老师或技术人员的带领下，了解基本情况，包括建筑物的面积、层数、功能、用途、结构，以及信息点的布置、数量等。

② 参观建筑物的设备间，并记录设备间所用设备的名称和规格，注意各设备之间的连接情况，观察各设备和连接线上是否有相应的标志；了解设备间的环境状况。

③ 参观电信间，了解并记录电信间的环境、面积和设备配置。查看是否设置有配线架，如果有，则注意配线架的规格和标志；分析综合布线系统中，设备间和电信间是分开设置的还是二者合用空间。

④ 观察干线子系统是采用何种方式进行敷设的；了解线缆的类型、规格和数量。

⑤ 观察配线子系统的走线路由；了解配线子系统所选用介质的类型、规格和数量，并观察其布线方式。

⑥ 观察工作区的面积；了解信息插座的配置数量、类型、高度，以及线缆的布线方式。

（2）画出综合布线系统结构简图。

① 在参观、记录的基础上，画出相应的综合布线系统结构简图。

② 在图中标明所用设备的型号、名称、数量，各布线子系统选用介质的类型及数量。

③ 画出综合布线系统与公用网络的连接情况。

4. 实训总结

（1）根据查询到的最新的综合布线系统标准，讨论综合布线系统的类别、功能、发展前景等。

（2）根据分析、观察结果，判断校园或企业综合布线系统的组成部分。

（3）以分组的方式讨论校园或企业综合布线系统的设计特点，并指出其中的优点和缺点。

项目小结

1. 综合布线系统基本知识，主要讲解综合布线系统的定义与功能、综合布线系统的特点。

2. 综合布线术语与名词，主要讲解综合布线术语、综合布线缩略语、综合布线相关名词。

3. 智能建筑的由来和概念，主要讲解智能建筑的定义、智能建筑术语、智能建筑的功能。

4. 综合布线系统与智能建筑的关系，主要讲解综合布线系统与智能建筑的关系。

5. 综合布线系统的组成，主要讲解工作区、配线子系统、干线子系统、电信间、设备间、进线间、建筑群子系统。

6. 综合布线系统的结构，主要讲解综合布线部件、综合布线系统结构、综合布线系统构成、综合布线系统结构的变化。

7. 综合布线系统分级与产品类别，主要讲解综合布线系统分级与分类。

8. 综合布线系统标准，主要讲解北美标准、国际标准、欧洲标准、中国国家标准。

9. 综合布线系统通用安全规范，主要讲解安全防范意识、安全处理知识。

10. 综合布线系统网络设备安全操作，主要讲解电气安全、电池安全、辐射安全、其他安全知识。

课后习题

1. 选择题

（1）结构化综合布线系统简称为（　　　）。

　　A. SCS　　　　　　　B. GCS　　　　　　　C. BAS　　　　　　　D. OAS

（2）综合布线系统主要缩略语中，建筑群配线设备的缩略语为（　　　）。

　　A. CD　　　　　　　B. BD　　　　　　　C. FD　　　　　　　D. TO　　　　　E. CP

（3）综合布线系统主要缩略语中，建筑物配线设备的缩略语为（　　　）。

　　A. CD　　　　　　　B. BD　　　　　　　C. FD　　　　　　　D. TO　　　　　E. CP

（4）综合布线系统主要缩略语中，楼层配线设备的缩略语为（　　　）。

　　A. CD　　　　　　　B. BD　　　　　　　C. FD　　　　　　　D. TO　　　　　E. CP

（5）综合布线系统主要缩略语中，信息点的缩略语为（　　　）。

　　A. CD　　　　　　　B. BD　　　　　　　C. FD　　　　　　　D. TO　　　　　E. CP

（6）综合布线系统主要缩略语中，集合点的缩略语为（　　　）。

　　A. CD　　　　　　　B. BD　　　　　　　C. FD　　　　　　　D. TO　　　　　E. CP

（7）3A 智能建筑通常是指（　　　）。

　　A. 楼宇自动化、通信自动化、安保自动化　　B. 通信自动化、办公自动化、防火自动化

　　C. 通信自动化、信息自动化、楼宇自动化　　D. 楼宇自动化、办公自动化、通信自动化

（8）最新的智能建筑设计国家标准是（　　　）。

　　A. GB/T 50314—2006　　　　　　　B. GB 50314—2015

　　C. GB 50311—2016　　　　　　　　D. GB/T 50312—2016

（9）综合布线三级结构和网络树形三层结构的对应关系是（　　　）。

　　A. BD 对应核心层，CD 对应汇聚层　　　B. CD 对应核心层，FD 对应汇聚层

　　C. BD 对应核心层，FD 对应接入层　　　D. CD 对应核心层，BD 对应汇聚层

（10）从建筑群设备间到工作区，综合布线系统正确的组成顺序是（　　　）。

　　A. CD-FD-BD-TO-CP-TE　　　　　　B. CD-BD-FD-CP-TO-TE

　　C. BD-CD-FD-TO-CP-TE　　　　　　D. BD-CD-FD-CP-TO-TE

（11）3 类综合布线系统对应的综合布线分级是（　　　）。

　　A. C 级　　　　　　B. D 级　　　　　　C. E 级　　　　　　D. F 级

（12）5e 类综合布线系统对应的综合布线分级是（　　　）。

　　A. C 级　　　　　　B. D 级　　　　　　C. E 级　　　　　　D. F 级

（13）6 类综合布线系统对应的综合布线分级是（　　　）。

　　A. C 级　　　　　　B. D 级　　　　　　C. E 级　　　　　　D. F 级

（14）7 类综合布线系统对应的综合布线分级是（　　　）。

  A. C 级   B. D 级   C. E 级   D. F 级

（15）C 级综合布线系统支持的带宽为（　　　）。

  A. 16MHz   B. 100MHz   C. 250MHz   D. 600MHz

（16）D 级综合布线系统支持的带宽为（　　　）。

  A. 16MHz   B. 100MHz   C. 250MHz   D. 600MHz

（17）E 级综合布线系统支持的带宽为（　　　）。

  A. 16MHz   B. 100MHz   C. 250MHz   D. 600MHz

（18）F 级综合布线系统支持的带宽为（　　　）。

  A. 16MHz   B. 100MHz   C. 250MHz   D. 600MHz

（19）E_A 级综合布线系统支持的带宽为（　　　）。

  A. 250MHz   B. 500MHz   C. 600MHz   D. 1000MHz

（20）F_A 级综合布线系统支持的带宽为（　　　）。

  A. 250MHz   B. 500MHz   C. 600MHz   D. 1000MHz

（21）6 类综合布线系统是在（　　　）标准中定义的。

  A. TIA/EIA 568 B.1   B. TIA/EIA 568 B.3

  C. TIA/EIA 568 B.2-1   D. TIA/EIA 568 B.2-10

（22）6A 类综合布线系统是在（　　　）标准中定义的。

  A. TIA/EIA 568 B.1   B. TIA/EIA 568 B.3

  C. TIA/EIA 568 B.2-1   D. TIA/EIA 568 B.2-10

（23）TIA/EIA（　　　）标准是专门定义标识管理的标准。

  A. 569   B. 570   C. 606   D. 607

（24）下列综合布线的标准中，属于北美标准的是（　　　）。

  A. TIA/EIA 568   B. GB/T 50311—2007

  C. CELENEC EN 50173   D. ISO/IEC 11801

（25）下列综合布线的标准中，属于欧洲标准的是（　　　）。

  A. TIA/EIA 568   B. GB/T 50311—2007

  C. CELENEC EN 50173   D. ISO/IEC 11801

（26）下列综合布线的标准中，属于国际标准的是（　　　）。

  A. TIA/EIA 568   B. GB/T 50311—2007

  C. CELENEC EN 50173   D. ISO/IEC 11801

（27）下列综合布线的标准中，属于中国国家标准的是（　　　）。

  A. TIA/EIA 568   B. GB/T 50311—2007

  C. CELENEC EN 50173   D. ISO/IEC 11801

（28）目前执行的综合布线系统设计国家标准是（　　　）。

  A. GB 50311—2000   B. GB/T 50311—2007

  C. GB/T 50314—2006   D. GB 50311—2016

（29）综合布线系统中用于连接两栋建筑物的子系统是（　　　）。

  A. 配线子系统   B. 干线子系统   C. 进线间子系统   D. 建筑群子系统

（30）综合布线系统中用于连接楼层配线设备和建筑物配线设备的子系统是（　　　）。

  A. 工作区   B. 配线子系统   C. 干线子系统   D. 建筑群子系统

（31）综合布线系统中用于连接信息点与楼层配线设备的子系统是（　　）。

    A. 工作区　　　　B. 配线子系统　　　C. 干线子系统　　　D. 管理

（32）综合布线系统中直接与用户终端设备相连的部分是（　　）。

    A. 工作区　　　　B. 配线子系统　　　C. 干线子系统　　　D. 管理

（33）在吊装过程中，确保两条缆绳间的夹角（　　）。

    A. <60°　　　　　B. <90°　　　　　C. >60°　　　　　D. >90°

（34）下面关于电气布线的介绍中错误的是（　　）。

    A. 为了节约空间，建议信号线与电流线和高压线等绑扎在一起

    B. 用户自备线缆应符合当地标准

    C. 机柜内出风口位置不允许有线缆经过

    D. 如电缆的储存环境温度在 0° 以下，则在进行敷设布放操作前，必须将电缆移置室温环境下储存 24h 以上

（35）下面关于激光操作的介绍中错误的是（　　）。

    A. 完成相关培训的授权人员方可进行操作

    B. 在操作激光或光纤时应戴护目镜

    C. 在断开光纤连接器之前应确保关闭光源

    D. 为了仔细观察，建议使用显微镜或者放大镜等光学仪器观看光纤连接器或光纤的端头

（36）【多选】严禁在雷电、雨、雪、大风等恶劣天气下（　　）。

    A. 安装、操作室外设备　　　　　　B. 连接通向室外的电缆

    C. 安装、操作室内设备　　　　　　D. 室内作业

（37）【多选】下列关于可充电电池的操作正确的是（　　）。

    A. 要避免短路　　　　　　　　　　B. 电解液溢出时，可用碳酸氢钠中和吸收

    C. 运输中可以倒置　　　　　　　　D. 安装和维护时，电池回路应保持断开状态

2. 简答题

（1）简述综合布线系统的特点。

（2）简述综合布线系统与智能建筑的关系。

（3）简述综合布线系统的组成。

（4）简述综合布线系统的结构。

（5）简述综合布线系统的分级与分类。

（6）简述与综合布线相关的标准。

项目 2
认识综合布线产品

02

知识目标

- 熟悉双绞线、光缆及连接器件、网络机柜、配线架产品的种类与用途。
- 认识线管与线槽、桥架以及网络系统硬件。
- 熟悉系统布线常用工具和常用仪表。

技能目标

- 能够为综合布线系统选用合适的双绞线、光缆及连接器件、网络机柜、配线架。
- 能够为综合布线系统进行合理的选型，包括线管与线槽、桥架以及网络系统硬件。
- 能够通过 Internet 搜索综合布线产品信息。

素养目标

- 培养学生自我学习的能力、习惯和爱好。
- 培养学生实践动手能力，能解决工作中的实际问题，树立爱岗敬业精神。

2.1 项目陈述

我们经常听说的百兆、千兆（吉比特）、万兆，其实都是指网络的传输速率，如高校校园网现在常见的建设标准是万兆核心层、千兆汇聚层、百兆接入层。如何实现网络传输并达到传输速率的要求呢？首先要解决的是通信线路问题，这个就是综合布线的目的所在。计算机网络通信分为有线通信和无线通信两大类。在有线通信系统中，网络传输介质有铜缆和光纤两类，铜缆又可分为同轴电缆和双绞线电缆两种。同轴电缆是十兆网络时代的网络传输介质，仅在广播电视和模拟视频监控领域使用。而随着视频监控进入网络时代，其网络传输介质也已全面使用双绞线电缆和光缆。

在综合布线工程中要面临选择布线产品（网络传输介质）的问题，是选用 6 类双绞线还是 7 类双绞线？是选用 UTP 还是 STP？是选用多模光纤还是单模光纤？本项目就带大家来认识包括线缆和连接器件等网络传输介质的综合布线产品。

2.2 知识准备

2.2.1 网络传输介质

在通信网络中，首要问题是通信线路和信号传输问题。通信分为有线通信和无线通信，有线通信中的信号主要是电信号和光信号，负责传输电信号或光信号的各种线缆的总称就是通信线缆。线缆是常见的网络传输介质，网络传输介质是指在网络中传输信息的载体，不同的传输介质的特性各不相同，其特性对通信速度、通信质量有较大影响。目前，在通信线路中，常用的网络传输介质有双绞线、同轴电缆和光纤。双绞线和同轴电缆用于传输电信号，光纤用于传输光信号。

1. 双绞线

双绞线（Twisted Pair，TP）是综合布线工程中常用的传输介质，是由多对具有绝缘保护层的铜线组成的，如图 2.1 所示。与其他传输介质相比，双绞线在传输距离、信道宽度和数据传输速率等方面均有一定限制，但价格较为便宜。

图 2.1 双绞线

双绞线由两条互相绝缘的铜线组成，将两条铜线拧在一起，可以减少邻近线对电信号的干扰。双绞线既能用于传输模拟信号，又能用于传输数字信号，其带宽取决于铜线的直径和传输距离。双绞线性能较好且价格便宜，得到了广泛应用。双绞线是模拟数据通信和数字数据通信普通的传输介质，它的主要应用范围是电话系统中的模拟语音传输和局域网的以太网组网。双绞线适合短距离的信息传输，当传输距离超过几千米时，信号因衰减可能会产生畸变，这时就要使用中继器来进行信号放大。

双绞线一般由两根 22～26 号绝缘铜线相互缠绕而成。如果把一对或多对双绞线放在一个绝缘套管中，便可构成双绞线电缆。在双绞线电缆（也称为双扭线电缆）内，不同线对具有不同的扭绞长度（Twist Length）。把两根绝缘的铜线按一定密度互相绞合在一起，可降低信号干扰的程度，每一根导线在传输中辐射出来的电波会被另一根线上发出的电波抵消，一般扭线越密，其抗外来电磁信号干扰的能力就越强。

与光纤相比，双绞线在传输距离、信道宽度和传输速率等方面均受到一定限制，但价格较为便宜、布线成本较低、施工方便。近年来，双绞线技术和生产工艺不断发展，使得其在传输距离、信道宽度和传输速率等方面都有较大的突破，支持万兆传输的 6A 类双绞线已推向市场。双绞线的抗干扰能力视其是否有良好的屏蔽和设置地点而定，如果干扰源的波长大于双绞线的扭绞长度，则其抗干扰性强于同轴电缆（在 10～100kHz 以内，同轴电缆的抗干扰性更好）。双绞线较适用于近距离、环境单纯（远离潮湿环境、电源磁场等）的局域网络系统。

按美国线规（American Wire Gauge，AWG），双绞线的绝缘铜线线芯大小有 22、23、24 和 26 等规格，规格越大，导线越细。常用的 5e 类 UTP 规格是 24 AWG，铜线线芯直径约为 0.51mm，加上绝缘层的铜线直径约为 0.92mm，其中绝缘材料是高密度聚乙烯（High Density Polyethylent，HDPE）。典型的加上塑料外部护套的 5e 类 UTP 直径约为 5.3mm。常用的 6 类 UTP 规格是 23 AWG，铜线线芯直径约为 0.58mm，6 类 UTP 普遍比 5e 类 UTP 粗。6 类线缆结构较多，因此粗细不一，如直径有 5.8mm、5.9mm、6.5mm 等。

电缆护套外皮有通信非阻燃（Communication Riser，CMR）、通信阻燃（Communication Plenum，CMP）和低烟无卤（Low Smoke Zero Halogen，LSZH）3 种材料。若电缆的护套含卤素，则不易燃烧（阻燃），但在燃烧过程中，释放的毒性大。若电缆的护套不含卤素，则易燃烧（非阻燃），但在燃烧过程中所释放的毒性小。因此，在设计综合布线时，应根据建筑物的防火等级选择使用不同材料护套的线缆。

用于数据通信的双绞线结构为 4 对结构，为了便于安装与管理，对每对双绞线用颜色标示，4 对双绞线的颜色分别为蓝色、橙色、绿色和棕色。每对双绞线中，其中一根的颜色为线对颜色加上白色条纹或斑点（纯色），另一根的颜色为白底色加线对颜色的条纹或斑点。电缆颜色编码如表 2.1 所示。

表 2.1　电缆颜色编码

线对	颜色编码	缩写
线对 1	白-蓝　蓝	W-BL　BL
线对 2	白-橙　橙	W-O　O
线对 3	白-绿　绿	W-G　G
线对 4	白-棕　棕	W-BR　BR

双绞线的相关特性如下。

- 物理特性：铜质线芯，传导性能良好。
- 传输特性：可用于传输模拟信号和数字信号。
- 连通性：可用于点到点或点到多点连接。
- 传输距离：可达 100m。
- 传输速率：10Mbit/s～1000Mbit/s。
- 抗干扰性：低频（10kHz 以下）双绞线的抗干扰性能强于同轴电缆，高频（10kHz～100kHz）双绞线的抗干扰性能弱于同轴电缆。
- 相对价格：比同轴电缆和光纤的价格便宜。

双绞线的种类与型号如下。

- 按结构分类，双绞线电缆可分为 UTP 和 STP 两类。
- 按性能指标分类，双绞线电缆可分为 1 类、2 类、3 类、4 类、5 类、5e 类、6 类、6A 类、7 类、7A 类、8 类双绞线电缆，或 A、B、C、D、E、E_A、F、F_A、G 级双绞线电缆。
- 按特性阻抗分类，有 100Ω、120Ω 及 150Ω 等的双绞线电缆。常用的是 100Ω 的双绞线电缆。
- 按双绞线对数多少分类，有 1 对、2 对、4 对双绞线电缆，以及 25 对、50 对、100 对等大对数双绞线。

（1）UTP 和 STP 的区别

STP 的性能优于 UTP。

① UTP

UTP 没有 STP 的金属屏蔽层，它在绝缘套管中封装了一对或一对以上的双绞线，每对双绞线按一定密度互相绞在一起，提高了抗系统本身电子噪声和电磁干扰的能力，但不能防止周围的电子相互干扰，如图 2.2 所示。

UTP 是通信系统和综合布线系统中最流行的传输介质之一。常用的 UTP 封装了 4 对双绞线，配上标准的 RJ-45 接头，可应用于语音、数据传输、呼叫系统以及楼宇自动控制系统，也可同时用于干线子系统和配线子系统。封装 25 对、50 对和 100 对等大对数的 UTP 应用于语音通信的干线子系统中。

UTP 的优点如下。

- 无屏蔽外套，直径小，节省所占用的空间。
- 成本低、质量轻、易弯曲、易安装，应用广泛。
- 将串扰减至最小或加以消除。
- 具有阻燃性。

② STP

STP 在双绞线与外层绝缘封套之间有一个金属屏蔽层（简称屏蔽层），如图 2.3 所示。屏蔽层可减少辐射，防止信息被窃听，也可防止外部电磁干扰，这使得 STP 比同类的 UTP 具有更高的传输速率，但成本较高。

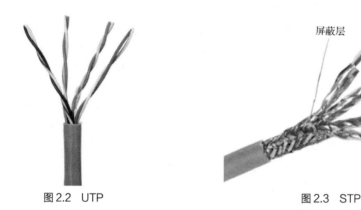

图 2.2　UTP　　　　　　　　　　图 2.3　STP

随着电气设备和电子设备的大量应用，通信链路受到越来越多的电子干扰。动力线、发动机、大功率无线电发射机和雷达等信号源都可能带来称为噪声的破坏或干扰。另外，电缆中传输的信号能量的辐射，也会对临近的系统设备和电缆产生电磁干扰。在双绞线电缆中增加屏蔽层就是为了提高电缆的物理性能和电气性能，减少电缆信号传输中的电磁干扰。该屏蔽层能将噪声转变成直流电。屏蔽层上的噪声电流与双绞线上的噪声电流相反，因而两者可相互抵消。屏蔽电缆可以保存电缆传输信号的能量，电缆正常的辐射能量将会碰到电缆屏蔽层，由于电缆屏蔽层接地，屏蔽金属箔将会把电荷引入地下，从而防止信号对通信系统或其他对电子噪声比较敏感的电气设备造成电磁干扰。

电缆屏蔽层的设计有如下几种形式。

- 屏蔽整个电缆。
- 屏蔽电缆中的线对。
- 屏蔽电缆中的单根导线。

电缆屏蔽由金属箔、金属丝或金属网几种材料构成。

在通信线路中仅仅采用 STP 不足以起到良好的屏蔽作用，还必须考虑接地和端接点屏蔽等。STP 中有一条接地线，当 STP 有良好的接地时，屏蔽层就像一根电线，可把接收到的噪声转化为屏蔽层中的电流，这股电流在双绞线中形成感应方向相反但大小相等的电流，这两股电流只要对称则会相互抵消，因而不会把网络噪声传输到接收端。但是屏蔽层中断点（如端接点）或电流不对称时，双绞线中的电流会产生干扰。因此，为了起到良好的屏蔽作用，屏蔽系统中的每一个元件（双绞线、RJ 接头、信息模块、配线架等）必须全部是屏蔽结构的，且接地良好。

③ 屏蔽系统与非屏蔽系统比较

综合布线系统有非屏蔽系统和屏蔽系统两种，这两种系统各有优劣，在综合布线系统中是否采用屏蔽系统，施工设计人员一直有不同的意见。抛开这两种系统的性能优劣、现场环境和数据安全等因素，采用屏蔽系统还是非屏蔽系统，很大程度上取决于综合布线系统市场用户的消费观念。欧洲用户倾向于采用屏蔽系统，而以北美为代表的其他国家/地区的用户则更喜欢采用非屏蔽系统。我国最早从美国引入综合布线系统，所以工程中使用较多的是非屏蔽系统，使用屏蔽系统的产品较少。我们必须熟悉不同系统的电气特性，以便在实际综合布线工程中根据用户需求和现场环境等条件，选择合适的非屏蔽系统或屏蔽系统。

a. 采用非屏蔽系统的原因

采用非屏蔽系统主要有以下理由。

（a）UTP 结构设计可很好地抗干扰。由于 UTP 对称电缆中的线对采取完全对称的平衡传输技术，其结构科学、合理，各线对的结构使得电磁场耦合产生的互相干扰影响相等，从而彼此抵消和有效去除，可以将线对的干扰降低到最低限度，甚至忽略不计。

（b）对传输速率要求不高。UTP 对称电缆主要用在综合布线系统中接入桌面的水平布线子系统，网络接入层中 90%左右是 100Mbit/s 快速以太网，对传输速率要求不高。网络中的信息经过网络设备的编码和调制后，对线缆和带宽并没有过高的要求。在一般情况下，非屏蔽系统是完全可以胜任的，尤其是对要求不高的一般办公性质的网络而言。

（c）管槽系统的屏蔽作用。在水平布线子系统中，UTP 敷设在钢筋混凝土结构的房屋内，如果敷设在金属线槽、金属桥架或金属线管中，则会形成多层屏蔽层，水平布线子系统的线缆所受到的电磁干扰的影响必然会大大降低。据有些工程的实际测试，实际上在布线的环境中电磁干扰场强的指标值绝大部分低于标准规定的限值。

（d）安装维护方便，整体造价低。因为非屏蔽系统具有重量轻、体积小、弹性好、种类多、价格便宜、技术比较成熟和安装施工简便等很多优点，所以目前大部分综合布线系统采用了非屏蔽系统，现在传输速率为 1000 Mbit/s 的链路也都采用了非屏蔽系统。

（e）屏蔽系统安装困难、技术要求较高且工程造价较高。屏蔽系统的整体造价比非屏蔽系统高。在施工中，因为屏蔽线缆只有在端到端的全程中保证完全屏蔽和正确接地后，才能较好地防止电磁向外辐射和受到外界干扰，所以要求屏蔽系统的所有线缆和连接硬件的每一部分都必须完全屏蔽而无缺陷，这样才能取得理想的屏蔽效果。同时，除了完全屏蔽外，还要求正确接地。屏蔽系统如不正确接地，就有可能成为一个主要的向外辐射或受到干扰的来源，起不到屏蔽作用。屏蔽系统必须采用一端接地或两端都接地的方式，而对于高频信号传输，屏蔽系统至少要两端接地，有时需要多端接地，因为只在一端接地的屏蔽系统对磁场的干扰会不起作用。在系统中采用的接地导体不能过长，否则就失去接地的作用。

b. 采用屏蔽系统的原因

随着通信技术和信息产业的高速发展，人们对信息传输的要求越来越高，最基本的要求是信息传输必须非常精确、迅速、安全及保密，这在政府机关、金融机构等重要组织中更为突出。在有强电磁干扰源环境的综合布线工程中，非屏蔽系统难以达到较好的抗干扰效果。采用屏蔽系统主要有以下理由。

（a）非屏蔽系统线缆结构有可能降低其技术性能。虽然 UTP 中的线对采取互相扭绞的方式和完全对称的平衡传输技术，且具有一定的防止电磁干扰作用，但双绞线的扭绞长度有限，使其抗干扰效果受到限制，目前 UTP 更适合 30～40MHz 的数据传输。同时，在安装线缆过程中，在牵引电缆时线对受到拉伸力或线缆弯曲半径过小等因素，会使 UTP 的线对均衡绞合遭到破坏，其技术性能必然会有所降低。

（b）非屏蔽系统容易对外辐射，保密性差。非屏蔽系统的近端串扰和衰减值的结果比屏蔽系统低很多，约为 10 dB，即非屏蔽系统的线缆对外辐射是屏蔽系统的 10 倍。这就是说，非屏蔽系统很容易被外界窃取信息，其安全性和保密性显然较差。

（c）非屏蔽系统的高速数据传输性能较差。目前，大多数局域网以 100 Mbit/s 快速以太网来传送数据，采用非屏蔽系统较好。当数据带宽超过 100MHz，传输速率在 1Gbit/s 以上时，在这种高速数据传输中，非屏蔽系统的链路会比屏蔽系统的链路出现更多的错误，如丢失帧、节点混杂、记号出错、突发的错误等，使得整个网络传输效果不佳甚至传输失败。

c. 选择非屏蔽系统与屏蔽系统的考虑因素

在综合布线系统工程中，应根据用户通信要求、现场环境条件等实际情况，选用屏蔽系统或非屏蔽系统。具体考虑因素有以下几点。

（a）当综合布线工程现场的电磁干扰场强低于防护标准的规定，或采用非屏蔽系统能满足安装现场条件对线缆的间距要求时，综合布线系统宜采用非屏蔽系统。

（b）当综合布线区域内存在的电磁干扰场强高于 3V/m 时，或建设单位（业主）对电磁兼容性有较高的要求（抗电磁干扰和防信息泄露）时，或出于网络安全保密的需要，综合布线系统宜采用屏蔽系统。

（c）在综合布线系统工程中，选用传输媒介必须从综合布线系统的整体和全局考虑，要求保证工程的一致性和统一性。如决定选用屏蔽系统，则要求各种传输媒介和连接硬件都具有屏蔽性能，不得混合采用屏蔽系统和非屏蔽系统，以保证综合布线系统的整体性。

（d）当布线环境处在强电磁场附近且需要对综合布线系统进行屏蔽时，可以根据环境电磁干扰的强弱，采取 3 个层次不同的屏蔽措施。在一般电磁干扰的情况下，可采用金属槽管屏蔽的办法，即把全部线缆都封闭在预先铺设好的金属桥架和管道中，并使金属桥架和管道保持良好的接地，这样同样可以把干扰电流导入大地，取得较好的屏蔽效果。在存在较强电磁干扰的情况下，可采用 STP 和屏蔽连接器件组成的屏蔽系统，再辅助以金属桥架和管道，以取得较好的屏蔽效果。在有极强电磁干扰的情况下，可以采用光缆布线。采用光缆布线成本较高，但屏蔽效果较好，而且可以得到极高的带宽和传输速率。

（2）双绞线电缆类型

双绞线电缆类型包括以下几种。

① 1 类线（Cat 1）

1 类线最高频率带宽是 750kHz，用于报警系统，或只用于语音传输，不用于数据传输。

V2-1　双绞线电缆
类型

② 2 类线（Cat 2）

2 类线最高频率带宽是 1MHz，用于语音传输和最高传输速率为 4Mbit/s 的数据传输，常见于使用 4Mbit/s 规范令牌传输协议的令牌环网。

③ 3 类线（Cat 3）

这是 ANSI 和 TIA/EIA 586 标准中指定的线缆，3 类线的频率带宽最高为 16MHz，主要应用于语音传输、10 Mbit/s 的以太网和 4Mbit/s 的令牌环网，主要用于 10BASE-T 网络，最大网段长为 100m，采用 RJ 形式的连接器。4 对 3 类线早已退出市场，市场上的 3 类线产品只有用于语音主干布线的 3 类大对数电缆及相关配线设备。

④ 4 类线（Cat 4）

4 类线最高频率带宽为 20MHz，最高数据传输速率为 20Mbit/s，主要应用于语音及 10Mbit/s 的以太网和 16Mbit/s 的令牌环网，主要用于基于令牌的局域网和 10BASE-T/100BASE-T 网络，最大网段长为 100m，采用 RJ 形式的连接器，未被广泛采用。

⑤ 5 类线（Cat 5）

5 类线外套有高质量的绝缘材料。在双绞线电缆内，不同线对具有不同的扭绞长度。一般来说，4 对双绞线绞距周期在 38.1mm 内，按逆时针方向扭绞，一对线对的扭绞长度在 12.7mm 以内。5 类线最高频率带宽为 100MHz，传输速率为 100Mbit/s（最高可达 1000Mbit/s），主要用于 100BASE-T 和 10BASE-T 网络，最大网段长为 100m，采用 RJ 形式的连接器。用于数据通信的 4 对 5 类线已退出市场，目前只有应用于语音主干布线的 5 类大对数电缆及相关配线设备。

⑥ 5e 类线（Cat 5e）

5e 类线也称为"超 5 类线""增强型 5 类线"。5e 类线衰减小、串扰小，有更小的时延误差，与 5 类线相比具有更高的信噪比（Signal-to-Noise Ratio，SNR）、更小的时延误差，性能得到了很大提高，主要用于传输速率为 1Gbit/s 的以太网，如图 2.4 所示。双绞线的电气特性直接影响了其传输质量，双绞线的电气特性参数同时是布线链路中的测试参数。5e 类线的性能超过 5 类线，比普通的 5 类 UTP 的衰减更小，同时具有更高的衰减串扰比和回波损耗，以及更小的时延和衰减，性能得到了提高。5e 类线能稳定支持 100Mbit/s 网络，相比 5 类线能更好支持 1000Mbit/s 网络。

⑦ 6 类线（Cat 6）

TIA/EIA 在 2002 年正式颁布 6 类线标准，与 5e 类线相比，6 类线是 1000Mbit/s 数据传输网络的最佳选择。6 类线目前已成为市场的主流产品，市场占有率已超过 5e 类线。6 类线标准规定线缆频率带宽为 250MHz，它的绞距比 5e 类线更密，线对间的相互影响更小，从而提高了串扰的性能。6 类线的线径比 5 类线要大，它能提供两倍于 5e 类线的带宽。6 类线的传输性能远远强于 5e 类线，最适用于传输速率高于 1Gbit/s 的应用。与 5e 类线的一个重要的不同点在于，6 类线改善了串扰及回波损耗方面的性能。对于新一代全双工的高速网络应用而言，优良的回波损耗性能是极为重要的。6 类线标准中取消了基本链路模型，布线标准采用星形拓扑结构，布线距离的要求如下：永久链路的长度不能超过 90m，信道长度不能超过 100m。

6 类线标准规定了铜缆布线系统应当提供的最高性能，规定允许使用的线缆及连接类型为 UTP 或 STP；整个系统包括应用和接口都要求具有向下兼容性，即新的 6 类综合布线系统上可以运行以前在 3 类或 5 类综合布线系统上运行的网络，用户接口也采用了 8 位模块插座。

6 类线的传输性能远远强于 5e 类线的。6 类线与 5e 类线的主要不同点在于，6 类线改善了在串扰及回波损耗方面的性能，6 类线中有十字骨架，如图 2.5 所示。类型数字越大、版本越新、技术越先进，带宽就越宽，价格也就越贵。下面介绍不同类型的双绞线标注方法。如果是标准类型，则按 Cat.x 的方式标注，如常用的 5 类线和 6 类线会分别在线的外皮上标注 Cat.5、Cat.6；而如果是改进版，则按 Cat.xe 的方式标注，如 5e 类线标注为 Cat.5e，如图 2.6 所示。

图 2.4　5e 类线

图 2.5　6 类线

图 2.6　不同类线的标注示例

2005 年以前主要使用 5 类线和 5e 类线，自 2006 年以后主要使用 5e 类线和 6 类线，也有重要项目使用 6e 类线和 7 类线。

⑧ 增强型 6 类线（Cat 6A）

增强型 6 类（又称超 6 类、6A 类）线的概念最早是由厂家提出的。由于 6 类线标准规定线缆频率带宽为 250MHz，有的厂家的 6 类双绞线频率带宽超过了 250MHz，如为 300MHz 或 350MHz，就自定义了"超 6 类线""Cat 6A""Cat 6E"等类别名称，表明产品性能超过了 6 类线。ISO/IEC 定义其为 EA 级线。

IEEE 802.3an 10Gbit/s BASE-T 标准的发布，将万兆铜缆布线时代正式推到人们面前，布线标准组织正式提出了增强型 6 类的概念。已颁发的 10Gbit/s BASE-T 标准包含传输要求等指标，而这对线缆的选择来说造成了一定的困扰，因为 10Gbit/s BASE-T 标准中的传输要求超过了 Cat 6/Class E 的要求指标，10Gbit/s BASE-T 在 Cat 6/Class E 线缆上仅能支持不大于 55m 的距离。

为突破距离的限制，在 TIA/EIA 568-B.2-10 标准中规定了 6A 类布线系统，支持的传输带宽为 500MHz，其传输距离为 100m，线缆及连接类型也为 UTP 或 FTP。

⑨ 7 类线（Cat 7）

7 类线是一种 8 芯屏蔽线，每对线都有一个屏蔽层（一般为金属箔屏蔽），然后 8 根芯外还有一个屏蔽层（一般为金属编织丝网屏蔽），接口与 RJ-45 相同，如图 2.7 所示。7 类线 STP 最高为 600MHz，超 7 类线的带宽为 1000MHz。

6 类和 7 类线有很多显著的差别，最明显的就是带宽。6 类线提供了至少 200MHz 的综合衰减对串扰比及 250MHz 的整体带宽。7 类线可以提供至少 500MHz 的综合衰减对串扰比和 600MHz 的整体带宽。借助于单独的线对铝箔屏蔽和整个线缆的编织网屏蔽层，7 类线可达到非常优异的屏蔽效果。

大量宽带的应用促使人们需要使用更多的带宽。例如，一个典型的 7 类信道可以提供一对线 862MHz 的带宽用于传输视频信号，在另一个线对传输模拟音频信号，然后在第 3、4 线对传输高速局域网信息。6 类和 7 类线的另外一个差别在于它们的结构。6 类线既可以使用 UTP，又可以使用 STP。而 7 类线只基于屏蔽电缆。7 类线中，每一对线都有一个屏蔽层，4 对线合在一起还有一个公共大屏蔽层。从物理结构上来看，额外的屏蔽层使得 7 类线有一个较大的线径。7 类线的参数要求接头在 600MHz 时所有的线对提供至少 60dB 的综合近端串扰，而 5e 类线只要求在 100MHz 时提供 43dB 的综合近端串扰，6 类线在 250MHz 时的数值为 46dB。

⑩ 7A 类线（Cat 7A）

7A 类线是更高等级的线缆，其实现带宽为 1000MHz，对应的连接模块的结构与目前的 RJ-45 完全不兼容，目前市面上能看到 GG-45（向下兼容 RJ-45）和 Tear 模块（可完成 1200 MHz 传输）。7A 类线只有屏蔽线缆，因频率的提升而必须采用线对铝箔屏蔽加外层铜编织网层，7A 类线是为 40Gbit/s 和 100Gbit/s 而准备的线缆。

⑪ 8 类线（Cat 8）

8 类线是目前最高等级的传输线缆，如图 2.8 所示，8 类线采用双屏蔽网线，可支持 2000MHz 带宽，且传输速率高达 40Gbit/s BASE-T，但传输距离需在 30m 以内才能保证其最佳性能。因此，8 类线常用于短距离的数据中心的服务器、交换机、配线架等设备连接。

8 类线可应用于高速宽带环境，如数据中心和带宽密集的场景。虽然 8 类线传输距离短，但是它在其他方面优势较大。8 类线可以共享 RJ-45 接口，这就意味着它可以轻松地将网络传输速率从 1Gbit/s 升级至 10Gbit/s、25Gbit/s 和 40Gbit/s。除此之外，8 类线支持即插即用，与其他类别的线缆一样可现场端接，非常易于部署。同时，由于线缆的成本较低，双绞线一直是以太网中最具成本效益的解决方案之一，8 类双绞线也不例外。在实际中，在部署 25Gbit/s、40Gbit/s BASE-T 网络时，当传输距离小于 30m 时，使用 8 类线比使用光纤跳线更加方便。

图 2.7　7 类线

图 2.8　8 类线

下面对比一下 6A 类线、7 类线、8 类线的区别，如表 2.2 所示。

表 2.2　对比 6A 类线、7 类线、8 类线的区别

类别	6A 类线	7 类线	8 类线
传输速率/(bit/s)	10G BASE-T	10G BASE-T	40G BASE-T
频率带宽/MHz	500	600	2000
传输距离/m	100	100	30
导体/对	4	4	4
线缆类型	屏蔽/非屏蔽	双屏蔽	双屏蔽

（3）大对数电缆

大对数电缆即大对数干线电缆，如图 2.9 所示。大对数电缆为 25 线对（50 线对、100 线对等）成束的电缆，从外观上看，为直径更大的单根电缆。大对数电缆只有 UTP 电缆。

图 2.9　大对数电缆

为方便安装和管理，大对数电缆采用 25 对国际工业标准彩色编码，电缆色谱共由 10 种颜色组成，有 5 种主色和 5 种辅色，5 种主色和 5 种辅色又组成 25 种色谱。不管通信电缆对数多大，通常大对数通信电缆是按 25 对色为一组进行标识的。每个线对束都有不同的颜色编码，同一线对束内的每个线对又有不同的颜色编码，其颜色顺序如下。

01	02	03	04	05	06	07	08	09	10	11	12	13	14	15	16	17	18	19	20	21	22	23	24	25
白					红					黑					黄					紫				
蓝	橙	绿	棕	灰	蓝	橙	绿	棕	灰	蓝	橙	绿	棕	灰	蓝	橙	绿	棕	灰	蓝	橙	绿	棕	灰

线缆主色为白、红、黑、黄、紫。

线缆辅色为蓝、橙、绿、棕、灰。

一组线缆以色带来分组，共 5 组，具体如下。

① （白蓝、白橙、白绿、白棕、白灰）

② （红蓝、红橙、红绿、红棕、红灰）

③ （黑蓝、黑橙、黑绿、黑棕、黑灰）

④ （黄蓝、黄橙、黄绿、黄棕、黄灰）

⑤ （紫蓝、紫橙、紫绿、紫棕、紫灰）

任何布线系统只要使用超过上对的线对，就应该在 25 个线对中按顺序分配，不要随意分配线对。

大对数电缆按双绞线类型（屏蔽型 4 对 8 芯线缆）可分成 3 类线、5 类线、5e 类线、6 类线等。

大对数电缆按屏蔽层类型可分成 UTP 电缆（非屏蔽）、FTP 电缆（金属箔屏蔽）、SFTP 电缆（双总屏蔽层）、STP 电缆（线对屏蔽和总屏蔽）。

大对数线缆产品主要用于干线子系统。应根据工程对综合布线系统带宽和传输距离的要求选择线缆（3 类线、5e 类线、6 类线）。

（4）双绞线的线序标准与连接方法

国际上最有影响力的 3 家综合布线组织是 ANSI、TIA、EIA。双绞线标准中应用最广的是 ANSI/TIA/EIA 568-A（简称 T568A）和 ANSI/TIA/EIA 568-B（简称 T568B），它们最大的不同就是芯线序列不同。

① 双绞线的线序标准

TIA/EIA 布线标准中规定了两种双绞线的接线标准，为 T568A 与 T568B，如图 2.10 所示。

T568A 标准：白绿——1，绿——2，白橙——3，蓝——4，白蓝——5，橙——6，白棕——7，棕——8。

T568B 标准：白橙——1，橙——2，白绿——3，蓝——4，白蓝——5，绿——6，白棕——7，棕——8。

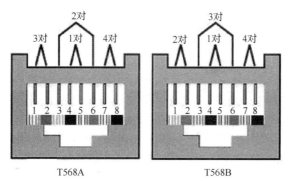

图 2.10 双绞线的线序标准

② 双绞线的连接方法

双绞线的连接方法分为直连互联法和交叉互联法，因此对应的网线通常称为直连网线和交叉网线。网线 RJ-45 接头排线示意如图 2.11 所示。

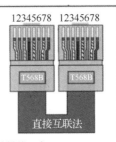
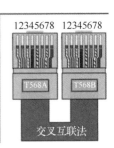

图 2.11　网线 RJ-45 接头排线示意

a．直连网线

网线 RJ-45 接头两端都按照 T568B 标准制作，用于不同设备之间的连接，例如，交换机连接路由器、交换机连接计算机。

b．交叉网线

网线 RJ-45 接头一端遵循 T568B 标准，另一端遵循 T568A 标准，用于相同设备之间的连接，例如，计算机连接计算机、交换机连接交换机。

目前，通信设备的 RJ-45 接头基本都能自适应，遇到网线不匹配的情况时，可以自动翻转端口的接收功能和发射功能。所以，当前一般只使用直连网线即可。

（5）双绞线连接器件

双绞线的主要连接器件有配线架、信息插座和网络跳线，信息插座采用信息模块和已注册的插座（Registered Jack，RJ）水晶头连接。在电信间，双绞线电缆端接至配线架，再用网络跳线连接。

① 信息模块与水晶头

水晶头是一种标准化的电信网络接口，用于传输声音和数据。之所以将它称为"水晶头"，是因为它的外表晶莹透亮。

水晶头适用于设备间或配线子系统的现场端接，外壳材料采用高密度聚乙烯。每条双绞线两头通过水晶头分别与网卡和集线器（或交换机）相连。

在水晶头型号中，字母 RJ 表示已注册的插孔，后面的数字则代表接口标准的序号；xPyC 是指水晶头有 x 个位置（Position）的凹槽和 y 个金属触点（Contact）。

信息模块与水晶头一直用于双绞线电缆的端接，语音和数据通信中有 3 种不同尺寸和类型的模块：四线位结构模块、六线位结构模块和八线位结构模块。通信行业中将模块结构指定为专用模块型号，这些模块上通常都有 RJ 字样。RJ-11 指代四线位结构模块或者六线位结构模块，RJ-45 指代八线位结构模块。

四线位结构模块用"4P4C"表示，这种类型的连接器通常用在大多数电话中。六线位结构模块用"6P6C"表示，这种类型的连接器主要用于老式的数据连接。八线位结构模块用"8P8C"表示，这种结构是目前综合布线端接标准，用于 4 对 8 芯水平电缆（在语音和数据通信中）的端接。

常用的网络水晶头有两种，一种是 RJ-45 水晶头，另一种是 RJ-11 水晶头。它们都由聚氯乙烯（Polyvinyl Chloride，PVC）外壳、弹片、芯片等部分组成。两种水晶头对应的接口分别是 RJ-45 接口和 RJ-11 接口，如图 2.12 所示。

a．RJ-45 水晶头

根据端接的双绞线的类型，有屏蔽和非屏蔽等不同类型的 RJ-45 水晶头。图 2.13 所示为屏蔽 RJ-45 水晶头，图 2.14 所示为非屏蔽 RJ-45 水晶头。

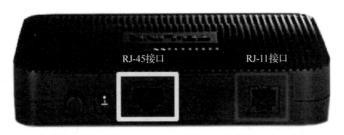

图 2.12 RJ-45 接口和 RJ-11 接口

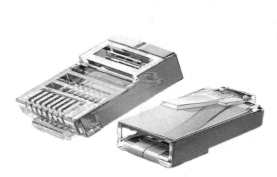

图 2.13 屏蔽 RJ-45 水晶头

图 2.14 非屏蔽 RJ-45 水晶头

RJ-45 水晶头是一种遵循 IEC（60）603-7 连接标准，使用符合国际接插件标准的 8 个凹槽的模块化插孔或插头。RJ-45 水晶头有 8P8C 和 8P4C 两种，其结构如图 2.15 所示。

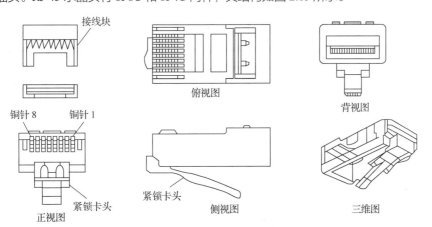

图 2.15 RJ-45 水晶头的结构

RJ-45 水晶头常在监控项目、机房综合布线等场景中起到传输数据的作用，是以太网中不可缺少的部分，一般用在网线的两端，用来连接各种网络设备，如计算机、路由器、交换机等。

RJ-45 水晶头接线时有两种线序标准：T568A 和 T568B。通过采用不同的标准，最后制作成的网线有直连型和交叉型两种。但由于新一代的交换机、网卡等设备都具有自动翻转功能，现在大部分网线制作采用 T568B 方案。

b. RJ-11 水晶头

4P4C 类型的连接器称为 RJ-11 水晶头，如图 2.16 所示，RJ-11 水晶头常用于连接电话和调制解调器，电话线用四芯水晶头。在综合布线系统中，电话信息插座要求安装 8P8C 结构的数据信息模块，用该信息模块适配 RJ-11 水晶头的跳线连接到普通电话机，便于语音通信。随着网络应用的拓展，新型互联网电话（Voice over Internet Protocol，VoIP）直接连 RJ-45 接口。

RJ-11 水晶头未采用国际标准，通常是只有 6 个凹槽和 4 个或 2 个针脚的连接器件，即 6P4C 和 6P2C。RJ-11 水晶头在体积上比 RJ-45 水晶头小，它们在接线标准和应用场景上都有所差异，二者不具有通用性。

图 2.16　RJ-11 水晶头

c. 其他类型的水晶头

RJ-12 水晶头通常用于语音通信，它有 6 根针脚（6P6C），还衍生出 6 槽 4 针（6P4C）和 6 槽 2 针（6P2C）两种。

② 常用水晶头的类型、外观与特点

目前，常用水晶头的类型、外观与特点如表 2.3 所示。

表 2.3　常用水晶头的类型、外观与特点

类型	外观	特点
非屏蔽水晶头		普通水晶头，无金属屏蔽层
屏蔽水晶头		带有金属屏蔽层，抗干扰能力优于非屏蔽水晶头

续表

类型	外观	特点
超 5 类水晶头	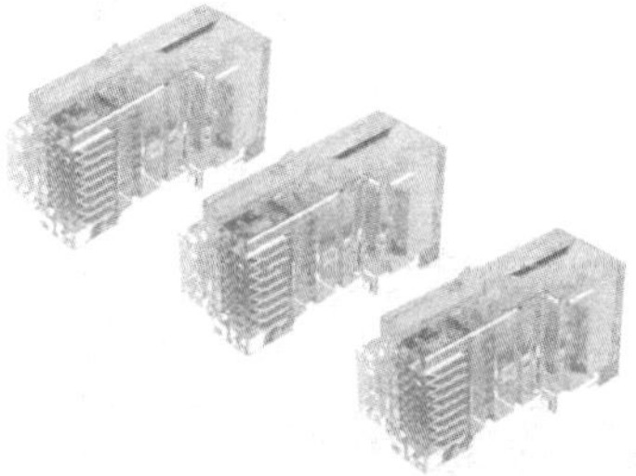	使用超 5 类线，也兼容 5 类线
6 类水晶头	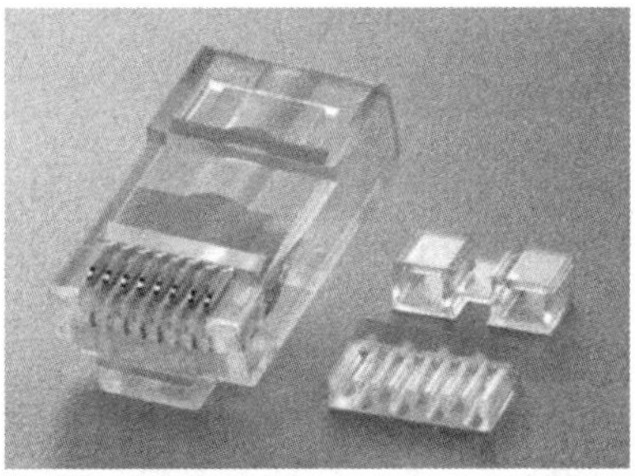	使用 6 类线（兼容 5 类线和超 5 类线）
7 类水晶头	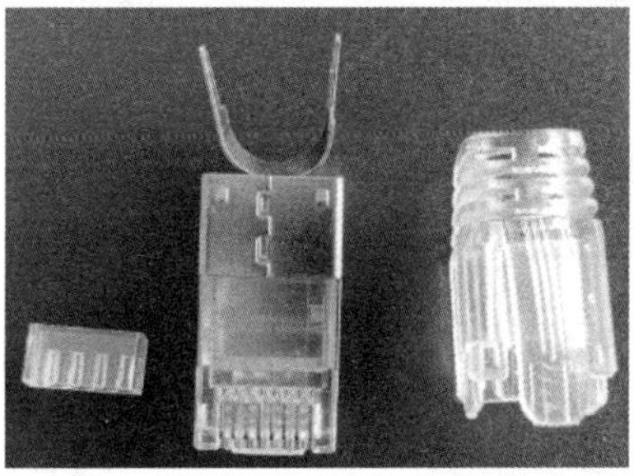	使用 7 类线
8 类水晶头	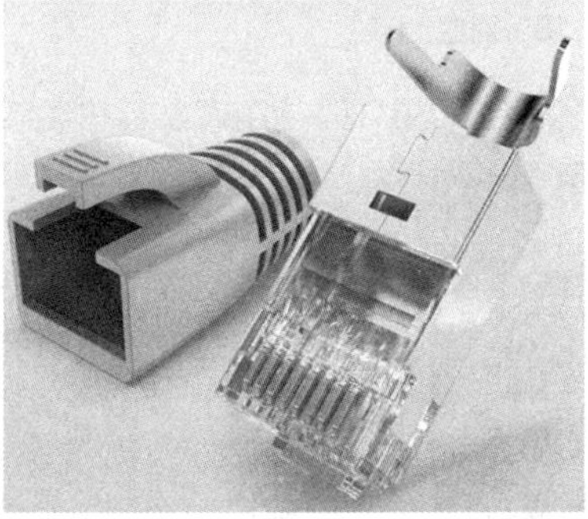	使用 8 类线

（6）信息插座

GB 50311—2016《综合布线系统工程设计规范》对工作区信息插座的安装工艺提出了具体要求。暗装在地面上的信息插座盒应满足防水和抗压要求；暗装或明装在墙体或柱子上的信息插座盒底距地面高度宜为 300mm，如图 2.17 所示；安装在工作台侧隔板面及临近墙面上的信息插座盒底距地面高度宜为 1.0m。

V2-2　信息插座

图 2.17　安装在墙体上的信息插座

每一个工作区的信息模块（电、光）数量不宜少于 2 个，并能满足各种业务的需求。因此，通常情况下，宜采用双口面板底盒，数量应按插座盒面板设置的开口数来确定，每一个底盒支持安装的信息点数量不宜多于 2 个。工作区的信息模块应支持不同的终端设备接入，每一个 8 位信息模块通用插座应连接一根 4 对双绞线电缆。

信息插座通常由底盒、面板和信息模块 3 部分组成，一般安装在墙面上，也有桌面型和地面型的，主要是为了方便计算机等设备的移动，并且保持整个布线的美观。

① 底盒：按材料组成，一般分为金属底盒和塑料底盒；按安装方式，一般分为明装底盒和暗装底盒，如图 2.18 所示。

（a）明装底盒　　　　　　　（b）暗装塑料底盒　　　　　　　（c）暗装金属底盒

图 2.18　底盒

② 面板：必须具有防水、抗压和防尘功能，根据 GB 50311—2016《综合布线系统工程设计规范》，信息模块宜采用标准 86 系列面板，如图 2.19 所示。

（a）双口面板　　　　　　　（b）地面金属面板　　　　　　　（c）多功能桌面面板

图 2.19　面板

③ 信息模块：综合布线系统中极其重要的部件，它主要通过端接（也叫卡接）来实现设备区和工作区的物理连接。信息模块固定在面板背面，完成线缆的压接，如图 2.20 所示。

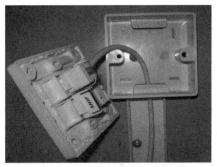

图 2.20　固定在面板背面的信息模块

信息模块按分类标准分为超 5 类信息模块、6 类信息模块、超 6 类信息模块、7 类信息模块、8 类信息模块；按使用场合分为非屏蔽信息模块、屏蔽信息模块，如图 2.21 所示。

（a）超 5 类非屏蔽信息模块

（b）超 5 类屏蔽信息模块

（c）6 类信息模块

（d）超 6 类信息模块

（e）7 类信息模块

（f）8 类信息模块

图 2.21　信息模块

（7）跳线

跳线又称跳接软线。跳线一般用于配线架、理线器、交换机之间的跳接，配线设备与配线设备或配线设备与通信设备之间的连接，如信息插座连接计算机、数据交换机连接配线设备、配线子系统连接干线子系统、干线子系统连接建筑群子系统等。跳线的路径有较多弯曲、打扭，为了方便跳线在复杂路径中"从容"布设而不损坏跳线本身结构，只能使跳线本身变得更柔软，而用多股细铜丝制作而成的跳线柔软度远远大于用单股硬线制成的"硬跳线"，这也是用多股细铜丝的优势之一。跳线的外观如图 2.22 所示，跳线主要由线缆导体、水晶头、护套组成。

图 2.22　跳线的外观

有 RJ-45-RJ-45、RJ-45-110、110-100 等不同接口的跳线。RJ-45-RJ-45 跳线用于配线设备和通信设备之间的连接；RJ-45-110 跳线用于配线子系统（RJ-45 接口配线架）与语音干线子系统（110 配线架）连接；110-110 跳线用于语音干线子系统和建筑群语音子系统（两端都是 110 配线架）连接。

2. 同轴电缆

同轴电缆比双绞线的屏蔽性更好，因此可以将电信号传输得更远。它以硬铜线（铜导体）为芯，外包一层绝缘材料（绝缘层，通常为聚乙烯），这层绝缘材料被密织的网状导体（编织铜网）环绕形成屏蔽，其外又覆盖一层保护性材料（塑料护套），如图 2.23 所示。同轴电缆的这种结构使它具有更高的带宽和极好的噪声抑制特性。同轴电缆可分为基带同轴电缆（细缆）和宽带同轴电缆（粗缆）。常用的有 75Ω 和 50Ω 的同轴电缆，75Ω 的同轴电缆用于有线电视（Cable Television，CATV）网，总线型结构的以太网用的是 50Ω 的同轴电缆。

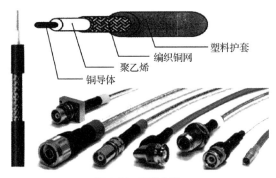

塑料护套
编织铜网
聚乙烯
铜导体

图 2.23　同轴电缆

同轴电缆的相关特性如下。

- 物理特性：单根同轴电缆直径为 1.02～2.54cm，可在较宽频率范围内工作。
- 传输特性：基带同轴电缆仅用于数字传输，并使用曼彻斯特编码，数据传输速率最高可达 10Mbit/s。基带同轴电缆被广泛用于局域网中。为保持同轴电缆正确的电气特性，电缆必须接地，同时两头要有端接设备来削弱信号的反射。宽带同轴电缆可用于模拟信号和数字信号的传输。
- 连通性：可用于点到点或点到多点的连接。
- 传输距离：基带同轴电缆的最大传输距离限制在 185m，可采用 4 个中继器，连接 5 个网段，网络的最大长度为 925m，每个网络支持的最大节点数为 30；宽带同轴电缆的最大传输距离可达 500m，网络的最大长度为 2500m，每个网络支持的最大节点数为 100。
- 抗干扰性：抗干扰性比双绞线强。
- 相对价格：比双绞线贵，比光纤便宜。

3. 光纤

光纤是光导纤维的简称，它是一种传输光束的细而柔韧的介质，也是数据传输中最高效的一种传输介质。光纤线缆由一捆光纤组成，简称光缆（Optical Fiber Cable）。

光纤自 20 世纪 70 年代开始应用以来，现在已经从长途干线发展到用户接入网和局域网，如光纤到路边（Fiber To The Curb，FTTC）、光纤到大楼（Fiber To The Building，FTTB）、光纤到户（Fiber To The Home，FTTH）、光纤到桌面（Fiber To The Desk，FTTD）、光纤到办公室（Fiber To The Office，FTTO）等。局域网中的光纤产品主要包括布线光缆、光纤跳线、光纤连接器、光纤配线架/箱/盒等。

光纤广泛应用于计算机网络的主干网中，通常可分为单模光纤和多模光纤，如图 2.24 和图 2.25 所示。单模光纤具有更大的通信容量和更远的传输距离。光纤是由纯石英玻璃或塑料制成的，纤芯外面包裹着一层折射率比纤芯折射率低的包层，包层外是一层塑料护套。光纤通常被扎成束，外面有外壳保护，光纤的传输速率可达 100Gbit/s。

图 2.24　单模光纤

图 2.25　多模光纤

光纤具有带宽大、数据传输速率高、抗干扰能力强、传输距离远等优点，其相关特性如下。

● 物理特性：在计算机网络中均采用两根光纤组成传输系统，单模光纤为 9μm 芯/125μm 外壳，多模光纤为 62.5μm 芯/125μm 外壳（市场主流产品）。

● 传输特性：在光纤中，包层较纤芯有较低的折射率。当光信号从高折射率的介质射向低折射率的介质时，其折射角将大于入射角。如果入射角足够大，就会出现全反射，此时光信号碰到包层就会折射回纤芯，这个过程不断重复，光信号就会沿着纤芯传输下去。

只要射到光纤截面的光信号的入射角大于某一临界角度，就可以产生全反射。当有许多条从不同角度入射的光信号在一条光纤中传输时，这条光纤就称为多模光纤。

当光纤的直径小到与光信号的波长在同一数量级时，光信号以平行于光纤中轴线的形式直线传播，这样的光纤称为单模光纤。

光纤通过内部的全反射来传输一束经过编码的光信号，实际上光纤此时是频率范围为 1014～1015Hz 的波导管，这一范围覆盖了可见光谱和部分红外光谱。光纤的数据传输速率可达 Gbit/s 级，传输距离可达数十千米。

● 连通性：采用点到点或点到多点连接。

● 传输距离：可以在 6～8km 的距离不用中继器传输，因此光纤适用于在几个建筑物之间通过点到点的链路连接局域网。

● 抗干扰性：不受噪声或电磁波影响，适合在长距离内保持较高的数据传输速率，而且具有良好的安全性。

● 相对价格：目前价格比同轴电缆和双绞线都贵。

（1）光纤结构及导光原理

光纤是一种由玻璃或塑料制成的纤维，可作为光传导工具。通信用的光纤是比人的发丝稍粗的玻璃丝，外径一般为 125～140μm，其外观如图 2.26 所示。

图 2.26　光纤的外观

光信号能沿着光纤传播，但若只有一根纤芯，则是无法传播光信号的。因为不同角度的入射光信号会毫无阻挡地直穿过光纤，而不是沿着它传播，就好像一块透明玻璃不会使光线方向发生改变一样。因此，为了使光信号的方向发生改变从而使其可以沿光纤传播，要在纤芯外涂上折射率比纤芯低的材料，该涂层材料称为包层。这样，当一定角度之内的入射光射入纤芯后，会在纤芯与包层的交界处发生全反射，经过这样若干次全反射之后，光信号就损耗极少地到达了光纤的另一端。包层所起的作用就如透明玻璃背后所涂的涂料一样，此时透明的玻璃就变成了镜子，而光纤加上包层之后才可以正常地传播光信号。

如果在纤芯外面只涂一层包层，则光信号从不同的角度进入，角度大的（高次模光信号）反射次数多从而行程长，角度小的（低次模光信号）反射次数少从而行程短。这样在一端同时发出的光信号将不能同时到达另一端，就会造成尖锐的光脉冲经过光纤传播以后变得平缓（这种现象称为模态散射），从而可能使接收端的设备误操作。为了改善光纤的性能，一般在包层的外面再涂上一层涂覆层，内层的折射率高（但比纤芯折射率低），外层的折射率低，形成折射率梯度。当光信号在光纤内传播时，减少了入射角大的光信号行程，使得光信号从不同角度进入光纤大约可以同时到达端点，就好像利用包层聚焦了一样。

光纤的基本结构是指光纤层状的构造形式，由纤芯、包层和涂覆层构成，呈同心圆柱形，如图 2.27 所示。

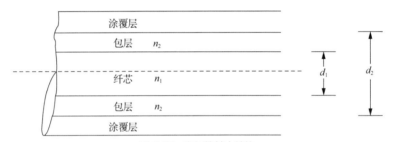

图 2.27　光纤的基本结构

① 纤芯：位于中心，主要成分是高纯度的二氧化硅（SiO_2），并有少量的掺杂剂，可通过提高纤芯的光折射率 n_1 来传输光信号；纤芯的直径 d_1 一般为 2～50μm。

② 包层：位于中间层，主要成分也是高纯度的二氧化硅（SiO_2），也有一些掺杂剂，以降低包层的光折射率 n_2，使 $n_1>n_2$，满足全反射条件，让光信号能约束在纤芯中传输；包层的外径 d_2 一般为 125μm。

③ 涂覆层：位于最外层，由丙烯酸酯、硅橡胶、尼龙构成，以保护光纤不受水汽侵蚀和机械擦伤，同时增加光纤的机械强度与可弯曲性，起到延长光纤使用寿命的作用；涂覆后的光纤外径一般为 1.5mm。

光纤传输光信号的原理是"光的全反射"，如图 2.28 所示。当光信号从纤芯射向包层时，由于 $n_1>n_2$，当入射角大于全反射临界角时，按照几何光学全反射原理，光信号在纤芯和包层的交界面会产生全反射，于是把光信号闭锁在光纤内部向前传播。这样就保证了光信号能够在光纤中一直传输下去，即使光纤略微弯曲，光信号也不会射出光纤之外。

需要注意的是，纤芯和包层是不可分离的，纤芯与包层合起来组成裸纤，光纤的光学及传输特性主要由它决定。用光纤工具剥去外皮（Jacket）和塑料层（Coating）后，暴露在外面的是涂有包层的纤芯。实际上，我们是很难看到真正的纤芯的。

光纤有以下几个优点。

- 光纤通信的频带很宽，理论上可达 3×10^9MHz。

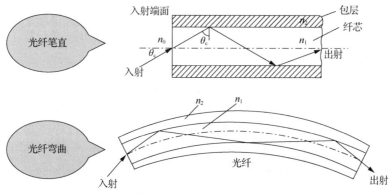

图 2.28　光纤传输光信号的原理

- 电磁绝缘性能好。光纤中传输的是光信号，而光信号是不受外界电磁干扰影响的，并且本身不产生电磁干扰，因此它适用于长距离的信息传输以及要求高度安全的场合。当然，光纤的抽头困难是它固有的缺点，因为割开光缆需要再生和重发信号。

- 衰减较小，在较大范围内基本上是一个常数值。

- 需要增设光中继器的间隔距离较大，因此可以大大减少光中继器的数量。

- 重量轻、体积小，适用的环境温度范围广，使用寿命长。

- 光纤通信不带电，使用安全，可用于有易燃物、易爆物等场所。

- 抗化学腐蚀能力强，适用于一些特殊环境。

当然，光纤也存在着一些缺点，如质地脆、机械强度低、切断和连接中技术要求较高等，这些缺点限制了目前光纤的普及。

（2）光纤分类

光纤的种类很多，可从不同的角度对其进行分类，如可从光纤的成分、光纤的传输模式和工作波长等角度来分类。

① 按成分分类

按照光纤成分的不同，一般可分为以下 3 类。

- 玻璃光纤：纤芯与包层都是玻璃，损耗小、传输距离长、成本高。

- 胶套硅光纤：纤芯是玻璃，包层为塑料，特性同玻璃光纤差不多，成本较低。

- 塑料光纤：纤芯与包层都是塑料，损耗大、传输距离很短、价格很低，多用于家电、音响，以及短距的图像传输。

网络通信中常用的是玻璃光纤。

② 按传输模式分类

根据传输模式的不同，光纤可分为单模光纤（Single Mode Optical Fiber，SMF）和多模光纤（Multiple Mode Optical Fiber，MMF）。所谓"模"是指以一定角速度进入光纤的一束光信号。单模光纤采用固体激光器作为光源，多模光纤则采用发光二极管作为光源。多模光纤允许多束光信号在光纤中同时传播，从而形成模分散。模分散技术限制了多模光纤的带宽和距离。因此，多模光纤的纤芯粗、传输速率低、传输距离短，整体的传输性能差，但其成本比较低，一般用于建筑物内或地理位置相邻的环境。单模光纤只能允许一束光信号传播，没有模分散特性，因此单模光纤的纤芯相应较细、传输频带宽、容量大、传输距离长，但因其需要激光源，故成本较高，通常在建筑物之间或地域分散时使用。

单模光纤：支持一种模式传输；纤芯直径为 8～10μm，包层直径为 125μm，常用的规格是 9/125μm；传输距离在 5km 以上，适用于长距离传输；光源为激光光源；采用黄色外护套。

多模光纤：支持多种模式传输；纤芯直径为 50μm 或 62.5μm，包层直径为 125μm；适用于短距离传输，常见的应用场景为机房内跳线；光源为 LED 光源；采用橙色或水绿色外护套。

单模光纤与多模光纤的对比如图 2.29 所示。

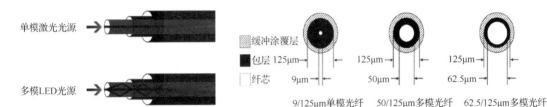

图 2.29　单模光纤与多模光纤的对比

单模光纤和多模光纤的特性比较如表 2.4 所示。

在使用光纤互连多个节点的应用中，必须考虑光纤的单向传输特性，如果要进行双向通信，就要使用双股光纤。要对不同频率的光信号进行多路传输和多路选择，因此又出现了光学多路转换器。光纤在普通计算机网络中的安装是从用户设备那一端开始的。由于光纤的单向传输特性，为了实现双向通信，光纤必须成对出现以用于输入和输出，光纤两端接到光学接口器上。

表 2.4　单模光纤和多模光纤的特性比较

比较项目	单模光纤	多模光纤
速率	高速率	低速率
距离	长距离	短距离
成本	成本高	成本低
其他性能	细纤芯，需要激光光源，聚光好，损耗极小，高效	粗纤芯，损耗大，低效

③ 按工作波长分类

光纤传输的是光信号，光信号波长范围如下：可见光部分波长为 390～760nm，大于 760nm 的部分是红外线，小于 390nm 的部分是紫外线。光纤通信中应用的是红外线。

光纤按工作波长的不同，可分为短波长光纤、长波长光纤和超长波长光纤。多模光纤的工作波长为 850nm（短波长）和 1300nm（长波长），单模光纤的工作波长为 1310nm（长波长）和 1550nm（超长波长）。今后可能在无源光网络中使用的是波长为 1490nm 和 1625nm 的光纤。

（3）光纤通信系统的组成

光纤通信的核心是光信号在优质光纤中传输时衰减很小，特别是在具有特定纤芯尺寸的优质光纤中，光信号的传输性能大大提高，从而可对光信号进行远距离有效传输。另外，光信号的波长是高频波，具有极高的传输速率和很大的带宽，可进行大容量实时信息传输。光纤虽然有着强大的传输光信号的能力，却不能直接将光信号传输至常用终端设备（如计算机、电视机、电话等），也不能直接从这些设备得到要传输的信号，因为这些设备只能收发电子信号，且二者的调制方式不同。电子信号可以按频率、幅度、相位或混合等多种方式调制，并可构成频分多路复用系统、时分多路复用系统等多路复用系统；光信号则只能按光的强度进行调制，并依此组成时分、频分或波分复用系统。

光纤通信系统以光信号为载体、以光纤为传输介质，其基本结构如图 2.30 所示。这种通信系统起主导作用的是光源、光纤、光发射机和光接收机。

- 光源：光信号产生的源泉。
- 光纤：传输光波的导体。
- 光发射机：负责产生光束，将电信号转换成光信号，再把光信号导入光纤。

• 光接收机：负责接收从光纤上传输过来的光信号，并将它转换成电信号，经解码后再做相应的处理。

实际计算机网络通信中，光路多数是成对出现的。通常一根光缆由多根光纤组成，每根光纤称为一芯。每个光纤端接设备都同时具有光发射机和光接收机的功能，光纤端接设备与光缆之间则通过光纤跳线相连。

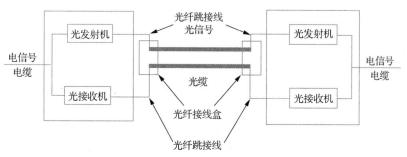

图 2.30　光纤通信系统的基本结构

（4）光纤标准

常见的光纤国际标准有 IEC 60793 系列和 ITU-T G65x 系列，其中 ITU 系列标准同时包含光纤和光缆标准。国内标准为 GB 系列，有 GB/T 15972（光纤总规范）、GB/T 9771（通信用单模光纤系列）和 GB/T 12357（通信用多模光纤系列）。在综合布线领域，国际标准化委员会发布的 ISO/IEC 11801：2002 标准定义了光纤光缆要求。

从标准使用上来看，长途干线系统多采用 ITU-T G65x 系列标准，综合布线系统多采用 ISO/IEC 11801：2002 标准。

① 按国际标准 ITU-T 规定分类

为了使光纤具有统一的国际标准，国际电信联盟（International Telecommunications Union，ITU）制定了统一的光纤标准（G 标准）。按照 ITU-T 关于光纤的建议，可以将光纤分为以下几类。

• G.651 光纤（50/125μm 多模渐变型折射率光纤）。
• G.652 光纤（非色散位移光纤）。
• G.653 光纤（色散位移光纤 DSF）。
• G.654 光纤（截止波长位移光纤）。
• G.655 光纤（非零色散位移光纤）。
• G.656 光纤（非零色散光纤）。
• G.657 光纤（弯曲不敏感光纤）。

为了适应新技术的发展需要，目前 G.652 类光纤已进一步分为了 G.652A、G.652B、G.652C、G.652D 这 4 个子类，G.655 类光纤也进一步分为了 G.655A 和 G.655B 两个子类。其中，G.652 类光纤是目前应用最广泛的常规单模光纤之一。

② 按国际标准 IEC 规定分类

按照 IEC 标准，将光纤分为以下两类。

a. A 类多模光纤

• A1a 多模光纤（50/125μm 多模光纤）。
• A1b 多模光纤（62.5/125μm 多模光纤）。
• A1d 多模光纤（100/140μm 多模光纤）。

b. B 类单模光纤

- B1.1 对应于 G.652A/G.652B 光纤。
- B1.2 对应于 G.654 光纤。
- B1.3 对应于 G.652C/G.652D 光纤。
- B2 光纤对应于 G.653 光纤。
- B4 光纤对应于 G.655 光纤。
- B5 光纤对应于 G.656 光纤。
- B6 光纤对应于 G.657 光纤。

③ 按国际标准 ISO/IEC 规定分类

ISO/IEC 11801：2002 及其增编中定义了 4 类多模光纤，分别为 OM1、OM2、OM3 和 OM4，并定义了 OS1（对应于 G.652A/G.652B）和 OS2（对应于 G.652C/G.652D）两种单模光纤类型。由于在综合布线工程中，多模光纤使用较多，下面重点讨论 ISO/IEC 11801：2002 中的多模光纤标准。

2002 年 9 月，ISO/IEC 正式颁布了新的多模光纤标准，将多模光纤重新分为 OM1、OM2 和 OM3 这 3 类，其中 OM1 和 OM2 指目前传统的 50μm 及 62.5μm 多模光纤，OM3 指万兆多模光纤。2009 年，新增了 OM4 万兆多模光纤。需要特别说明的是，ISO/IEC 11801：2002 中，对于 OM1 和 OM2 只有带宽的要求；但是在实际光纤选型及应用中，已经形成了一定的规律，即 OM1 指代传统的 62.5/125μm 多模光纤，OM2 指代传统的 50/125μm 多模光纤，而万兆多模 OM3 和 OM4 均为新一代 50/125μm 多模光纤。

（5）光缆结构

光纤通信系统中直接使用的是光缆而不是光纤。光纤外面常有 100μm 厚的缓冲层或套塑层，套塑层的材料大都为尼龙、聚乙烯或聚丙烯等。套塑后的光纤（称为芯线）还不能在工程中使用，必须把若干根光纤疏松地置于特制的塑料绑带或铝皮内，再用塑料涂覆或用钢带铠装，加上外护套后才成为光缆。一根光缆由一根或多根光纤组成，外面再加上保护层。光缆中可以有 1 根光纤（单芯）、2 根光纤（双芯）、8 根光纤、24 根光纤，甚至更多（48 根光纤、1000 根光纤）。一般单芯光缆和双芯光缆用于光纤跳线，多芯光缆用于室内外的综合布线。

光缆是为了满足光学特性、机械特性和环境性能指标要求而制造的，它是利用置于护套中的一根或多根光纤作为传输介质，并可以单独或成组使用的通信线缆，其外观如图 2.31 所示。

图 2.31　光缆的外观

① 光缆分类

a. 按传输性能、距离和用途分类：长途光缆、城域光缆、海底光缆和入户光缆。

b. 按光纤的种类分类：多模光缆、单模光缆。

c. 按光纤的套塑方法分类：紧套光缆、松套光缆、束管式光缆和带状多芯单元光缆。

d. 按光纤的芯数分类：单芯光缆、双芯光缆、4 芯光缆、6 芯光缆、8 芯光缆、12 芯光缆和 24 芯光缆等。

e. 按敷设方式分类：管道光缆、直埋光缆、架空光缆和水底光缆。

计算机通信中，多模光纤由于存在模间色散和模内色散，相对单模光缆来说，其传输距离较短（一般在 2km 之内）。单模光缆传输距离长（几千米甚至几十千米），但其端接设备比多模光缆的端接设备贵得多。对于传输距离和带宽要求不是特别高的中小企业网，选用多模光缆比较合适。实际中使用的光缆是含有多根光纤且经多层保护的，如国内常用光缆有 4 芯、6 芯、8 芯、12 芯、24 芯等不同规格，且分为室内光缆和室外光缆两种。室外光缆具有室内光缆的所有性能并增强了保护层，因此室外光缆作为楼宇之间的主干连接，室内光缆作为楼内的主干连接。

② 室内光缆

室内光缆是敷设在建筑物内的光缆。由于室内环境比室外环境好很多，不需要考虑自然的机械应力和天气因素，所以室内光缆是紧套、干式、阻燃、具有柔韧性的光缆，其外观如图 2.32 所示。室内光缆由于建筑物结构等原因，要求易弯曲，同时要求防火、阻燃，因此室内光缆的抗拉强度较小、保护层较差，但重量较轻且价格较便宜。

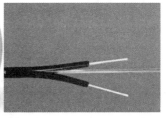

图 2.32　室内光缆的外观

室内光缆按光纤芯数分为室内单芯光缆、室内双芯光缆、室内多芯光缆。

室内光缆根据使用环境和地点可以分为室内主干光缆、室内配线光缆和室内中继光缆。室内主干光缆主要用于提供建筑物内、外之间的通道；室内配线光缆和室内中继光缆则用于向特定的地点传输信息。

室内光缆通常由光纤、加强件和护套组成，其结构如图 2.33 所示。

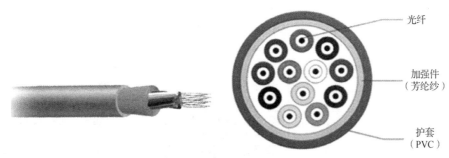

光纤

加强件
（芳纶纱）

护套
（PVC）

图 2.33　室内光缆的结构

③ 室外光缆

室外光缆要经受风吹日晒和天寒地冻，因此外护层厚，具有耐压、耐腐蚀、抗拉等特性，通常为铠装（即金属皮包裹）形式。

室外光缆是由缆芯（一定数量的光纤按照一定方式组成）、加强钢丝、填充物和护套等几部分组成的。另外，根据需要还有防水层、缓冲层、绝缘金属导线等部分。某种室外光缆的结构如图 2.34 所示。

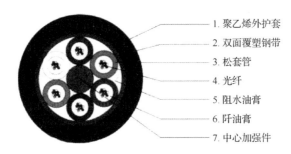

图 2.34　某种室外光缆的结构

1. 聚乙烯外护套
2. 双面覆塑钢带
3. 松套管
4. 光纤
5. 阻水油膏
6. 阡油膏
7. 中心加强件

松套管中光纤及松套管颜色依次为蓝、橙、绿、棕、灰、白、红、黑、黄、紫、粉红、青绿。光缆全色谱及标志如图 2.35 所示。

（6）光缆型号识别

光缆种类繁多，不同光缆的材质、结构、用途也有所差异。为了便于区分和使用，人们对光缆型号进行了统一编码。光缆型号一般由 7 部分组成，即分类代号+加强构件代号+结构特性代号+护套代号+外护层代号+光纤芯数+光纤类型代号，如图 2.36 所示。

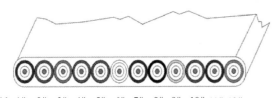

光纤　1#　2#　3#　4#　5#　6#　7#　8#　9#　10#　11#　12#
色谱　蓝　橙　绿　棕　灰　白　红　黑　黄　紫　粉红　青绿

图 2.35　光缆全色谱及标志

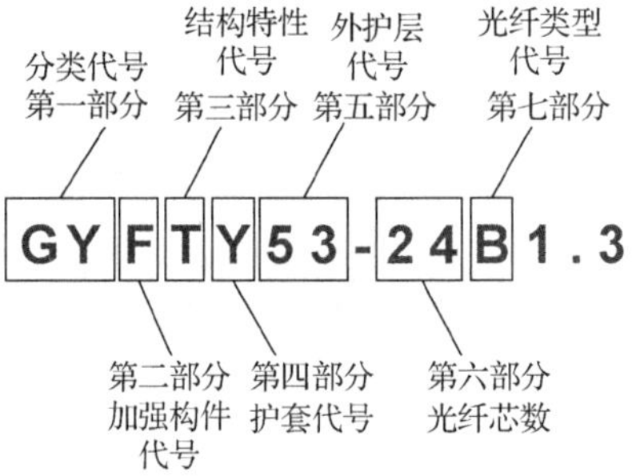

分类代号　结构特性代号　外护层代号　光纤类型代号
第一部分　第三部分　第五部分　第七部分

G Y F T Y 5 3 - 2 4 B 1 . 3

第二部分　第四部分　第六部分
加强构件代号　护套代号　光纤芯数

图 2.36　光缆型号

① 第一部分是光缆的分类代号，如表 2.5 所示。

表 2.5　光缆的分类代号

代号	光缆分类	说明
GY	通信用室外（野外）光缆	外护层厚重，耐压性、耐腐蚀性、抗拉性强，适用于室外建筑物之间以及远程网络之间的互联，传输距离较长
GJ	通信用室内（局内）光缆	抗弯曲、耐火阻燃、柔韧性强，适用于建筑物内的通信，传输距离较短
GH	通信用海底光缆	不需要挖坑道或用支架支撑，投资少、建设速度快，受自然环境和人类活动的干扰小，保密性好，安全稳定，多用于长距离国际通信
GT	通信用特殊光缆	有色散位移光纤、非零色散光纤、色散平坦光纤等类型，包括除其他分类外所有特殊用途的光缆
GS	通信用设备内光缆	采用金属重型加强构件的材质及光纤松套包覆结构，适用于设备内布放
MG	煤矿用光缆	有阻燃、防鼠特性，适用于煤矿、金矿、铁矿等矿山场合
GW	通信用无金属光缆	由非金属材料制成，主要用于有强电磁影响和雷电多发等区域
GR	通信用软光缆	外径较小、柔韧性好、易于弯曲，适用于室内或空间较小的场合，应用于光连接器、FTTH、传感等领域

② 第二部分是加强构件（加强芯）代号，如表 2.6 所示。

表 2.6 加强构件（加强芯）代号

代号	加强构件	说明
无	金属加强构件	用金属、非金属、金属重型 3 种不同材料对光缆进行加强，即增强光缆的抗拉强度，提高光缆的机械性能
F	非金属加强构件	
G	金属重型加强构件	

③ 第三部分是光缆的结构特性代号。光缆的结构特性应表示出缆芯的主要类型和光缆的派生结构，当光缆有几个结构特性需要注明时，可用组合代号表示，如表 2.7 所示。

表 2.7 光缆的结构特性代号

代号	光缆结构	说明
D	光纤带结构	把光纤放入大套管中。体积小，空间利用率高，可容纳大量光纤，每个单元的接续可一次完成
无	层绞式结构	采用双向层绞技术，全截面阻水，光纤附加衰减接近 0，环境性能优良，适用于长途通信、局间通信及对防潮、防鼠要求较高的场合
S	光纤松套被覆结构	多根光纤以自由状态填充在套管内，由多根光纤、纤膏、PBT 松套层构成，主要用于室外敷设的光缆
J	光纤紧套被覆结构	由光纤和表面的 PVC 紧套层构成，形成紧套纤，柔软、易剥离，一般用于室内光缆或特种光缆
X	中心管式结构	将松套管作为缆芯，光缆的加强构件在松套管的周围。直径小、重量轻、容易敷设
G	骨架式结构	能够取出所需光纤，与接入光缆进行对接，抗侧压性能好，可以很好地保护光纤
B	扁平结构	纤芯采用软结构，以确保电缆柔软性。相对厚度薄，体积小，连接简单，拆卸方便，适用于电器设备中的数据传输或动力传输
T	填充式结构	对光纤内部进行填充，保持光缆外形的圆整，起到防火、防水、抗压等作用
Z	阻燃结构	延缓火焰沿着光缆的蔓延，使火势不扩大。成本较低，可以避免因光缆着火造成的重大灾害，提高光纤缆路的防火水平
C	自承式结构	光纤传输损耗小、色散低，为非金属加强构件、重量轻、敷设方便，抗电磁干扰能力强，具有优良的机械性能和环境性能，适用于高压输电线路

④ 第四部分是光缆的护套代号，如表 2.8 所示。

表 2.8 光缆的护套代号

代号	光缆护套材料	说明
L	铝	
G	钢	
Q	铅	
Y	聚乙烯	
W	夹带钢丝钢-聚乙烯黏结	
A	铝-聚乙烯黏结	不同类型的光缆护套材料有所差异，护套用于保护缆芯，使其免受外界机械作用和环境条件的影响
S	钢-聚乙烯黏结	
V	聚氯乙烯	
F	氟塑料	
U	聚氨酯	
E	聚酯弹性体	

⑤ 第五部分是光缆的外护层代号，可以是一位数或多位数，如表2.9所示。

表2.9 光缆的外护层代号

代号	光缆外护层	说明
0	无外护	在产品最外部加装一层金属保护层，保护内部的效用层在运输和安装时不受损坏
2	双钢带	
3	细圆钢丝	
4	粗圆钢丝	
5	皱纹钢带	
6	双层圆钢丝	
23	绕包钢带铠装聚乙烯护套	
33	细圆钢丝绕包铠装聚乙烯护套	
53	皱纹钢带纵包铠装聚乙烯护套	
333	双层细圆钢丝绕包铠装聚乙烯护套	
44	双层粗圆钢丝	

⑥ 第六部分是光纤芯数，如2、4、6、8、12、24、36、48、72、96、144等。

⑦ 第七部分是光纤类型代号，如表2.10所示。

表2.10 光纤类型代号

代号	光纤类型	说明
A	多模光纤	支持多种模式传输，色散、损耗较大，适用于中短距离和小容量的光纤通信系统
B	单模光纤	色散小，只能支持一种模式传输，适用于长距离传输

（7）光缆连接器件

光缆连接器件指的是安装在光缆末端，使光缆实现光信号传输的连接器。其目的是使发射光纤输出的光能量能最大限度地耦合到接收光纤中，并使其由于接入光链路而对系统造成的影响减到最小。

① 光纤接头

光纤接头（Optical Fiber Splice）用于将两根光纤永久地或可分离开地连接在一起，并有保护部件的接续部分。光纤接头是光纤的末端装置，光纤接口是用来连接光纤的物理接口。光纤连接器常见类型如表2.11所示。

表2.11 光纤连接器常见类型

接头类型	接口方式	材料	优点	缺点	应用场景	外观
SC	方形卡扣	工程塑料	插拔方便，安装密度高	易被拔掉，高温下接头易损伤	100BASE-FX	SC-APC SC-UPC

续表

接头类型	接口方式	材料	优点	缺点	应用场景	外观
LC	小型长方头插拔	工程塑料	接头尺寸是 FS、FC 的一半，插拔方便，安装密度高	制作相对复杂	高密度的光接口板上、千兆接口	LC-UPC 
FC	圆头螺口	金属	牢靠、防灰尘	安装时需先对准卡口后旋紧，密度高时，安装不方便	100BASE-FX（逐渐淘汰）	FC-APC FC-UPC 
ST	圆头卡口	金属	安装方便	容易折断	10BASE-F	ST-多模 ST-PC 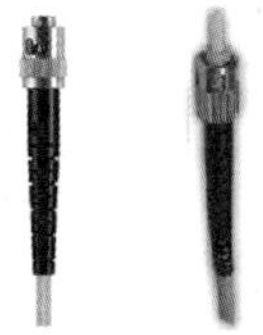
MT-RJ	卡接式方形，体积与电话插头相当	工程塑料	体积小，一头双纤，收发一体，插入损耗低	国内应用不是很广泛	光纤到桌面的应用、千兆接口	E2000-APC 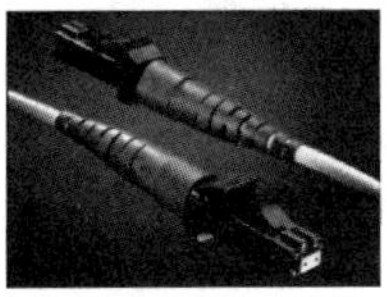
E2000	滑扣	工程塑料	带弹簧闸门保护，插针不易磨损、污染	国内应用不是很广泛	高密度的千兆光接口板上	

常见接头类型有：FC（圆形、带螺纹，常用于配线架）、ST（卡接式、圆形）、SC（卡接式、方形，常用于路由器、交换机）、MT-RJ（方形，一头双纤、收发一体）等。

光纤接头截面工艺（即研磨工艺）主要有 3 种：PC 接头截面、UPC 接头截面和 APC 接头截面。其中，PC 接头截面是平的（实际工艺是微球面研磨抛光），UPC 接头截面的信号衰减比 PC 接头截面的要小。在性能上，这 3 种接头截面的关系为 APC 接头截面>UPC 接头截面>PC 接头截面，其中，APC 接头截面是绿色的。

接头标注方法：接头类型/截面工艺。例如，"FC-PC"的含义为接头类型是圆形、带螺纹，接头截面工艺是微球面研磨抛光，接头截面为平的。

② 光纤跳线

光纤跳线（Optical Fiber Patch Cord/Cable）又称光纤连接器，可用作从设备到光纤布线链路的跳线，应用在光纤通信系统、光纤接入网、光纤数据传输及局域网等领域。光纤跳线在光缆两端都装上连接器插头，用来实现光纤布线链路活动连接，装有插头的一端被称为尾纤。缆芯是光纤，缆芯外是一层薄的塑料外套，用来保护封套。常见的光纤跳线如图 2.37 所示。

a. 光纤跳线的分类

单模光纤跳线：外皮颜色为黄色，传输距离比较长。

多模光纤跳线：外皮颜色大多为橙色，也有灰色，传输距离比较短。

b. 几种常见的光纤跳线

• FC 型光纤跳线：跳线接头为 FC 接头，一般在 ODF 侧使用，在配线架上用得最多。FC 接头一般由电信网络采用，有一个螺帽可拧在适配器上，优点是牢靠、防灰尘，缺点是安装时间稍长。

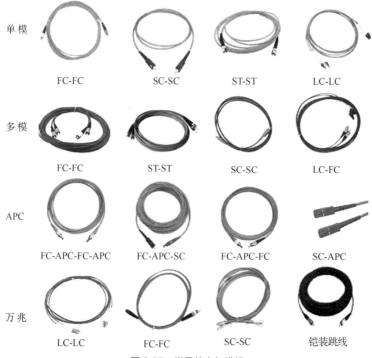

图 2.37　常见的光纤跳线

• SC 型光纤跳线：跳线接头为 SC 接头，在路由器、交换机上用得最多，常用于 100BASE-FX 的连接。SC 接头可直接插拔，使用很方便，缺点是容易掉落。

• ST 型光纤跳线：跳线接头为 ST 接头，常作为 10BASE-F 的连接器，多用于光纤配线架。

• LC 型光纤跳线：跳线接头为 LC 接头，LC 接头与 SC 接头相似，较 SC 接头较小。LC 型光纤跳线的接口结构简单、插拔方便、可靠性高，适用于单模和多模光纤跳线。

• MT-RJ 型光纤跳线：跳线接头为 MT-RJ 接头，双纤收发一体，适用于电信和数据网络系统中的室内应用场景。

③ 光纤适配器

光纤适配器（Fiber Optic Adapter）也称光纤耦合器、法兰盘，是光纤通信系统中使用最多的光无源器件，是光纤与光纤之间进行可拆卸（活动）连接的器件。它把光纤的两个端面精密对接起来，以使发射光纤输出的光能量能最大限度地耦合到接收光纤中，并使其由于介入光链路而对系统造成的影响减到最小。在一定程度上，光纤适配器影响了光传输系统的可靠性和各项性能。

常见的光纤适配器如图 2.38 所示。

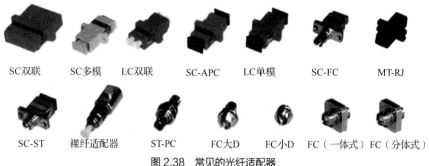

SC双联　　SC多模　　LC双联　　SC-APC　　LC单模　　SC-FC　　MT-RJ

SC-ST　　裸纤适配器　　ST-PC　　FC大D　　FC小D　　FC（一体式）　FC（分体式）

图 2.38　常见的光纤适配器

④ 光纤信息插座

光纤信息插座是插光纤接头的，其结构与双绞线的信息插座类似，如图 2.39 所示。

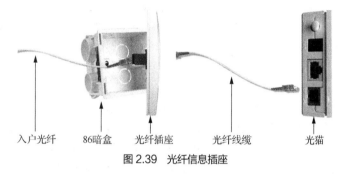

入户光纤　　86暗盒　　光纤插座　　光纤线缆　　光猫

图 2.39　光纤信息插座

（8）双绞线与光纤的比较

综合布线系统的选择包括电缆和光缆、STP 与 UTP、不同级别双绞线的选择。为确定综合布线系统的选型，首先应做好信息应用需求分析，测定建筑物周围环境的电磁干扰场度，对系统与其他干扰源之间的距离是否符合规范要求进行摸底，根据取得的数据和资料，选择合适的布线系统并采取相应的措施。

近期有一种观点认为，铜缆布线系统在不久的将来逐渐消失，取而代之的是光缆布线系统和无线网络系统。这种观点虽然偏激，但也从客观上反映了目前计算机通信的一个发展方向，应该说这种观点虽有道理，但并不全面。替代铜缆布线系统的两种系统都有其优越之处，但细加分析，在目前和今后一段时期，它们也各有难以弥补的缺点和解决的问题。

光纤与 UTP 相比具有以下优点。

• 具有更高的带宽。

• 允许传输的距离更长。

• 安全性更高。

• 完全消除了电磁干扰和射频干扰（Radio Frequency Interference，RFI），允许更靠近电力电缆，且不会对人身健康产生辐射。

① 光纤是数据干线的首选

早在 5 类 UTP 推出之前，计算机网络的桌面应用速率是 10 Mbit/s 的时候，100 Mbit/s 的骨干网便采用了光纤分布式数据接口（Fiber Distributed Data Interface，FDDI）网，而 FDDI 网是完全基于光纤构建的。因此可以说，综合布线的数据干线绝大多数会采用光纤，这是由来已久的事实。数据干线使用光纤有以下优点。

• 数据干线用光纤的量不大。

- 数据干线用光纤不必为升级考虑。
- 处于电磁干扰较严重的弱电井时，光纤的效果比较理想。
- 在弱电井内布放光纤的安装难度较小。

② 光纤到桌面的机遇

光纤到桌面是指光纤替代传统的铜缆传输介质直接延伸至用户终端，使用户终端全程通过光纤实现网络接入。铜缆由于价格成本低、安装施工简单、维护方便和支持以太网供电（Power over Ethernet，PoE）技术等特点，在工作区子系统中仍然被普遍使用。但是，随着光通信技术的发展，由于铜缆升级的瓶颈和应用环境的复杂性等，光纤的优点越发明显。

a. 光纤可支持更远距离、更高带宽的传输。新一代的 OM4 多模光纤支持最长 550m 的 10Gbit/s 串行传输，以及 150m 以上的 40Gbit/s、100Gbit/s 传输。OS2 单模光纤在万兆的以太网中，甚至可以支持长达 40km 的传输距离，这些都是铜缆根本无法做到的。

b. 光纤是非金属物质，数据在光纤上传输，可以避免外界的电磁干扰和射频干扰。此外，纤芯之间无串扰，信号也不会对外泄露，起到了很好的保密作用，如用于一些信息要求保密的场所，诸如公检法机关、军事行业、高科技研发单位等。

c. 使用环境温度范围广，通信不带电，可用于有易燃物、易爆物等场所，使用安全。

d. 耐化学腐蚀，使用寿命长。

e. 可采用不同的护套材料和内部结构，可应对恶劣的办公环境。

f. 铜缆从 5 类发展到 6A 类，在结构上增加了十字骨架、屏蔽层（甚至双屏蔽层），线径变得越来越大，这些都无形增加了铜缆的原材料成本、运输成本、安装辅材成本、安装施工成本和测试成本等；而测试参数从 4 个发展到十几个，甚至多了外部串扰测试参数，使得 6A 类布线系统的验收测试更加烦琐和费时。但是，光纤发展到今天，体积及重量没有发生过任何变化，测试参数一般只有两个：衰减和长度。此外，随着光通信技术的发展，原材料成本有下降的趋势，安装施工也变得越来越简便。

g. 10GBASE-LRM 的应用使 OM1 和 OM2 光缆在万兆的以太网中也能达到 300m 的传输距离，大大降低了布线成本。

③ 促进光纤在综合布线中应用的新技术

由于光纤制造技术的进步，光纤衰减特性得到了改善，布线成本也得到了较大幅度的降低。下述几种光纤新技术的出现和发展，对于光纤在综合布线中以及光纤到桌面的应用起到了积极的促进作用。

a. 小型光纤连接器

光纤和铜缆相比，端接更复杂。近几年来，多家线缆厂商开发出先进的小型光纤连接器件，它具有小巧、能密集安装、端接简单和价格不太高的特点。

局域网应用需要用双芯光纤（一芯用于发送，另一芯用于接收）连接器，过去双芯连接器的尺寸比用于 UTP 的 RJ-45 插座的尺寸大得多，在一个 86 安装盒内很难支持双信息点的实现。外形类似于 RJ-45 插座的新型双芯连接器及其配套的耦合器，免除了现场打磨步骤，安装方便，解决了这个问题。

b. 光电介质转换器

要实现光纤到桌面，不仅需要光纤信息插座、光纤配线箱，还需要光纤集线器和光纤网卡，致使系统造价上升。要实现光纤到桌面的过渡，就要使用光电介质转换器。光电介质转换器使局域网布线升级到光纤非常简单，可以保护原铜缆局域网设备的投资。

④ 双绞线与光纤的选择

尽管在高速数据传输上光纤相比铜缆具有上述优势，但也不是十全十美的。首先，在价格上，使用光纤会大幅度地增加成本，不但光纤布线系统（包括光纤和光纤配线架、光纤耦合器、光纤跳线等）

本身价格比铜缆的高，而且使用光纤传输的网络连接设备，如带光纤端口的交换机、光电转发器、光纤网卡等的价格也高。其次，光纤有安装施工技术要求高以及安装难度大等缺点。此外，从目前和今后几年的网络应用水平来看，并不是所有的桌面都需要很高的传输速率。因此，未来的解决方案是光纤在综合布线系统中有着重要的地位，但在目前和今后一定时期，它还不能完全立即代替铜缆。光纤主要应用在建筑物间和建筑物内的主干线路上，而双绞线将会在距离近、分布广和要求低的工作区的水平布线系统中广泛应用。只是当水平布线距离很远导致电缆无法到达、桌面应用有高带宽和高安全性等要求时，水平布线才需要采用光纤布线系统。

光纤的应用和发展是一个循序渐进的过程，从光纤到路边、光纤到大楼、光纤到户发展到光纤到桌面，实现全光纤网还有较长的路要走。因此，光纤主干系统＋双绞线水平系统还是相当长一段时间内综合布线系统的首选方案。

2.2.2　无线传输介质

利用无线电波在自由空间进行传播可以实现多种无线通信。无线网突破了有线网的限制，能够穿透墙体，布局机动性强，适用于不宜布线的环境（如酒店、宾馆等），可为网络用户提供移动通信服务。

无线传输的介质有无线电波、微波、红外线和激光。在局域网中，通常只使用无线电波和红外线作为传输介质。无线传输介质通常用于广域网的广域链路的连接。无线传输的优点在于安装、移动及变更都比较容易，不会受到环境的限制；缺点在于信号在传输过程中容易受到干扰且信息易被窃取，其初期的安装费用比较高。

1. 无线电波

无线电波通信主要靠大气层的电离层反射，电离层会随季节、昼夜，以及太阳活动的情况而变化，这就会导致电离层不稳定，而产生传输信号的衰弱现象。电离层反射会产生多径效应。多径效应是指同一个信号经不同的反射路径到达同一个接收点，其强度和时延都不相同，使得最后得到的信号失真度很大。

利用无线电波进行数据通信在技术上是可行的，但短波信道的通信质量较差，一般利用短波进行几十兆位/秒到几百兆位/秒的低速数据传输。

2. 微波

微波广泛应用于长距离的电话干线（有些微波干线目前已被光纤代替）、移动电话通信和电视节目转播。

微波通信主要有两种方式：地面微波接力通信和卫星通信。

（1）地面微波接力通信

由于地球表面是有弧度的，信号直线传输的距离有限，增加天线高度虽可以延长传输距离，但更远的距离必须通过微波中继站来"接力"。一般来说，微波中继站建在山顶上，两个中继站之间大约相隔 50km，中间不能有障碍物。

地面微波接力通信可有效地传输电报、电话、图像、数据等信息。微波波段频率高，频段范围很宽，因此其通信信道的容量很大且传输质量及可靠性较高。微波通信与相同容量和长度的电缆载波通信相比，建设投资少、见效快。

地面微波接力通信也存在一些缺点，如相邻中继站之间必须"直视"，不能有障碍物，有时一个天线发出的信号也会通过几条略有差别的路径先后到达接收天线，造成一定的失真；微波的传播有时也会受到恶劣气候环境的影响，如雨雪天气会对微波产生吸收损耗；与电缆通信相比较，微波通信可被窃听，安全性和保密性较差；另外，大量中继站的使用和维护要耗费一定的人力和物力，高可靠性的无人中继站目前还不容易实现。

（2）卫星通信

卫星通信就是利用位于 36000km 高空的人造地球同步卫星作为太空无人值守的微波中继站的一种特殊形式的微波接力通信。

卫星通信可以克服地面微波接力通信的距离限制，其最大特点就是通信距离远，通信费用与通信距离无关。同步卫星发射出的电磁波可以辐射到地球 1/3 以上的表面。只要在地球赤道上空的同步轨道上等距离地放置 3 颗卫星，就能基本实现全球通信。卫星通信的频带比地面微波接力通信的更宽，通信容量更大，信号所受的干扰较小，误码率也较小，通信比较稳定、可靠。

3. 红外线和激光

红外线通信和激光通信就是指把要传输的信号分别转换成红外线信号和激光信号，使它们直接在自由空间沿直线进行传播。红外线通信比微波通信具有更强的方向性，难以窃听、不相互干扰，但红外线和激光对雨雾等环境干扰特别敏感。

红外线因对环境气候较为敏感，一般用于室内通信，如组建室内的无线局域网，用于便携机之间相互通信。但此时便携机和室内必须安装全方向性的红外线发送和接收装置。在建筑物顶上安装激光收发器，就可以利用激光连接两个建筑物中的局域网，但因激光硬件会发出少量射线，故必须经过特许才能安装。

2.2.3 网络机柜

网络机柜用来组合安装面板、插件、插箱、电子元器件和机械零件与部件，使其构成一个整体的安装箱，如图 2.40 所示。

图 2.40 网络机柜

（1）按安装位置分类：室内机柜和室外机柜。

（2）按机柜用途分类：服务器机柜、配线机柜、电源机柜、无源机柜（用来安装光纤配线架、主配线架等）。

（3）按安装方式分类：落地式机柜、壁挂式机柜、抱杆式机柜。

（4）按照材质分类：铝型材机柜、冷轧钢板机柜、热轧钢板机柜。

（5）按照加工工艺分类：九折型材机柜和十六折型材机柜等。

在各类型站点都能看到各种类型的网络机柜。随着信息通信技术（Information Communication Technology，ICT）产业的不断进步，网络机柜的功能也越来越强大。网络机柜一般用于楼层配线间、中心机房、监控中心、方舱、室外站等。

常见网络机柜的颜色有白色、黑色和灰色。

网络机柜包括顶盖、风扇、安装梁、可拆卸侧门、铝合金框架等，如图 2.41 所示。

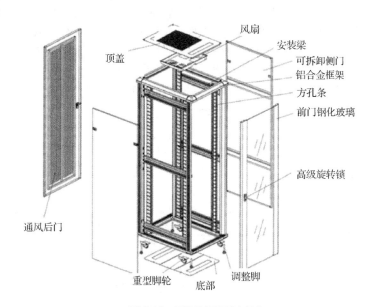

图 2.41　网络机柜的基本结构

1. 标准 U 机柜

在认识各种类型的网络机柜前，首先要了解描述机柜尺寸的常用单位——U。

U 是一种表示服务器外部尺寸（高度或厚度）的单位，是 Unit 的缩略语，详细的尺寸由 EIA 决定。厚度以 4.445cm 为基本单位，1U 即 4.445cm，2U 则为 8.89cm。所谓"1U 服务器"，就是指外形符合 EIA 标准、厚度为 4.445cm 的服务器，如图 2.42 所示。

图 2.42　1U 服务器

标准 U 机柜广泛应用于计算机网络设备、有线通信器材、无线通信器材、电子设备、无源物料的叠放，具有增强电磁屏蔽、削弱设备工作噪声、减少设备占地面积的功能，一些高档机柜还具备空气过滤功能，能提高精密设备工作环境的质量。

工程级设备的面板宽度大多为 19 英寸（约 48cm）、21 英寸（约 53cm）、23 英寸（约 58cm）等，相应的机柜有 19 英寸标准机柜、21 英寸标准机柜、23 英寸标准机柜等，其中 19 英寸标准机柜（简称 19 英寸机柜）较为常见。注：1 英寸=2.54cm。一些非标准设备大多可以通过附加适配挡板装入标准机柜并固定。

机柜外形有 3 个常规指标，分别是宽度、高度、深度。

（1）宽度：标准机柜的宽度有 600mm 和 800mm。服务器机柜的宽度以 600mm 为主。网络机柜由于线缆比较多，为了便于两侧布线，宽度以 800mm 为主。19 英寸机柜指内部安装设备宽度为 482.6mm。

（2）高度：一般按 nU（n 表示数量）的规格制造，容量值为 2U～42U。考虑到散热问题，服务器之间需要有间距，因此不能满配。例如，42U 的机柜一般可容纳 10～20 个标准 1U 服务器。标准机柜的高度为 0.7～2.4m，根据柜内设备的数量和统一格调而定。通常厂商可以定制特殊高度的产品，常见的成品 19 英寸机柜的高度为 1.6m 和 2m。

机柜安装尺寸应符合标准安装要求，1U 之间有 3 个孔，中孔为中心，2 个远孔间距为 31.75mm，两边安装柱之间的距离为 465.1mm，如图 2.43 所示。

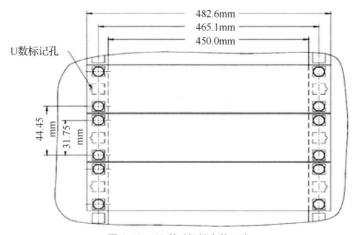

图 2.43　19 英寸机柜安装尺寸

（3）深度：标准 U 机柜的深度为 400～800mm，根据柜内设备的尺寸而定。通常厂商也可以定制特殊深度的产品，常见的成品 19 英寸机柜的深度为 500mm、600mm、800mm。

标准 U 机柜尺寸：内部安装宽度为 19 英寸，机柜宽度为 600mm。一般情况下，服务器机柜的深度≥800 mm，而网络机柜的深度≤800 mm。19 英寸机柜尺寸具体规格如表 2.12 所示。

表 2.12　19 英寸机柜尺寸具体规格

名称	类型	高×宽×深/mm×mm×mm³
标准机柜	18U	1000×600×600
	24U	1200×600×600
	27U	1400×600×600
	32U	1600×600×600
	37U	1800×600×600
	42U	2000×600×600

续表

名称	类型	高×宽×深/mm×mm×mm³
服务器机柜	42U	2000×800×800
	37U	1800×800×800
	24U	1200×600×800
	27U	1400×600×800
	32U	1600×600×800
	37U	1800×600×800
	42U	2000×600×800
壁挂式机柜	6U	350×600×450
	9U	500×600×450
	12U	650×600×450
	15U	800×600×450
	18U	1000×600×450

2. 服务器机柜

服务器机柜通常是以机架式服务器为标准制作的，有特定的行业标准规格。下面通过与网络机柜进行对比来介绍服务器机柜。

（1）功能与内部组成

① 网络机柜一般是用户安装的，即对面板、插箱、插件、器件或者电子元器件、机械零件等进行安装，使其构成一个统一的整体性的安装箱。根据目前的类型来看，其容量一般为 2U~42U。

② 服务器机柜是指在 IDC 机房内机柜的统称，一般是安装服务器、不间断电源（Uninterruptible Power Supply，UPS）或者显示器等一系列 19 英寸标准设备的专用型的机柜，用于组合安装插件、面板、电子元器件等，使其构成一个统一的整体性的安装箱。服务器机柜为电子设备的正常工作提供了相应的环境和安全防护能力。

（2）机柜常规尺寸

① 网络机柜一般宽度为 800mm，机柜立柱两边为方便走线，要求增加布线设备，如垂直走线槽、水平走线槽、走线板等。

② 服务器机柜的常规宽度为 600mm、800mm，高度为 18U、22U、32U、37U、42U，如图 2.44 所示，深度为 800mm、900mm、960mm、1000mm、1100mm、1200mm。

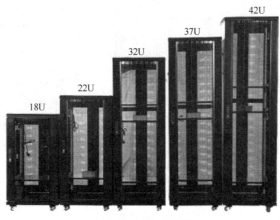

图 2.44 服务器机柜

（3）承重、散热能力要求

① 由于网络机柜中的设备发热量偏小，且重量比较轻，故对承重和散热方面的能力要求不高，如850kg 的承重能力、60%的通孔率即可满足需求。

② 由于服务器发热量大，故服务器机柜对散热能力要求偏高，如前后门通孔率要求为 65%～75%，还要额外增加散热单元。服务器机柜对承重能力要求偏高，如 1300kg 的承重能力。

服务器机柜可以配置专用固定托盘、专用滑动托盘、电源插排、脚轮、支撑地脚、理线环、理线器、L 支架、横梁、立梁、风扇单元，机柜框架、上框、下框、前门、后门、左侧门、右侧门可以快速拆装。服务器机柜常见内部布局如图 2.45 所示。

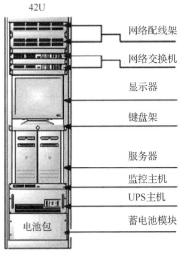

图 2.45　服务器机柜常见内部布局

3. 配线机柜

配线机柜是为综合布线系统特殊定制的机柜，其特殊之处在于增添了布线系统特有的一些附件。常见的配线机柜如图 2.46 所示。

图 2.46　常见的配线机柜

配线机柜可根据需要灵活安装数字配线单元、光纤配线单元、电源分配单元、综合布线单元和其他有源/无源设备及附件等，其常见内部布局如图 2.47 所示。

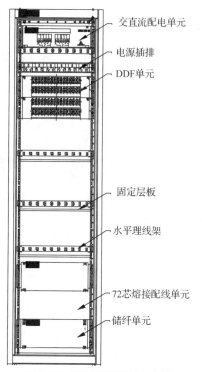

图 2.47　配线机柜常见内部布局

交直流配电单元

电源插排

DDF单元

固定层板

水平理线架

72芯熔接配线单元

储纤单元

　　配线单元是管理子系统中最重要的组件之一，是实现干线子系统和配线子系统交叉连接的枢纽，是线缆与设备之间连接的"桥梁"。其优点是方便管理线缆，可减少故障的发生，使布线环境整洁又美观。

4. 壁挂式机柜

　　壁挂式机柜又称挂墙式机柜，可通过不同的安装方式固定在墙体上。壁挂式机柜广泛安装于空间较小的配线间、楼道中。壁挂式机柜因具有体积小、安装和拆卸方便、易于管理和防盗等特点而被广泛选用。壁挂式机柜一般会在后部开 2～4 个挂墙孔，安装人员可利用膨胀螺钉将其固定在墙上或直接嵌入墙体内来进行安装，如图 2.48 所示。

　　壁挂式机柜分为标准壁挂式机柜、非标准壁挂式机柜、嵌入式壁挂式机柜。壁挂式机柜常用规格：高度为 6U、9U、12U、15U；宽度为 530mm、600mm；深度为 450mm、600mm。

图 2.48　壁挂式机柜

5. 机柜螺钉配件

　　在机柜中安装网络设备时，常用到 M6×16 机柜专用螺钉配件，其中包括十字盘头机牙螺钉、卡扣螺母、垫片，如图 2.49 所示。

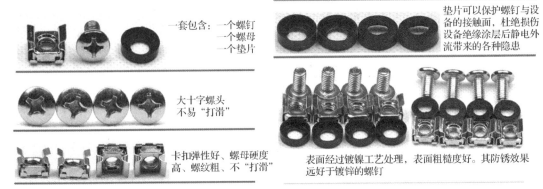

一套包含：一个螺钉
一个螺母
一个垫片

大十字螺头
不易"打滑"

卡扣弹性好、螺母硬度
高、螺纹粗、不"打滑"

垫片可以保护螺钉与设
备的接触面，杜绝损伤
设备绝缘涂层后静电外
流带来的各种隐患

表面经过镀镍工艺处理，表面粗糙度好。其防锈效果
远好于镀锌的螺钉

图 2.49　M6×16 机柜专用螺钉配件

2.2.4　配线架

配线架是电缆或光缆进行端接和连接的装置，在配线架上可进行互联或交接操作。建筑群配线架是端接建筑群干线电缆、干线光缆的装置；建筑物配线架是端接建筑物干线电缆、干线光缆并可连接建筑群干线电缆、干线光缆的装置；楼层配线架是水平电缆、水平光缆与其他布线子系统或设备相连接的装置。下面介绍几款常见的配线架。

1. 双绞线配线架

网络综合布线工程中较常用的配线架是双绞线配线架，即 RJ-45 标准配线架。配线架主要用在局端对前端信息点进行管理的模块化设备中。前端的信息点线缆（超 5 类或者 6 类线）进入设备间后先进入铜缆电子配线架 B，将线打在铜缆电子配线架 B 的模块上，再用跳线（通过 RJ-45 接口）连接铜缆电子配线架 A 与交换机，如图 2.50 所示。

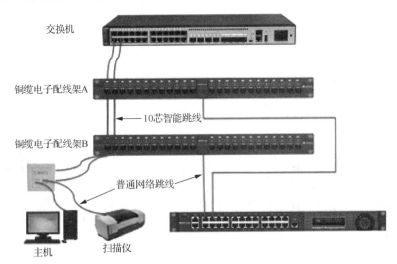

交换机

铜缆电子配线架A

10芯智能跳线

铜缆电子配线架B

普通网络跳线

主机　　　扫描仪

图 2.50　双绞线配线架系统的连接

目前，常见的双绞线配线架是超 5 类或者 6 类配线架，也有较新的 7 类配线架。双绞线配线架的外观如图 2.51 所示。

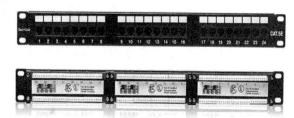

图 2.51　双绞线配线架的外观

根据数据通信和语音通信的区别，配线架一般分为数据配线架和 110 配线架两种。

（1）数据配线架

数据配线架都是安装在 19 英寸标准机柜上的，主要有 24 口和 48 口两种规格，用于端接水平布线的 4 对双绞线电缆，如图 2.52 所示。如果是数据链路，则用 RJ-45 跳线跳接到网络设备上；如果是语音链路，则用 RJ-45-110 跳线跳接到 110 配线架（连接语音主干电缆）。

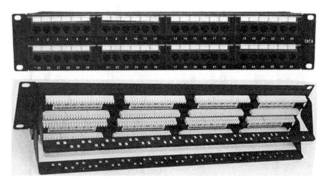

图 2.52　数据配线架

目前流行的是模块化配线架，配线架上的模块都可以向前翻转，从而便于进行线缆端接和维护。配线架内置的水平线缆理线环既可以进行跳线管理，又可在施工时临时安放管理模块便于进行线对端接。这种独特的模块化技术和跳线管理方式可以自由组合各类铜缆信息端口和各类光纤端口，在未来用户进行系统升级时，也可以很方便地将其中的铜缆模块更换成光纤模块，为网络系统管理人员提供了灵活的铜缆和光纤混合管理方法。

图 2.53　网络模块打线刀工具

（2）110 配线架

110 型连接管理系统的基本部件是 110 配线架、连接块、跳线和标签，这种配线架有 25 对、50 对、100 对、300 对等多种规格。110 配线架上装有若干齿形条，沿配线架正面从左到右均有色标，以区分各条输入线。这些线放入齿形条的槽缝里，再与连接块接合，利用网络模块打线刀工具（见图 2.53）就可将理线环的连线"冲压"到 110 配线架连接块上。110 配线架有多种结构，下面介绍一下 110A 型配线架和 110D 型配线架。

① 110A 型配线架

110A 型配线架配有若干引脚，俗称"带腿的 110 配线架"。110A 型配线架可以应用于所有场合，特别是大型电话应用场合，通常直接安装在二级交接间、配线间的墙壁上，如图 2.54 所示。

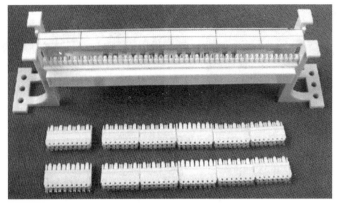

图 2.54　110A 型配线架

② 110D 型配线架

110D 型配线架俗称"不带引脚 110 配线架"，适用于标准机柜，如图 2.55 所示。

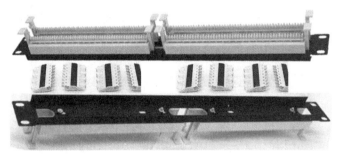

图 2.55　110D 型配线架

2. 光纤配线架

光纤配线架（Optical Distribution Frame，ODF）又分为单元式光纤配线架、抽屉式光纤配线架和模块式光纤配线架 3 种。光纤配线架一般由标识部分、光纤耦合器、光纤固定装置、熔接单元等构成，能很好地方便光纤的跳接、固定和保护。光纤配线架的外观如图 2.56 所示。

图 2.56　光纤配线架的外观

3. 数字配线架

数字配线架（Digital Distribution Frame，DDF）又称高频配线架，以系统为单位，有 8 系统、10 系统、16 系统、20 系统等。它能使数字通信设备的数字码流连接成一个整体，在数字通信中越来越有优越性，传输速率为 2～155 Mbit/s 的输入、输出都可终接在数字配线架上，为配线、调线、转接、扩容都带来了很大的灵活性和方便性。数字配线架的外观如图 2.57 所示。

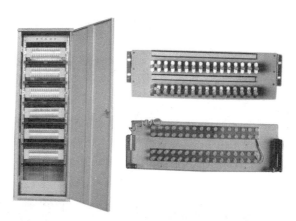

图 2.57　数字配线架的外观

4. 总配线架

总配线架（Main Distribution Frame，MDF）即一侧连接交换机外线，另一侧连接交换机入口和出口的内部电缆布线的配线架，其外观如图 2.58 所示。总配线架的作用是连接普通电缆、传输低频音频信号或 x 数字用户线（x Digital Subscriber Line，xDSL）信号，并可以测试以上信号，进行过电压、过电流防护，从而保护交换机，且可以通过声光报警通知值班人员。

5. 分配线架

分配线架（Intermediate Distribution Frame，IDF）是楼中利用星形网络拓扑的二级通信室。分配线架依赖于总配线架，总配线架代表主机房，而分配线架则代表辅机房，即一些较为偏远的分线房间。分配线架和总配线架的区别只在于它们的放置位置不同。

图 2.58　总配线架的外观

2.2.5　认识线管与线槽

线管、线槽是构建综合布线系统线缆通道的元件，用于隐藏、保护和引导线缆；机柜（机架）用于配线设备、网络设备和终端设备等的叠放。它们都是综合布线系统工程中必不可少的基础设施。本节的学习目标是认识综合布线工程用到的各种辅助材料（线管、线槽、桥架和机柜等），掌握其性能和选用方法。

线管是指圆形的线缆支撑保护材料，用于构建线缆的敷设通道。在综合布线工程中使用的线管主要有塑料管和金属管（钢管）两种。一般要求线管具有一定的抗压强度，可明敷于墙外或暗敷于混凝土内；

具有耐一般酸碱腐蚀的能力，防虫蛀、鼠咬；具有阻燃性，能避免火势蔓延；表面光滑、壁厚均匀。

1. 塑料管

塑料管是由树脂、稳定剂、润滑剂及添加剂配制、挤塑成型的。目前用于综合布线线缆保护的塑料管主要有 PVC 管、PVC 蜂窝管、双壁波纹管、子管、铝塑复合管、硅芯管等。

（1）PVC 管

PVC 管是综合布线工程中使用最多的一种塑料管，管长通常为 4m、5.5m 或 6m，具有优异的耐酸、耐碱、耐腐蚀性能，耐外压强度和耐冲击强度等都非常高，还具有优异的电气绝缘性能，适用于各种条件下的线缆保护。PVC 管有 D16、D20、D25、D30、D40、D50、D75、D90、D110 等规格。PVC 管及管件如图 2.59 所示。

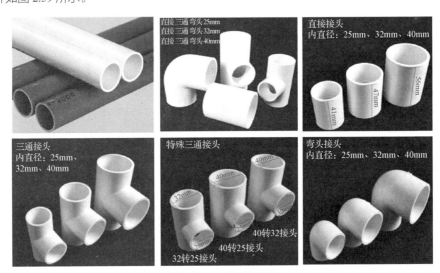

图 2.59　PVC 管及管件

（2）PVC 蜂窝管

PVC 蜂窝管是一种新型的光缆护套管，采用一体多孔蜂窝结构，便于光缆的穿入、隔离及保护，具有提高功效、节约成本、安装方便、可靠等优点。PVC 蜂窝管有 3 孔、4 孔、5 孔、6 孔、7 孔等规格，如图 2.60 所示。

图 2.60　PVC 蜂窝管

（3）双壁波纹管

双壁波纹管是一种内壁光滑、外壁呈波纹状并具有密封胶圈的新型塑料管，如图 2.61 所示。外壁波纹增加了管子本身的惯性矩，提高了管材的刚性和承压能力，因此其具有一定的纵向柔性。

图 2.61　双壁波纹管

双壁波纹管结构先进，除具有普通塑料管的耐腐蚀、绝缘、内壁光滑、使用寿命长等优点外，还具有以下独特的优点。

① 刚性大，耐压强度高于同规格普通塑料管。

② 重量是同规格普通塑料管的一半，从而方便施工，减轻了工人的劳动强度。

③ 密封性好，在地下水位高的地方使用更能显示其优越性。

④ 波纹结构能加强管道对土壤负荷的抗压力，便于连续敷设在凹凸不平的作业面上。

⑤ 成本是普通塑料管的 2/3。

（4）子管

子管口径小，管材质软，具有柔韧性能好、可小角度弯曲使用、敷设和安装灵活方便等特点，用于对光缆、电缆的直接保护，如图 2.62 所示。当光缆、电缆同槽敷设时，光缆一定要穿放在子管中。

图 2.62　子管

（5）铝塑复合管

如图 2.63 所示，铝塑复合管的内外层均为聚乙烯，中间层为薄铝管，用高分子热熔胶将聚乙烯和薄铝管黏合，经高温、高压、拉拔形成 5 层结构。铝塑复合管综合了塑料管和金属管的优点，是性能良好的屏蔽材料。

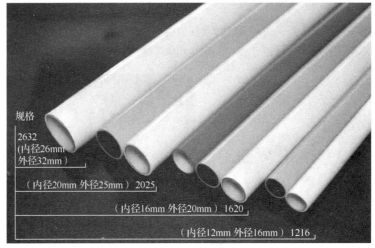

图 2.63　铝塑复合管

（6）硅芯管

硅芯管采用高密度聚乙烯和硅胶混合物，经复合挤出而成，如图 2.64 所示，内壁预置永久润滑内衬（硅胶），摩擦系数很小，用气吹法布放光缆，敷管快速，一次性穿缆长度为 500～2000m，沿线接头、入孔、手孔可相应减少，从而降低了施工成本。

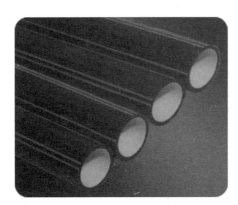

图 2.64　硅芯管

2. 金属管

金属管（钢管）具有屏蔽电磁干扰能力强、机械强度高、密封性能好，以及抗弯、抗压和抗拉性能好等优点，但抗腐蚀能力差，施工难度大。为了提高其抗腐蚀能力，其内外表面全部采用镀锌处理，要求表面光滑、无毛刺，防止在施工过程中划伤线缆。

钢管按壁厚不同分为普通钢管（水压实验可承受压力为 2.5MPa）、加厚钢管（水压实验可承受压力为 3MPa）和薄壁钢管（水压实验可承受压力为 2MPa）3 种。

普通钢管和加厚钢管统称为水管，具有较强的承压能力，在综合布线系统中主要用在房屋底层。

薄壁钢管简称薄管或电管，因为管壁较薄，承受压力不能太大，常用于建筑物天花板内外部受力较小的暗敷管路。

布线工程中常用的金属管有 D16、D20、D25、D30、D40、D50、D63 等规格，以及一种较软的金属管，叫作软管（俗称"蛇皮管"），可用于弯曲的地方，如图 2.65 所示。

图 2.65　金属管

3. 线管的选择

选择布线用管材时应根据具体要求，以满足需要和经济性为原则，主要考虑机械（抗压、抗拉伸或抗剪切）性能、抗腐蚀的能力、电磁屏蔽特性、布线规模、敷设路径、现场加工是否方便及环保特性等因素。

（1）在一些较潮湿甚至是过酸或过碱的环境中敷设管道时，应首先考虑抗腐蚀能力。在这种情况下，PVC 管更加适用，但应注意选用合适的防水、抗酸碱性密封涂料。

（2）在强电磁干扰的空间（如机场、医院、微波站等）中布线时，金属管就占有明显的优势。因为金属管能提供更好的屏蔽，外界的电磁场及其突变不会干扰管道内的线缆，内部线缆的电磁场也不会对外界形成污染。

（3）布线规模决定了线缆束的口径，必须根据实际需要，分别选用不同口径的布线线管。

（4）PVC 管和布线线缆在生产中需加入一定比例的氟和氯，因而在发生火灾或爆炸等灾害时，某些 PVC 管和线缆燃烧所释放出的有害气体往往比火灾污染更严重。

4. 认识线槽

线槽又名走线槽、配线槽、行线槽，是用来将电源线、数据线等线材规范整理，固定在墙上或者天花板上的布线工具。

常见的线槽种类如下：绝缘配线槽、拨开式配线槽、迷你型配线槽、分隔型配线槽、室内装潢配线槽、一体式绝缘配线槽、电话配线槽、日式电话配线槽、明线配线槽、圆形配线管、展览会用隔板配线槽、圆形地板配线槽、软式圆形地板配线槽、盖式配线槽。

通常，线槽是指方形（非圆形）的线缆支撑保护材料。线槽有金属线槽和 PVC 线槽两种。金属线槽又称槽式桥架，而 PVC 线槽是综合布线工程中明敷管路时广泛使用的一种材料。PVC 线槽是一种带盖板的、封闭式的线槽，盖板和槽体通过卡槽合紧。从型号上讲，有 PVC-20 列、PVC-25 系列、PVC-30 系列、PVC-40 系列等；从规格上讲，有 20mm×12mm、25mm×12.5mm、25mm×25mm、30mm×15mm、40mm×20mm 等。而一般使用的金属线槽的规格有 50mm×100mm、100mm×100mm、100mm×200mm、100mm×300mm、200mm×400mm 等多种。常用 PVC 线槽与金属线槽如图 2.66 所示。与 PVC 线槽配套的连接器件有阳角、阴角、平弯、三通、接头、堵头（终端头）、接线盒（暗盒、明盒）等，如图 2.67 所示。

图 2.66　常用 PVC 线槽与金属线槽

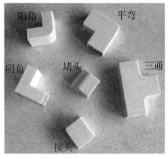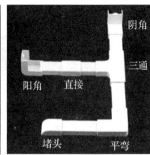

图 2.67　与 PVC 线槽配套的连接器件

PVC 线槽布线一般用于原有的项目改造工程，一般能采用暗铺的情况不推荐采用明铺。但在已经装修或者施工会对墙面、地板造成较大不良改观的情况下，一般使用线槽进行明铺。金属线槽一般应用于地板上、一些需要经常受力的环境或者需要进行一定程度屏蔽的环境。金属线槽有较大的硬度，因而在施工上要比 PVC 线槽的难度大一些。

2.2.6　认识桥架

桥架是一个支撑和放电缆的支架。桥架在工程上应用得很普遍，只要敷设电缆就要用到桥架。桥架作为布线工程的一个配套项目，目前尚无专门规范指导，生产厂商规格、程式缺乏通用性。因此，设计选型过程应根据各个系统线缆的类型、数量，合理选定适用的桥架。根据材质的不同，有金属桥架和复合玻璃钢桥架两类。综合布线常用金属桥架，其全部零件均需进行镀锌或喷塑处理。桥架具有结构简单、造价低、施工方便、配线灵活，以及方便扩充、维护、检修等特点，广泛应用于建筑物主干通道的安装施工。

桥架有槽式、托盘式、梯级式、网格式、组合式等结构，由支架、吊杆、托臂、安装附件等组成。选型时应注意桥架的所有零部件是否符合系列化、通用化、标准化的成套要求。

桥架的安装因地制宜，在建筑物内，桥架可以独立架设，也可以附设于建筑墙体和廊柱上，桥架应体现结构简单、造型美观、配置灵活和维修方便等特点；可以调高、调宽或变径；可以安装成悬吊式（楼板和梁下）、直立式、侧壁式、单边、双边、多层等形式；可以水平或垂直敷设。安装在建筑物外露天的桥架，如果位于邻近海边或属于腐蚀区，则材质必须具有防腐蚀、耐潮气、附着力好、耐冲击强度高的物性特点，桥架可在墙壁、露天立柱和支墩、电缆沟壁上侧装。

1. 槽式桥架

槽式桥架是全封闭的线缆桥架，适用于敷设计算机电缆、通信电缆、热电偶电缆及其他高灵敏系统的控制电缆等，对控制电缆屏蔽干扰和重腐蚀中环境电缆防护都有较好效果，适用于室内外和需要屏蔽的场所。图 2.68 所示为槽式桥架空间布置示意，槽与槽连接时，使用相应尺寸的连接板（铁板）和螺钉固定。

在综合布线工程中，常用槽式桥架的规格为 50mm × 25mm、100mm × 25mm、100mm × 50mm、200mm × 100mm、300mm × 150mm、400mm × 200mm 等多种。

2. 托盘式桥架

托盘式桥架是化工、电信等方面应用广泛的一种，具有重量轻、载荷大、造型美观、结构简单、安装方便、散热性和透气性好等优点，既适用于动力电缆的安装，又适用于控制电缆的敷设，如图 2.69 所示。

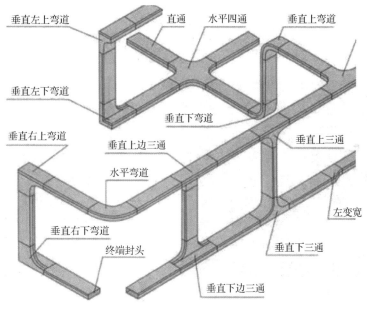

图 2.68　槽式桥架空间布置示意

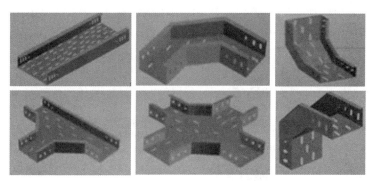

图 2.69　托盘式桥架

3. 梯级式桥架

　　梯级式桥架具有重量轻、成本低、造型别致、通风散热好等优点，既适用于直径较大的电缆的敷设，又适用于地下层、竖井、设备间的线缆敷设，如图 2.70 所示。

图 2.70　梯级式桥架

4．网格式桥架

网格式桥架作为一种新型的桥架，不但具有重量轻、载荷大、散热性好、透气性好、安装方便等优点，而且在环保节能及方便线缆管理等方面表现较为出色，如图2.71所示。

图2.71　网格式桥架

5．组合式桥架

组合式桥架是桥架系列的第二代产品，适用于各种电缆的敷设，具有结构简单、配置灵活、安装方便、样式新颖等优点。

组合式桥架可以组装成所需尺寸的线缆桥架，无须生产弯头、三通等配件就可以根据现场安装需要任意转向、变宽、分支、引上、引下，在任意部位，不需要打孔、焊接就可用管引出。组合式桥架既方便工程设计，又方便生产运输，更方便安装施工，是目前桥架中最灵活的产品之一，如图2.72所示。

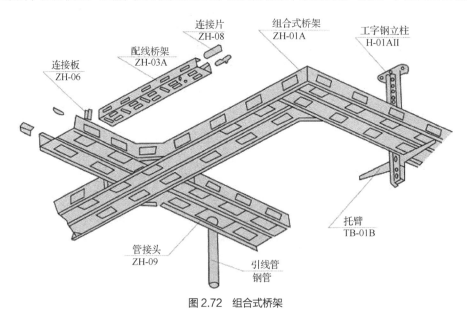

图2.72　组合式桥架

2.2.7　认识网络系统硬件

完整的信息网络系统通常包括硬件系统和软件系统。其中，软件系统主要包括操作系统和通信协议；而硬件系统指的是构成数据处理和信息传输的网络通路，包括网络中的终端/服务器、通信介质、网络设备等。

一般的园区网络的硬件组成除了通信介质之外，还会涉及交换机、路由器、防火墙、接入控制器（Access Controller，AC）、无线接入点（Access Point，AP）等网络设备，以及各种终端及服务器。

目前市面上主流的网络设备厂商包括华为、H3C、思科、中兴、锐捷、深信服等。华为作为全球领先的信息与通信解决方案供应商，产品覆盖电信运营商、企业及消费者，可在电信网络、终端和云计算等领域提供端到端的解决方案。

1. 交换机

交换机是计算机网络中的重要设备，这里的交换机是指以太网交换机。早期的以太网是共享总线型的半双工网络。交换机出现之后，以太网可以实现全双工通信，同时交换机具有介质访问控制（Medium Access Control，MAC）地址的自动学习功能，大大提高了数据的转发效率。早期的交换机工作在 TCP/IP 模型的数据链路层，因此称为二层交换机，后来出现的三层交换机可以实现数据的跨网段转发。随着技术的发展，交换机的功能也越来越强大，包含支持无线、支持 IPv6、可编程等功能的交换机已经在市场上出现。

交换机的种类繁多，各个厂商的产品类型非常丰富。一般来说，按网络构成方式，交换机可以分为接入层交换机、汇聚层交换机和核心层交换机；按照所实现的 TCP/IP 模型的层次，交换机可以分为二层交换机和三层交换机；按照交换机的外观，交换机可以分为盒式交换机和框式交换机等。目前主流的交换机厂商包括思科、H3C 和华为等。H3C 的 S5800-56C-EI-M 是盒式交换机，S10500X 系列交换机为框式交换机，如图 2.73 所示。

（a）S5800-56C-EI-M 交换机　　　　（b）S10500X 系列交换机

图 2.73　H3C 的交换机

华为交换机的类型非常齐全，包括各种层次和类型的交换机，下面将进行详细介绍。

（1）盒式交换机

华为盒式交换机以 S 系列交换机为代表。如图 2.74 所示，华为 CloudEngine S5731-S 系列交换机属于盒式交换机。它们是华为推出的新一代千兆接入交换机，基于华为统一的 VRP 软件平台，具有增强的三层特性、简易的运行维护、智能的 iStack 堆叠、灵活的以太组网、成熟的 IPv6 特性等特点，广泛应用于企业园区接入和汇聚、数据中心接入等多种应用场景。

图 2.74　华为 CloudEngine S5731-S 系列交换机

　　S 系列交换机采用了集中式硬件平台，硬件系统由机箱、电源、风扇、插卡及开关控制单元（Switch Control Unit，SCU）组成。以 S5731-S24T4X 交换机为例，如图 2.75 所示，其各个部件如表 2.13 所示。

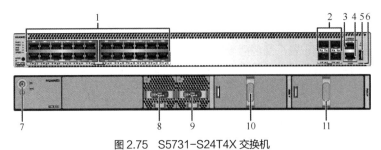

图 2.75　S5731-S24T4X 交换机

表 2.13　S5731-S24T4X 交换机的各个部件

编号	说明
1	24 个 10/100/1000BASE-T 以太网电接口
2	4 个 10GE SFP+以太网光接口。 支持的模块和线缆如下。 ① GE 光模块。 ② GE-CWDM 彩色光模块。 ③ GE-DWDM 彩色光模块。 ④ GE 光电模块（支持 100/1000Mbit/s 速率自适应）。 ⑤ 10GE SFP+光模块（不支持 OSXD22N00）。 ⑥ 10GE-CWDM 光模块。 ⑦ 10GE-DWDM 光模块。 ⑧ 1m、3m、5m、10m SFP+高速电缆。 ⑨ 3m、10m SFP+AOC 光缆。 ⑩ 0.5m、1.5m SFP+专用堆叠电缆（仅用于免配置堆叠）
3	1 个 Console 接口
4	1 个 ETH 管理接口
5	1 个 USB 接口
6	1 个 PNP 按钮。 ① 长按（6s 以上）：恢复出厂设置并复位设备。 ② 短按：复位设备。 复位设备会导致业务中断，需慎用此按钮
7	接地螺钉。 说明：配套使用接地线缆
8	风扇模块槽位 1。 支持的风扇模块：FAN-023A-B 风扇模块
9	风扇模块槽位 2。 支持的风扇模块：FAN-023A-B 风扇模块
10	电源模块槽位 1。 支持的电源模块如下。 ① 600W 交流电源或 240V 直流电源模块（PAC600S12-CB）。 ② 1000W 直流电源模块（PDC1000S12-DB）。 ③ 150W 交流电源模块（PAC150S12-R）

编号	说明
11	电源模块槽位 2。 支持的电源模块如下。 ① 600W 交流电源或 240V 直流电源模块（PAC600S12-CB）。 ② 1000W 直流电源模块（PDC1000S12-DB）。 ③ 150W 交流电源模块（PAC150S12-R）

接口说明如下。

① 10/100/1000BASE-T 以太网电接口：连接器类型是 RJ-45 接口，主要用于十兆/百兆/千兆业务的接收和发送，需配套使用网线。

② 10GE SFP+以太网光接口：连接器类型是 LC/PC 接口，支持速率自适应为 1000Mbit/s，主要用于千兆/万兆（10Gbit/s，业界习惯用"万兆"的说法）业务的接收和发送。

③ Console 接口：用于连接控制台，是 RJ-45 接口，符合 RS-233 标准，可实现现场配置功能，需配套使用 Console 通信线缆。设备初次上电使用时需要通过 Console 接口进行配置。

④ ETH 管理接口：连接器类型是 RJ-45 接口，用于和配置终端或网管工作站的网口连接，搭建现场或远程配置环境，需配套使用网线。在 BootLoad 菜单中可选择 ETH 管理接口来加载软件包，与 Console 接口相比，其传输速率更快。

⑤ USB 接口：需配合 USB 闪存盘使用，可用于开局、传输配置文件、升级文件等。USB 闪存盘需支持 USB 2.0 标准。

（2）框式交换机

如图 2.76 所示，华为 CloudEngine S12700E 系列交换机属于框式交换机。它们是华为智简园区网络的旗舰级核心交换机，提供高品质海量交换能力、有线/无线深度融合网络体验，支持全栈开放、平滑升级功能，帮助客户网络从传统园区向以业务体验为中心的智简园区转型，并能够提供 4/8/12 这 3 种不同业务槽位数量的类型，可以满足不同用户规模的园区网络部署需求。

图 2.76　华为 CloudEngine S12700E 系列交换机

CloudEngine S12700E 系列交换机具有以下几个特点。

① 超强的性能。整机交换容量高达 57.6Tbit/s；整机支持 288×100GE 端口；整机支持 10000 个 AP 的管理和 50000 个用户并发，AP 管理规模是独立 AC 的近 2 倍。

② 超高可靠性。采用分布式交换架构，主控和交换分离，提供 99.999%以上的电信级业务可靠性；交换网板按需配置，灵活扩容；独立风扇模块设计，冗余备份及智能调速，单风扇模块故障不影响设

备正常运行；使用创新的信元交换技术，基于动态负载均衡算法，设备在高并发、满负载工作环境下，真正做到了无阻塞交换。

③ 便捷和开放。基于全可编程芯片，新业务、新特性通过软件编程即可实现，无须硬件升级，加速了商业变现。根据统计，截至 2020 年，该系列交换机能与业界主流厂商的 10 种以上的私有协议、400 种以上的网络设备和 30 种以上的认证/网管系统完成对接验证，可助力网络平滑升级。

2. 路由器

路由器在 TCP/IP 协议栈中负责网络层的数据交换与传输。在网络通信中，路由器还具有判断网络地址以及选择 IP 路径的作用，可以在多个网络环境中构建灵活的连接系统，通过不同的数据分组以及介质访问方式对各个子网进行连接。作为不同网络之间互相连接的枢纽，路由器系统构成了基于 TCP/IP 的国际互联网的主体脉络，也可以说，路由器构成了 Internet 的骨架。路由器的处理速度是网络通信的主要瓶颈之一，它的可靠性则直接影响着网络互联的质量。因此，在园区网、地区网乃至整个 Internet 研究领域中，路由器技术始终处于核心地位，其发展历程和方向成为整个 Internet 研究的一个缩影。

路由器在市场上种类非常丰富。按照网络位置部署和任务功能，路由器大致可分为接入路由器、汇聚路由器、核心路由器等；按照外形样式和体积大小，路由器又可分为盒式路由器和框式路由器，如图 2.77 所示。

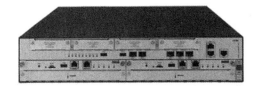

图 2.77　盒式路由器与框式路由器

目前主流的路由器厂商包括思科、H3C 和华为等。其中，思科 RV260 VPN 路由器专为中小型企业而设计，属于接入路由器；H3C MSR 5600 路由器采用无阻塞交换架构，属于汇聚路由器，它可以提升多业务并发处理能力；H3C SR8800 系列路由器可以对多槽位进行灵活扩展，以满足不同网络位置的需求。

接下来将详细介绍种类和功能多样的华为路由器。

（1）盒式路由器

盒式路由器以 AR 系列路由器为例，它们是华为面向大中型企业、家庭办公、公寓式办公楼（Small Office Home Office，SOHO）所开发的路由器。其中 AR1200 系列路由器位于企业网络中内部网络与外部网络的连接处，是内部网络与外部网络之间数据流的唯一出入口，能将多种业务部署在同一设备上，极大地降低了企业网络建设的初期投资与长期运维成本，如图 2.78 所示。

图 2.78　华为 AR1200 系列路由器

　　AR1200 系列路由器是采用多核 CPU、无阻塞交换架构，融合 Wi-Fi、语音安全等多种功能，可应用于中小型办公室或中小型企业分支的多业务路由器。AR1200 系列路由器具有灵活的可扩展性，可以为用户提供全功能的灵活组网能力，其外观如图 2.79 所示，具体说明如表 2.14 所示。

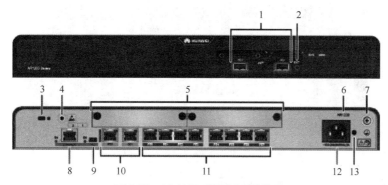

图 2.79　AR1200 系列路由器的外观

表 2.14　AR1200 系列路由器外观具体说明

编号	解释	说明
1	2 个 USB 接口	插入 3G USB 调制解调器时，建议安装 USB 塑料保护罩（选配）对其进行防护，USB 接口上方的 2 个螺钉孔用来固定 USB 塑料保护罩。USB 塑料保护罩的外观为
2	RST 按钮	复位按钮，用于手动复位设备。 复位设备会导致业务中断，需慎用复位按钮
3	防盗锁孔	—
4	ESD 插孔	对设备进行维护、操作时，需要佩戴防静电腕带，防静电腕带的一端要插在 ESD 插孔里
5	2 个 SIC 槽位	使用接地线缆将设备可靠接地，防雷及防干扰
6	产品型号丝印	—
7	接地点	—
8	CON/AUX 接口	AR1220-AC 不支持 AUX 功能
9	MiniUSB 接口	MiniUSB 接口和 Console 接口同一时刻只能有一个使能
10	WAN 侧接口：2 个 GE 电接口	GE0 接口是设备的管理网口，用来升级设备
11	LAN 侧接口：8 个 FE 电接口	V200R007C00 及以后版本的固件：FE LAN 接口全部支持切换成 WAN 接口
12	交流电源线接口	使用交流电源线缆将设备连接到外部电源
13	电源线防松脱卡扣安装孔	插入电源线防松脱卡扣，用来绑定电源线，防止电源线松脱

（2）框式路由器

华为 NetEngine 8000 M8 框式路由器是华为推出的一款框式路由器，如图 2.80 所示，它是专注于城域以太业务的接入、汇聚和传送的高端以太网产品。它基于硬件的转发机制和无阻塞交换技术，采用了华为自主研发的通用路由平台（Versatile Routing Platform，VRP），具有电信级的可靠性、全线速的转发能力、完善的服务质量（Quality of Service，QoS）管理机制、强大的业务处理能力和良好的扩展性等特点。同时，其具有强大的网络接入、二层交换和适合以太网标准的多协议标记交换（Ethernet over Multi-Protocol Label Switching，EoMPLS）传输能力，支持丰富的接口类型，能够接入宽带，提供固定电话网络语音、视频、数据的三网融合（Triple-Play）服务，以及 IP 专线和虚拟专用网络（Virtual Private Network，VPN）业务。其可以与华为开发的 NE、CX、ME 系列产品组合使用，共同构建层次分明的城域以太网络，以提供更丰富的业务能力。

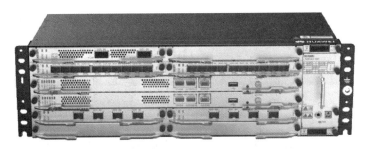

图 2.80　华为 NetEngine 8000 M8 框式路由器

华为 NetEngine 8000 M8 框式路由器的具体特点如下。

① 大容量。NetEngine 8000 M8 整机交换容量最大为 1.2Tbit/s，可平滑演进到 2Tbit/s，以满足未来流量增长需求；可提供多种业务接口，以满足不同需要（100GE/50GE/40GE/25GE/10GE/GE/CPOS/E1/POS）。

② 体积相对较小。其机箱深度为 220mm，部署灵活，功耗低；紧凑设计可节省机房占用空间，易安装于深度为 300mm 的机柜中。

③ 可靠性高。关键组件控制、转发、电源冗余备份，保障多业务接入的高可靠性；简化了网络配置，更简易地实现了 VPN；完全兼容现有 IPv6 网络，节点可以不支持多协议标记交换（Multi-Protocol Label Switching，MPLS）转发，只需要支持正常 IPv6 转发即可；提供了高保护率的快速重路由（Fast Reroute，FRR）保护能力，便于 IPv6 转发路径的流量调优。

④ 可扩展性强。以太网虚拟专用网络（Ethernet Virtual Private Network，EVPN）通过扩展边界网关协议（Border Gateway Protocol，BGP），使二层网络间的 MAC 地址学习和发布过程从数据平面转移到控制平面；支持负载分担，可以合理利用网络资源，减少网络拥塞；支持在公网上部署路由反射器，避免在公网上部署网络侧边缘设备（Provider Edge，PE）设备间的全连接，减少了逻辑连接的数量；可以减少地址解析协议（Address Resolution Protocol，ARP）广播流量造成的网络资源的消耗。

3. 防火墙

随着网络的发展，层出不穷的新应用虽然给人们的网络生活带来了更多的便利，但是同时带来了更多的安全风险。

（1）防火墙的安全风险

① IP 地址不等于使用者。在新网络中，通过操纵"僵尸"主机借用合法 IP 地址发动网络攻击，或者伪造、仿冒源 IP 地址来进行网络欺骗和权限获取已经成为最简单的攻击手段之一。报文的源 IP

地址已经不能真正反映发送报文的网络使用者的身份。同时，因为远程办公、移动办公等新兴的办公形式的出现，同一使用者所使用的主机 IP 地址可能随时发生变化，所以通过 IP 地址进行流量控制已经不能满足现代网络的需求。

② 端口和协议不等于应用。传统网络业务总是运行在固定的端口之上的，如 HTTP 运行在 80 端口，FTP 运行在 20、21 端口。然而，新网络中，越来越多的网络应用开始使用未经因特网编号分配机构（Internet Assigned Numbers Authority，IANA）明确分配的非知名端口，或者随机指定的端口（如 P2P）。这些应用因为难以控制，滥用带宽，往往会造成网络的拥塞。同时，一些知名端口也被用于运行截然不同的业务。最为典型的是随着网页技术的发展，越来越多不同风险级别的业务借用 HTTP 和 HTTPS 运行在 80 和 443 端口之上，如 Webmail、网页游戏、视频网站、网页聊天等。

③ 报文不等于内容。单包检测机制只能对单个报文的安全性进行分析，无法防范在一次正常网络访问的过程中产生的病毒、木马等网络威胁。现在内网主机在访问互联网的过程中，很有可能无意中从外网引入蠕虫、木马及其他病毒，造成企业机密数据泄露，对企业财产造成巨大损失。所以企业的网络安全管理，有必要在控制流量的源 IP 地址和目的 IP 地址的基础上，对流量传输的真实内容进行深入识别和监控。

（2）防火墙的优势

为了解决新网络带来的新威胁，各厂商的下一代防火墙产品应运而生。如图 2.81 所示，H3C SecPath F1000-AI 系列防火墙是面向行业市场的高性能多千兆和超万兆防火墙 VPN 集成网关产品，硬件上基于多核处理器架构，为 1U 的独立盒式防火墙，提供丰富的接口扩展能力。

图 2.81 H3C SecPath F1000-AI 系列防火墙

华为 USG6300 系列防火墙如图 2.82 所示，其接口具体说明如表 2.15 所示。它是为小型企业、行业分支、连锁商业机构设计、开发的安全网关产品，集多种安全功能于一身，全面支持 IPv4/IPv6 下的多种路由协议，适用于各种网络接入场景，且具有以下优势。

图 2.82 华为 USG6300 系列防火墙

① 安全功能：在完全继承和发展传统安全功能的基础上，可提供完整、丰富的应用识别和应用层威胁、攻击的防护能力。

② 产品性能：基于同一个智能感知引擎对报文内容进行集成化处理，一次检测、提取的数据满足

所有内容安全特性的处理需求，检测性能高。

③ 控制维度：用户+应用+内容+五元组（源/目的 IP 地址、源/目的端口、服务）。

④ 检测粒度：基于流的完整检测和实时监控，支持免缓存技术，仅用少量系统资源就可以实时检测分片报文/分组报文中的应用、入侵行为和病毒文件，可以有效提升整个网络访问过程中的安全性。

⑤ 对云计算和数据中心的支持：从路由转发、配置管理、安全业务 3 个方面进行全面的虚拟化，为云计算和数据中心提供完善的安全防护能力。

表 2.15　华为 USG6300 系列防火墙接口具体说明

名称	说明
固定接口板	固定接口板是系统控制和管理的核心，提供整个系统的管理平面、转发平面、控制平面，同时提供智能感知引擎处理业务。 ① 管理平面：提供配置、测试、维护等接口，完成系统的运行状态监控、环境监控、日志和告警信息处理、系统加载、系统升级等功能。 ② 转发平面：进行报文的基础解析与处理，并与其他平面联动进行报文的转发、丢弃或转换。 ③ 控制平面：获取网络用户认证信息并将结果反馈给转发平面，使转发平面可以基于用户进行报文处理。 ④ 智能感知引擎：对报文进行业务感知和内容解析，识别报文所属的应用，以及报文或流中承载的文件、病毒、URL、邮件字段、入侵、攻击等信息，并将检测结果提供给转发平面进行进一步处理
扩展插槽	支持插接扩展卡，以获得更多的接口或者其他特定功能，其支持的扩展卡如表 2.16 所示
电源模块	内置标配 150W 单电源，支持选配 170W 冗余电源，组成 1+1 冗余备份；在 PWR5 电源工作正常的前提下，PWR6 电源模块支持热插拔
硬盘组合（选配）	用于存储日志和报表数据，支持选配硬盘组合 SM-HDD-SAS300G-B

（3）华为 USG6300 系列防火墙接口功能

① 固定接口板提供以下接口。

a. 1 个带外管理口（RJ-45 接口）。

b. 1 个 Console 接口（RJ-45 接口）。

c. 1 个 USB 2.0 接口。

d. 2 个 GE 光电互斥口。

e. 4 个 10/100/1000Mbit/s 速率自适应以太网电接口。

② 扩展插槽支持安装表 2.16 所示的扩展卡。

表 2.16　华为 USG6300 系列防火墙支持的扩展卡

名称	说明
8GE WSIC 接口卡	提供 8 个吉比特 RJ-45 以太网接口
2XG8GE WSIC 接口卡	提供 8 个吉比特 RJ-45 和 2 个万兆（10 吉比特）SFP+接口
8GEF WSIC 接口卡	提供 8 个吉比特 SFP 接口
4GE-Bypass WSIC 卡	提供两条电链路 Bypass

（4）华为 USG6300 系列防火墙的功能特性

① 具有强大的内容安全防护功能。基于深度的应用和内容解析，提供完善的应用层安全防护能力，是下一代防火墙产品的最大优势。

② 灵活的用户管理。随着应用协议的发展，IP 地址已经不能代表网络使用者的真实身份，并且由此带来诸多安全风险。通过基于用户的管理，可以有效防范这些风险。

③ 完善的传统防火墙安全功能。华为 USG6300 完整地继承了传统防火墙的网络层防护功能，这些安全机制虽然简单但是高效，可以有效应对网络层的威胁。

④ 精细的流量管理。网络业务在飞速发展，但是网络带宽不可能无限扩展。所以必要时管理员需要对流量的带宽占用进行管理，保证高优先级的网络业务，限制低优先级的网络业务的带宽占用。

⑤ 全面的路由交换协议支持。华为 USG6300 提供全面的路由交换协议支持，可以良好地适应各种网络环境和部署需求。

⑥ 智能的选路策略。当存在多条出口链路时，华为 USG6300 可以通过智能的选路策略动态选择出接口，保证流量按照预设的策略转发，提高链路资源的利用率，提升用户的上网体验。

⑦ 领先的 IPv6 支持。华为 USG6300 对下一代 IP 网络技术——IPv6 提供全面支持，可以满足多种 IPv6 组网模式要求，有效保护 IPv6 网络的安全。

⑧ 多样的 VPN 接入方式。VPN 技术提供了廉价、安全的私有网络组建方案，在现代企业网络中发挥了重要的作用。华为 USG6300 所提供的多样的 VPN 接入方式，扩展了企业网络的边界，可以满足各种私有网络需求。

⑨ 稳定的高可靠性机制。网络对于企业的影响越来越大，网络能否正常运转会对企业收益产生了直接影响，尤其是对于依赖网络开展服务的网络资讯、网络通信、电子商务等企业。因此，保证网络设备的稳定性和高可靠性至关重要。

⑩ 易用的虚拟系统。虚拟系统可将一台物理设备从逻辑上划分为多台独立的虚拟设备，每台虚拟设备都可以拥有自己的管理员、路由表和安全策略。

⑪ 可视化的设备管理与维护。华为 USG6300 系列防火墙对 Web 界面进行了全新的设计和改进。管理员通过 Web 界面可以轻松进行设备的初始部署、配置、维护、故障诊断、状态监控、更新升级等一系列操作。

⑫ 丰富的日志与报表。日志与报表在设备管理中非常重要，只有通过日志和报表，管理员才可以对设备长期运行过程中所发生的事件进行记录和回溯。

通过部署华为 USG6300 系列防火墙，可以为企业带来以下收益。

• 良好地继承企业原有的管理体系（如活动目录用户管理），基于用户进行流量的检测与管控。

• 通过高度集成、高性能的单台设备，解决新的网络威胁，极大地节约了网络安全设备的购置费用、维护与管理成本。

• 高效的"一次检测"机制，在提高企业网络安全等级的同时，不会对网络流量的正常传输带来明显的延迟或其他影响，保证了网络的正常体验。

• 对应用、内容的可视化管理，可以显著提高企业的管理效率，帮助企业安全地开展更多的网络业务，为企业带来更多收益。

4. WLAN 设备

无线局域网（Wireless Local Area Network，WLAN）是指应用无线通信技术将计算机设备互联，构成可以互相通信和实现资源共享的网络体系。WLAN 的特点是不再使用通信线缆将计算机与网络连接起来，而是通过无线的方式连接，从而使网络的构建和终端的移动更加灵活。它利用射频（Radio Frequency，RF）技术，在短距离内，以无线电波替代传统的有线线缆构建本地 WLAN。华为 WLAN 设备通过简单的存储架构，让用户体验到"信息随身化、便利走天下"的理想境界。WLAN 系统的常见组网架构一般由 AC 和无线 AP 组成。

（1）AC 设备

WLAN 接入控制设备负责将来自不同 AP 的数据汇聚并接入互联网，同时完成 AP 设备的配置管理和无线用户的认证、管理，以及宽带访问、安全等，负责管理某个区域内无线网络中的 AP。其中，

H3C WX2500H 系列的 AC 产品是网关型无线控制器，如图 2.83 所示。其业务类型丰富，可以集精细的用户控制管理、完善的射频资源管理、无线安全管控、二三层快速漫游、灵活的 QoS 控制、IPv4/IPv6 双栈等功能于一体，提供强大的有线、无线一体化接入能力。

图 2.83　H3C WX2500H 系列的 AC 产品

如图 2.84 所示，锐捷 RG-WS7208-A 多业务无线 AC 可针对无线网络实施强大的集中式、可视化的管理和控制，显著简化原本实施困难、部署复杂的无线网络。通过与锐捷网络有线、无线统一集中管理平台 RG-SNC 以及无线 AP 的配合，灵活地控制无线 AP 的配置，优化射频覆盖效果和性能，同时可实现集群化管理，减少网络中设备部署的工作量。

图 2.84　锐捷 RG-WS7208-A 多业务无线 AC

AC6605 系列无线 AC 是华为的无线 AC，可提供大容量、高性能、高可靠性、易安装、易维护的无线数据控制业务，具有组网灵活、绿色节能等优势，如图 2.85 所示，接口说明如表 2.17 所示。

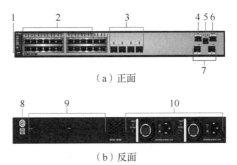

（a）正面

（b）反面

图 2.85　华为 AC6605 系列无线 AC

表 2.17　华为 AC6605 系列无线 AC 接口说明

编号	说明
1	MODE 按钮，用于切换业务网口指示灯的显示模式
2	20 个 10/100/1000BASE-T 以太网电接口。 ① 支持 10/100/1000Mbit/s 速率自适应。 ② 支持 20 个接口 PoE 供电
3	4 对 Combo 接口，作为电接口使用时，支持以下功能。 ① 支持 10/100/1000Mbit/s 速率自适应。 ② 支持 4 个接口 PoE 供电

续表

编号	说明
4	ETH 管理接口
5	MiniUSB 接口
6	Console 接口
7	2 个 10GE SFP+以太网光接口
8	接地点
9	假面板
10	2 个电源模块槽位，支持以下 3 种电源模块。 ① 150W 直流电源模块。 ② 150W 交流电源模块。 ③ 500W 交流 PoE 电源模块

华为 AC6605 系列无线 AC 具有以下特点和功能。

① 同时兼有接入和汇聚功能。

② 提供 24 口 PoE（15.4W）或 PoE+（30W）供电能力，可直接接入无线 AP。

③ 提供丰富、灵活的用户策略管理及权限控制能力。

④ 对于交流、直流均支持双电源备份和热插拔，以保证设备的长时间无故障运行。

⑤ 设备可通过 eSight 网管、Web 网管、命令行界面（Command Line Interface，CLI）进行维护。

（2）AP 设备

AP 设备是无线网和有线网之间沟通的"桥梁"，是组建 WLAN 的核心设备。无线 AP 主要用于无线工作站（即无线可移动终端设备）和有线局域网之间的互相访问，它在 WLAN 中相当于发射基站在移动通信网络中扮演的角色，在 AP 信号覆盖范围内的无线工作站可以通过它相互通信。

锐捷 RG-AP320-I 无线 AP 如图 2.86 所示，采用双路双频设计，可支持同时在 IEEE 802.11a/n 和 IEEE 802.11b/g/n 模式下工作。该产品呈壁挂式，可安全、方便地安装于墙壁、天花板等各种位置。RG-AP320-I 支持本地供电与远程以太网供电模式，可根据客户现场的供电环境进行灵活选择，特别适合部署在大型校园、企业、医院等场所中。

图 2.86　锐捷 RG-AP320-I 无线 AP

TP-LINK TL-AP301C 无线 AP 如图 2.87 所示。它支持 11N 无线技术，提供 300Mbit/s 无线传输速率，小型化设计，部署方便，可吸顶、壁挂、桌面摆放，安装灵活、简便，被动 PoE（Passive PoE）供电，"胖瘦一体"，在不同环境下可选择不同工作模式。其无线发射功率线性可调，用户可根据需求调整信号覆盖范围，有独立硬件保护电路，可自动恢复工作异常 AP，支持使用 TP-LINK 商云 App 进行远程查看/管理。

图 2.87　TP-LINK TL-AP301C 无线 AP

　　AP7050DE 无线 AP 是华为发布的支持 IEEE 802.11ac Wave2 标准的新一代技术引领级无线 AP，如图 2.88 所示，其使无线网络带宽突破了千兆，同时支持 4×4 多用户-多输入多输出（Multi-User Multiple-Input Multiple-Output，MU-MIMO）和 4 条空间流，最高传输速率可达 2.53Gbit/s。其内置智能天线，实现了 IEEE 802.11n 与 IEEE 802.11ac 标准的平滑过渡，可充分满足高清视频流、多媒体、桌面云应用等大带宽业务质量要求，适用于高校、大型园区等场景。其接口具体说明如表 2.18 所示。

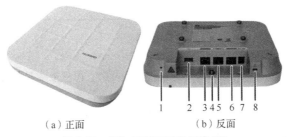

（a）正面　　　　　　　　（b）反面

图 2.88　华为 AP7050DE 无线 AP

表 2.18　华为 AP7050DE 无线 AP 接口的具体说明

编号	说明
1	Default：默认按钮，长按超过 3s 恢复出厂设置
2	USB 接口：连接 USB 闪存盘，用于扩展存储，对外输出最大功耗为 2.5W
3	Console 接口：控制口，连接维护终端，用于设备配置和管理
4	接地螺钉：通过接地螺钉将设备与接地线缆连接
5	GE1：10/100/1000Mbit/s，用于有线以太网连接
6	GE0/PoE：10/100/1000Mbit/s，用于有线以太网连接，PoE 供电设备可以通过该接口给无线 AP 供电
7	电源输入接口：12V DC
8	Lock 设备锁接口：用于保证设备的安全

　　华为 AP7050DE 无线 AP 的特点如下。

　　① 支持 IEEE 802.11ac Wave2 标准，MU-MIMO；2.4GHz 和 5GHz 双射频同时提供服务，2.4GHz 频段最高传输速率为 800Mbit/s，5GHz 频段最高传输速率为 1.73Gbit/s，整机最高传输速率为 2.53Gbit/s。

　　② 采用了智能天线阵列技术，实现了对移动终端定向的精准覆盖，降低了干扰，提升了信号质量，并且可以随用户终端的移动进行毫秒级灵敏切换。

　　③ 内置蓝牙，与 eSight 协作实现蓝牙终端精确定位。

　　④ 支持双以太接口的链路聚合，保证链路可靠性的同时增加了业务负载均衡能力。

　　⑤ 提供 USB 接口，可用于对外供电，也可用于存储。

　　⑥ 支持胖 AP、瘦 AP 和云 AP 这 3 种工作模式。

　　⑦ 支持云管理，可通过华为软件定义网络（Software Defined Network，SDN）控制器对无线 AP 设备及业务进行管理和运维，节省网络运维成本。

5. 服务器

当前服务器主流的品牌包括惠普（HP）、联想、浪潮、华为等，各厂商的服务器如图 2.89 所示。可以根据 eSight 网管软件的配置要求选择相应的服务器。

华为的服务器产品包括 RH2288H 和 TaiShan 200 等型号，两种服务器如图 2.90 所示，均以 12 块硬盘配置为例。RH2288H V3 是华为针对互联网、数据中心、云计算、企业市场及电信业务应用等需求，推出的具有广泛用途的 2U2 路机架服务器，适用于分布式存储、数据挖掘、电子相册、视频等存储业务，以及企业基础业务和电信业务。华为 RH2288H V3 服务器采用 E5-2600 v3/v4 处理器，单处理器最大支持 22 核，支持 24 个 DDR4 内存插槽和 9 个 PCIe 扩展槽位，本地存储配置可以从 8 块硬盘扩展到 28 块硬盘，支持 12Gbit/s SAS 技术，可满足大数据高带宽传输需求。

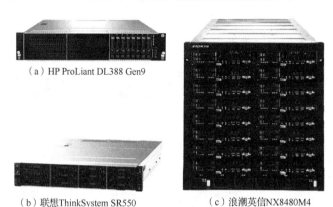

（a）HP ProLiant DL388 Gen9

（b）联想ThinkSystem SR550　　　（c）浪潮英信NX8480M4

图 2.89　各厂商的服务器

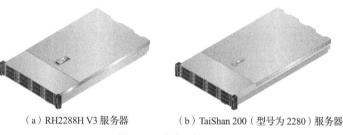

（a）RH2288H V3 服务器　　　（b）TaiShan 200（型号为 2280）服务器

图 2.90　华为服务器

TaiShan 200 服务器是基于华为鲲鹏 920 处理器的数据中心服务器，其中，型号为 2280 的服务器是 2U2 路机架服务器。该服务器面向分布式存储、云计算、大数据等领域，具有高性能计算、大容量存储、低能耗、易管理、易部署等优点。服务器系统最高能够提供 128 核、2.6GHz 主频的计算能力和最多 27 块 SAS/SATA HDD 或 SSD。

下面介绍 RH2288H V3 服务器。RH2288H V3 服务器（12 英寸（约 30cm）×3.5 英寸（约 9cm）硬盘配置）的前面板如图 2.91 所示，其前面板说明如表 2.19 所示。

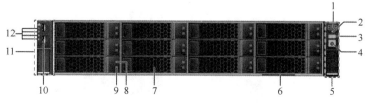

图 2.91　RH2288H V3 服务器的前面板

表 2.19　RH2288H V3 服务器的前面板说明

编号	说明	编号	说明
1	故障诊断数码管	7	硬盘（从上至下、从左至右槽位号依次为 0～11）
2	健康状态指示灯	8	硬盘 Fault 指示灯
3	UID 按钮/指示灯	9	硬盘 Active 指示灯
4	电源开关/指示灯	10	USB 2.0 接口
5	右挂耳	11	左挂耳
6	标签卡（含 ESN 标签）	12	网口 Link 指示灯（从上至下依次为 1～4）

RH2288H V3 服务器的后面板如图 2.92 所示，其后面板说明如表 2.20 所示。

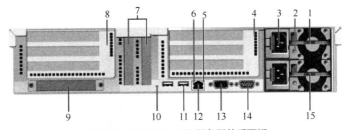

图 2.92　RH2288H V3 服务器的后面板

表 2.20　RH2288H V3 服务器的后面板说明

编号	说明	编号	说明
1	电源模块 1	9	灵活 I/O 卡
2	电源模块指示灯	10	UID 指示灯
3	电源模块电源接口	11	USB 3.0 接口
4	I/O 模组 2（从上到下的顺序为 Slot 6、Slot 7、Slot 8）或 NVMe PCIe 固态硬盘转接模块（与 CPU 2 配对/从上到下的顺序为 Slot 6、Slot 7）	12	MGMT 管理网口
5	连接状态指示灯	13	VGA 接口
6	数据传输状态指示灯	14	串口
7	板载 PCIe 卡插槽（从左到右的顺序为 Slot 4、Slot 5）	15	电源模块 2
8	I/O 模组 1（从上到下的顺序为 Slot 1、Slot 2、Slot 3）		

2.2.8　系统布线常用工具

在通信网络布线工程中会用到相关的工具。下面以"西元"综合布线工具箱（KYGJX-12）和"西元"光纤工具箱（KYGJX-31）为例分别进行说明。

1. 通信电缆工具箱

下面以"西元"综合布线工具箱（KYGJX-12）为例，说明通信电缆工具箱的组成，如图 2.93 和图 2.94 所示。

图 2.93　"西元"综合布线工具箱

（a）RJ-45压线钳　　　（b）单口打线钳　　　（c）钢卷尺　　　（d）活动扳手

（e）十字螺钉旋具　　　（f）锯弓和锯弓条　　　（g）美工刀　　　（h）线管剪

（i）钢丝钳　　　（j）尖嘴钳　　　（k）镊子　　　（l）不锈钢角尺

（m）条形水平尺　　　（n）弯管器　　　（o）计算器　　　（p）麻花钻头

（q）M6丝锥　　　（r）十字批头　　　（s）RJ-45水晶头　　　（t）M6×15螺钉

（u）线槽剪　　　（v）弯头模具　　　（w）旋转网络剥线钳　　　（x）丝锥架

图 2.94　"西元"综合布线工具箱配套工具

（1）RJ-45 压线钳：主要用于压接 RJ-45 水晶头，辅助作用是剥线。

（2）单口打线钳：主要用于跳线架打线。打线时应先进行观察，如观察打线刀头是否良好，再对正模块快速打下，注意用力适当。打线刀头属于易耗品，打线次数不能超过 1000 次，超过使用次数后需及时更换。

（3）钢卷尺（2m）：主要用于量取耗材、布线长度，属于易耗品。

（4）活动扳手（150mm）：主要用于紧固螺母，使用时应调整钳口开合与螺母规格相适应，并且适当用力，防止扳手滑脱。

（5）十字螺钉旋具（150mm）：主要用于十字螺钉的拆装，使用时应将十字螺钉旋具十字卡紧螺钉槽，并且适当用力。

（6）锯弓和锯弓条：主要用于锯切 PVC 管槽。

（7）美工刀：主要用于切割材料或剥开线皮。

（8）线管剪：主要用于剪切 PVC 线管。

（9）钢丝钳（8 英寸，约 20cm）：主要用于插拔连接块、夹持线缆等器材、剪断钢丝等。

（10）尖嘴钳（6 英寸，约 15cm）：主要用于夹持线缆等器材、剪断线缆等。

（11）镊子：主要用于夹取较小的物品，使用时注意防止尖头伤人。

（12）不锈钢角尺（300mm）：主要用于量取尺寸、绘制直角线等。

（13）条形水平尺（400mm）：主要用于测量线槽、线管布线是否水平等。

（14）弯管器（Φ20）：主要用于弯制 PVC 冷弯管。

（15）计算器：主要用于施工过程中的数值计算。

（16）麻花钻头（Φ10，Φ8，Φ6）：主要用于在需要开孔的材料上钻孔，使用时应根据钻孔尺寸选用合适规格的钻头；钻孔时应使钻夹头夹紧钻头，保持电钻垂直于钻孔表面，并且适当用力，防止钻头滑脱。

（17）M6 丝锥：主要用于对螺纹孔的过丝。

（18）十字批头：与电动螺钉旋具配合，用于十字螺钉的拆装，使用时应确认十字批头安装良好。

（19）RJ-45 水晶头：耗材。

（20）M6×15 螺钉：耗材。

（21）线槽剪：主要用于剪切 PVC 线槽，也适用于剪切软线、牵引线，使用时手应远离刀口，将要切断时注意适当用力。

（22）弯头模具：主要用于锯切一定角度的线管、线槽，使用时将线槽水平放入弯头模具内槽中。

（23）旋转网络剥线钳：主要用于剥取网线外皮，使用时顺时针旋转工具进行剥线。

（24）丝锥架：与丝锥配合，用于对螺纹孔的过丝。

2. 通信光缆工具箱

下面以"西元"光纤工具箱（KYGJX-31）为例，说明通信光缆工具箱的组成，如图 2.95 和图 2.96 所示。

（1）束管钳：主要用于剪切光缆中的钢丝。

（2）多用剪（8 英寸）：主要用于剪切相对柔软的物件，如牵引线等，不宜用来剪切硬物。

（3）剥皮钳：主要用于剪剥光缆或尾纤的护套，不适合剪切室外光缆中的钢丝。剪剥时要注意剪口的选择。

图 2.95 "西元"光纤工具箱

（4）美工刀：主要用于剪切跳线、双绞线内部牵引线等，不可用来剪切硬物。

（5）尖嘴钳（6 英寸）：主要用于拉开光缆外皮或夹持小件物品。

（6）钢丝钳（6 英寸）：主要用来夹持物件，剪断钢丝。

（7）斜口钳（6 英寸）：主要用于剪切光缆外皮，不适合剪切钢丝。

（8）光纤剥线钳：主要用于剪剥光纤的各层护套，有 3 个剪口，可依次剪剥尾纤的外皮、中层护套和树脂保护膜。剪剥时要注意剪口的选择。

（9）活动扳手（150mm）：用于紧固螺母。

（10）横向开缆刀：用于切割室外光缆的黑色外皮。

（11）清洁球：用于清洁灰尘。

（12）酒精泵：用于盛放酒精，不可倾斜放置，盖子不能打开，以防止挥发。

（13）红光笔：用于简单检查光纤的通断。

（14）酒精棉球：用于蘸取酒精擦拭裸纤，平时应保持棉球的干燥。

（15）组合螺钉批：即组合螺钉旋具，用于紧固相应的螺钉。

（16）微型螺钉批：即微型螺钉旋具，用于紧固相应的螺钉。

（17）钢卷尺（2m）：主要用于量取耗材、布线的长度，属于易耗品（图 2.96 中略）。

（18）镊子：主要用于夹取较小的物件，使用时注意防止尖头伤人（图 2.96 中略）。

（19）背带：便于携带工具箱（图 2.96 中略）。

（20）记号笔：用于标记（图 2.96 中略）。

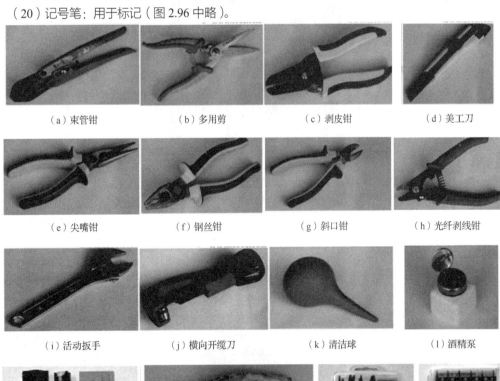

（a）束管钳　　　　　（b）多用剪　　　　　（c）剥皮钳　　　　　（d）美工刀

（e）尖嘴钳　　　　　（f）钢丝钳　　　　　（g）斜口钳　　　　　（h）光纤剥线钳

（i）活动扳手　　　　（j）横向开缆刀　　　　（k）清洁球　　　　　（l）酒精泵

（m）红光笔　　　　　（n）酒精棉球　　　　　（o）组合螺钉批　　　　（p）微型螺钉批

图 2.96 "西元"光纤工具箱配套工具

2.2.9　系统布线常用仪表

在设备安装、布线施工、故障排查、检验测试、工程验收中，都需要用到一些专用的测试仪表。本节简要介绍一些常用仪表，如能手网络测试仪与寻线仪、双绞线网络测试仪、光纤打光笔、光功率计、光时域反射计、光纤熔接机等。

1. 能手网络测试仪与寻线仪

（1）能手网络测线仪

能手网络测线仪是一种网线测试仪，适用于比较简单的链路测试，如 8 芯的网线和 4 芯的电话线的测试。它分为两个单元：一个是发送单元，即主机，采用一块 9V 叠层电池进行供电，并有电源开关和绿色的电源指示灯；另一个是接收单元，即远端机，由指示灯显示网线连接状态。网线接口是 RJ-45接口，电话线接口是 RJ-11 接口。能手网络测试仪的外观如图 2.97 所示。

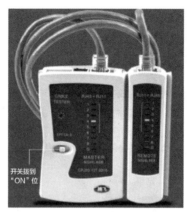

图 2.97　能手网络测试仪的外观

在测量时，先将测试仪电源关闭，再将网线的一端接入该测试仪主机的网线接口，将另一端接入测试仪远端机的网线接口。打开主机电源，观察主机和运端机两排指示灯上的数字是否同时对称地从 1到 8 逐个闪亮。若对称闪亮，则代表网线良好；若不对称闪亮或个别灯不亮，则代表网线断开或制作网线头时线芯排列错误。

（2）寻线仪

寻线仪分为两个部分，即发射器和接收器，如图 2.98 所示。发射器上有两种接口，分别是电话接口RJ-11、网线接口 RJ-45。如果是寻找电话线，则用前面一种接口；如果是寻找网线，则用 RJ-45 接口。

图 2.98　寻线仪

在使用寻线仪的时候，将网线的水晶头插入发射器的 RJ-45 接口之后，先调节发射器的功能按钮，让它指向寻线仪，此时指示灯会闪烁，说明寻线仪是可以正常工作的。再将接收器在网线尾部逐条接入，探头靠近网线时，如果产生警报，则说明网线头部和尾部是同一条，否则不是。寻找电话线的方法是将一端插入发射器的 RJ-11 接口，将另外一端的探头靠近电话线尾部即可，可将功能切换为双音频，以更容易辨识。

2. 双绞线网络测试仪

网络测试仪也称专业网络测试仪或网络检测仪，是一种可以检测开放系统互连（Open System Interconnection，OSI）7 层模型定义的物理层、数据链路层、网络层运行状况的便携、可视的智能检测设备，主要用于局域网故障检测、维护和综合布线施工。

随着网络的普及化和复杂化，网络的合理架设和正常运行变得越来越重要，而保障网络的正常运行必须要从两个方面着手。其一，网络施工质量直接影响网络的后续使用，所以施工质量不容忽视，必须严格要求，认真检查，以防患于未然；其二，网络故障的排查至关重要，网络故障会直接影响网络的运行效率，必须追求高效率、短时间排查。因此，网络检测辅助设备在网络施工和网络维护工作中变得越来越重要。网络测试仪的使用可以极大地减少网络管理员排查网络故障的时间，提高综合布线施工人员的工作效率，加快工程进度、提高工程质量。

网络测试仪厂商既有福禄克、安捷伦、理想等国外公司，也有信而泰、中创信测、奈图尔等国内公司。下面将以福禄克 DSX2-5000 CableAnalyzer 为例进行简要介绍。

根据有线传输介质的不同，福禄克网络测试仪分为光纤网络测试仪和双绞线网络测试仪，如图 2.99 所示。光纤网络测试仪并不常用，所以通常所说的网络测试仪指的是双绞线网络测试仪。

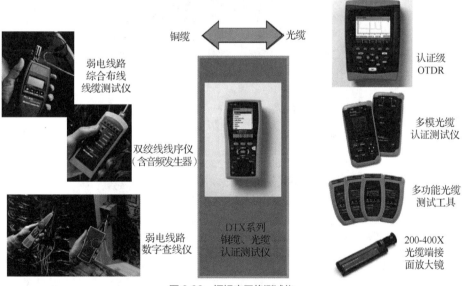

图 2.99　福禄克网络测试仪

福禄克网络测试仪 DSX2-5000 CableAnalyzer 如图 2.100 所示，已通过 Intertek（ETL）认证，该认证是根据 IEC 61935-1 标准的Ⅳ级精度和草案Ⅴ级精度规定以及 ANSI/TIA-1152 标准的规定进行的。DSX2-5000 CableAnalyzer 认证 5e、6、6A 和 Class FA 双绞线，最高 1000MHz，可提高铜缆认证测试的速度，6A 和 Class FA 测试速度无可比拟，且符合更严苛的 IEC 草案Ⅴ级精度要求。

图 2.100　福禄克网络测试仪 DSX2-5000 CableAnalyzer

其中，ProjX 管理系统有助于确保再次操作时能正确完成项目设置，并且有助于跟踪从项目设置到系统验收过程的进度。Vertiv 平台支持光纤测试，以及 Wi-Fi 分析和以太网故障排除。该平台易于升级以支持未来标准。使用 Taptive 用户界面能更快速地进行故障排除，该界面以图形方式显示故障源，包括串扰、回波损耗和屏蔽故障的准确位置。最后，其可以分析测试结果，使用 LinkWare 管理软件来创建专业的测试报告。

3. 光纤打光笔

光纤打光笔又称光纤故障定位仪、光纤故障检测器、可视红光源、通光笔、红光笔、光纤笔、激光笔，如图 2.101 所示。其以 650nm 半导体激光器为发光器件，经恒流源驱动，发射出稳定的红光，与光接口连接后进入多模光纤和单模光纤，实现光纤故障检测功能。

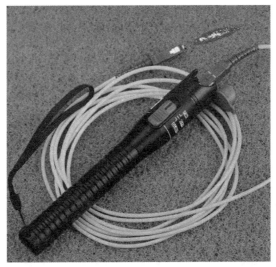

图 2.101　光纤打光笔

光纤打光笔是一款专门为现场施工人员进行光纤寻障、光纤连接器检查、光纤寻迹等设计的笔式红光源。光纤打光笔具有输出功率稳定、检测距离长、结构坚固可靠、使用时间长、功能多样等多种优点，是现场施工人员的理想选择。按其最短检测距离，光纤打光笔分为 5km、10km、15km、20km、25km、30km、35km、40km 等类型，距离越远，价格越贵。

4. 光功率计

随着光纤通信技术的迅速发展，光纤通信已经是主要的通信方式。光功率是光纤通信系统中最基本的测量参数之一，是评价光端设备性能、评估光纤传输质量的重要参数之一。光功率计是专门用于测量绝对光功率或通过一段光纤的光功率相对损耗的仪器，广泛应用于通信干线敷设、设备维护、科研和生产当中，如图 2.102 所示。

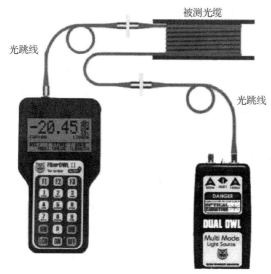

图 2.102　光功率计

在光功率测量中，光功率计是重负荷常用表。通过测量发射端或光网络的绝对功率，能够评价光端设备的性能。光功率计与稳定光源组合使用，能够测量连接损耗、检验连续性，并帮助评估光纤链路传输质量。

5. 光时域反射计

光时域反射计（Optical Time-Domain Reflectometer，OTDR）是通过对测量曲线进行分析，了解光纤的均匀性、缺陷、断裂、接头耦合等若干性能的仪器。它根据光的后向散射与菲涅耳反向原理制作，利用光在光纤中传播时产生的后向散射光来获取衰减的信息，可用于测量光纤衰减、接头损耗和定位光纤故障点，以及了解光纤沿长度的损耗分布情况等，是光缆施工、维护及监测中必不可少的工具，如图 2.103 所示。

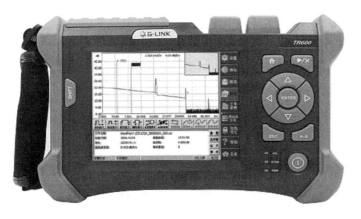

图 2.103　光时域反射计

光时域反射计是用于确定光纤与光网络特性的光纤测试仪，OTDR 的作用是检测、定位与测量光纤链路的任何位置上的事件。光时域反射计的一个主要优点是它能够作为一个一维的雷达系统，仅测试光纤的一端就能获得完整的光纤特性，光时域反射计的分辨范围为 4～40 cm。

使用光时域反射计进行测试是光纤线路检修非常有效的手段，光时域反射计测试的基本原理是利用导入光与反射光的时间差来测定距离，如此可以准确判定故障的位置。光时域反射计将探测脉冲注入光纤，在反射光的基础上估计光纤长度。光时域反射计测试适用于故障定位，特别适用于确定光缆断开或损坏的位置。光时域反射计测试文档能够为技术人员提供图形化的光纤特性，为网络诊断和网络扩展提供重要数据。

6. 光纤熔接机

光纤熔接机的工作原理是利用高压电弧放电产生 2000℃以上的高温将两个光纤断面熔化，同时用高精度运动机构平缓推进，让两根光纤融合成一根，以实现光纤模场的耦合。光纤熔接是光纤工程中使用较为广泛的一种接续方式。光纤熔接机主要应用于电信运营商、工程公司和事业单位的光纤线路工程施工，线路维护，应急抢修，光纤器件的生产、测试，以及科研院所的研究与教学，如图 2.104 所示。

完成光纤熔接必备的工具为光纤熔接机、切割刀、剥纤钳、酒精泵（纯度为 99% 的工业酒精）、棉球、热缩套管。从剥纤、清洁、切割再到最后的熔接，这些工具能帮助用户完成合格的光纤熔接。光纤熔接机工具箱如图 2.105 所示。

 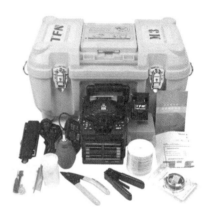

图 2.104　光纤熔接机　　　　图 2.105　光纤熔接机工具箱

2.2.10　综合布线产品选型

综合布线系统是智能建筑内的基础设施之一。根据国内以往的工程来分析，系统设备和器材的选型是工程设计的关键环节和重要内容，其与技术方案的优劣、工程造价的高低、业务功能的满足程度、日常维护管理和今后系统的扩展等都密切相关。因此，从整个工程来看，产品选型具有基础性的意义，应予以重视。

1. 产品选型原则

产品选型原则如下。

（1）满足功能需求。产品选型应根据智能建筑的主体性质、所处地位和使用功能等特点，从用户信息需求、今后的发展及变化情况等考虑，选用等级合适的产品。例如，5e 类、6 类、7 类产品或光纤系统的配置，包括各种线缆和连接硬件。

（2）结合实际环境。应考虑智能建筑和智能小区所处的环境、气候条件和客观影响等特点，从工程实际和用户信息需求考虑，选用合适的产品。如目前和今后有无电磁干扰源存在、是否有向智能小区发展的可能性等，这与是否选用屏蔽系统产品、设备配置以及网络结构的总体设计都有关系。

（3）选用同一品牌的产品。由于在原材料、生产工艺、检测标准等方面的不同，不同厂商的产品在特性阻抗等电气指标方面存在较大差异。如果线缆和接插件选用不同厂商的产品，则可能由于链路阻抗不匹配而产生较大的回波损耗，这对高速网络来说是非常不利的。

（4）符合相关标准。选用的产品应符合我国国情和有关技术标准，包括国际标准、国家标准和行业标准。所用的国内外产品均应以国家标准或行业标准为依据进行检测和鉴定，未经鉴定合格的设备和器材不得在工程中使用。

（5）技术性与经济性相结合。目前我国已有符合国际标准的通信行业标准，对综合布线系统产品的技术性能应以系统指标来衡量。在进行产品选型时，所选设备和器材的技术性能指标一般要稍高于系统指标，这样在工程竣工后，才能保证全系统的技术性能指标满足发展的需要，当然，不能一味追求高的技术性能指标，否则会增加工程造价。

此外，一些工作原则在产品选型中应综合考虑。例如，在产品价格相同且技术性能指标符合标准的前提下，若已有可用的国内产品且能提供可靠的售后服务，则应优先选用国内产品，以降低工程总体的运行成本，促进民族企业产品的改进、提高和发展。

2. 市场现状

综合布线产品最早是从美国引入我国的，因此市场上最早的综合布线产品主要是美国品牌。随着市场的发展，欧洲、澳洲等地的产品相继进入我国市场。近年来，国内综合布线市场呈现出百花齐放、百家争鸣的景象，国内一些厂商根据国际标准和国内通信行业标准，结合我国国情，吸取国外产品的先进经验，自行开发、研制出了适合我国的产品，打破了国外厂商在综合布线产品领域的垄断，其价格也在逐年下降。综合布线市场正面临着前所未有的繁荣，国外知名品牌多足鼎立，国内品牌所占市场份额也大幅攀升。

2003 年是国内布线厂商异军突起的一年，各布线厂商都加强了产品研发、市场拓展，一些用户也开始变得更加理性，在综合布线产品的选择上开始由先进性向实用性转变。一些国内布线厂商，如普天、TCL、大唐电信、VCOM 等，在 2003 年以后不论是在新产品的推广还是在具体的工程应用中，都取得了不错的成绩。国内产品的最大优势在于价格较低，有竞争力，凭借着优惠的价格、良好的性价比，迅速占领了中低端市场，并且有着良好的市场前景。

2.3 项目实训

1. 实训目的

通过实训练习，能够利用所掌握的相关理论知识，在布线系统设计中科学、合理地选择线缆、相关连接器件和线缆通道材料以及相关的网络设备。

2. 实训内容

（1）通过市场调研、上网和图书馆查询资料，进一步加深对所学知识的理解。

（2）通过对校园网的调研，了解传输介质、网络连接设备和相关连接器件在布线系统中的应用。

（3）完成市场调查报告。

3. 实训过程

参观、访问一个采用综合布线系统构建的校园网或企业网。

（1）在教师指导下，用 1 周的时间，通过各种途径，对双绞线电缆、光缆、各种连接器件（配线架、信息插座、接插软线等）、机柜等的功能、性能、相关技术参数和主流产品进行详细了解，并完成调查报告。

（2）由教师组织学生参观校园网，并请校园网工作人员为学生开展相关的专题讲座，使学生进一步理解在布线系统设计中应如何科学、合理地选择布线器材。

4. 实训总结

（1）教师组织学生就现有的一个综合布线系统所使用的布线器材进行分析和总结。

（2）教师组织学生为一个假设的综合布线系统选择相关的布线器材。

（3）学生以分组的方式讨论综合布线系统以选择相关的布线器材，并指出其中的优点和不足。

项目小结

1. 网络传输介质，主要讲解双绞线、同轴电缆、光纤。

2. 无线传输介质，主要讲解无线电波、微波、红外线和激光。

3. 网络机柜，主要讲解标准 U 机柜、服务器机柜、配线机柜、壁挂式机柜以及螺钉配件。

4. 配线架，主要讲解双绞线配线架、光纤配线架、数字配线架、总配线架、分配线架。

5. 认识线管与线槽，主要讲解塑料管、金属管、线管的选择、认识线槽。

6. 认识桥架，主要讲解槽式桥架、托盘式桥架、梯级式桥架、网格式桥架、组合式桥架。

7. 认识网络系统硬件，主要讲解交换机、路由器、防火墙、WLAN 设备、服务器。

8. 系统布线常用工具，主要讲解通信电缆工具箱、通信光缆工具箱。

9. 系统布线常用仪表，主要讲解能手网络测试仪与寻线仪、双绞线网络测试仪、光纤打光笔、光功率计、光时域反射计、光纤熔接机。

10. 综合布线产品选型，主要讲解产品选型原则、市场现状。

课后习题

1. 选择题

（1）双绞线 T568A 标准的线序依次为（　　　）。

    A. 白橙、橙、白绿、蓝、白蓝、绿、白棕、棕

    B. 白橙、橙、白绿、绿、白蓝、蓝、白棕、棕

    C. 白绿、绿、白橙、蓝、白蓝、橙、白棕、棕

    D. 白绿、绿、蓝、白蓝、白橙、橙、白棕、棕

（2）双绞线 T568B 标准的线序依次为（　　　）。

    A. 白橙、橙、白绿、蓝、白蓝、绿、白棕、棕

    B. 白橙、橙、白绿、绿、白蓝、蓝、白棕、棕

    C. 白绿、绿、白橙、蓝、白蓝、橙、白棕、棕

    D. 白绿、绿、蓝、白蓝、白橙、橙、白棕、棕

（3）裸纤的基本结构是（　　　）。

    A. 纤芯、加固层、护套   B. 包层、套管、中心加强构件

    C. 纤芯、屏蔽层、涂覆层   D. 纤芯、包层、涂覆层

（4）42U 机柜的高度为（　　　）。

    A. 1.8m   B. 2m   C. 2.2m   D. 2.4m

（5）传输速率能达 1Gbit/s 的最低类别的双绞线电缆产品是（　　　）。

    A. 4 类   B. 5 类   C. 5e 类   D. 6 类

（6）传输速率能达 10Gbit/s 的最低类别的双绞线电缆产品是（　　　）。

    A. 5e 类   B. 6 类   C. 6A 类   D. 7 类

（7）6 类线传输速率能达到 10Gbit/s，其有效传输距离是（　　　）。

    A．50m   B．55m   C．90m   D．100m

（8）6A 类线传输速率能达到 10Gbit/s，其有效传输距离是（　　　）。

    A．50m   B．55m   C．90m   D．100m

（9）网络标准 1000Base-SX 规定的传输介质是（　　　）。

    A．5e 类以上双绞线   B．6 类以上双绞线

    C．单模光纤   D．多模光纤

（10）【多选】单模光纤的特性有（　　　）。

    A．高速率   B．短距离   C．成本高   D．耗散大

（11）【多选】信息插座包括（　　　）。

    A．面板   B．底盒   C．模块   D．水晶头

（12）【多选】常用的桥架结构有（　　　）。

    A．槽式   B．托盘式   C．梯级式

    D．网格式   E．组合式

2．简答题

（1）简述常见的网络传输介质。

（2）简述常用的网络机柜的类型。

（3）简述桥架的结构及其特点。

（4）简述常用的网络系统硬件设备。

（5）简述综合布线产品选型原则。

项目 3
工作区子系统的设计与实施

03

知识目标

- 掌握综合布线系统工程设计相关的理论知识。
- 掌握工作区子系统设计相关的理论知识。

技能目标

- 能根据需求分析进行综合布线系统结构设计。
- 掌握工作区子系统的设计方法，设计工作区信息点的位置和数量，并绘制施工图。
- 掌握工作区子系统的规范施工方法。
- 掌握网络跳线的制作方法。

素养目标

- 培养实践动手能力，能解决工作中的实际问题，树立爱岗敬业精神。
- 树立团结互助、进取合作的意识。

3.1 项目陈述

对任何工程项目都必须做设计方案，综合布线系统工程也不例外。综合布线系统工程设计是网络通信和智能建筑的基础。网络通信技术的不断发展，给综合布线系统不断增加新的技术内容和要求，特别是智能建筑的各种终端和控制设备的数字化改进，促使原来依赖传统控制线、同轴线、电话线的智能弱电系统逐渐过渡到以铜缆双绞线和光纤通信的综合布线系统。综合布线系统工程设计是建设综合布线系统的关键。国家标准 GB 50311—2016《综合布线系统工程设计规范》中，明确定义了工作区就是"需要设置终端设备的独立区域"。这里的工作区是指需要安装计算机、打印机、复印机、考勤机等网络终端设备的独立区域。

3.2 知识准备

3.2.1 综合布线系统工程设计基本知识

企事业单位建设综合布线系统时都有自己的目的，也就是说要解决什么样的问题。问题往往是实际存在的某些问题或是某种需求，那么专业技术人员应根据问题进行任务分析，用综合布线工程语言描述出来，使企事业单位的人员能理解所做的工程。例如，把楼内所有的计算机主机等主要设备的信息点连接到网管中心，形成星形网络拓扑结构，使楼内计算机能够与网管中的计算机进行通信。

1. 综合布线系统工程设计需求分析

在进行综合布线系统工程规划和设计之前，必须对智能建筑或智能小区的用户需求进行分析。分析用户需求就是对信息点的数量、位置以及通信业务需求进行分析。分析结果是综合布线系统工程设计的基础数据，它的准确性和完善程度将会直接影响综合布线系统的网络结构、线缆规格、设备配置、布线路由和工程投资等。

（1）需求分析

需求分析主要用于掌握用户当前和未来扩展的需求，目的是对设计对象进行归类，并将用户的需求用综合布线系统工程语言加以描述，使用户能够理解综合布线系统工程。设计方以建设方提供的数据为依据，在充分理解建筑物近期和将来的通信需求后，分析得出信息点数量和信息分布图。由于设计方和建设方对工程的理解一般存在一定的偏差，因此对分析结果进行确认是一个反复的过程，得到双方认可的分析结果才能作为设计的依据。

（2）需求沟通

需求沟通是一门学问，沟通的好坏和畅顺与否会直接影响工程项目的设计质量和双方的合作关系。不同性质的建设单位，其负责沟通人员的职位不尽相同，其立场和对项目的理解程度也不一样，导致无法反映项目的真实情况，使设计的偏差度变大，影响变更的可能性大幅提高。所以进行需求沟通的设计师必须对综合布线工程的标准、技术、产品了然于心，对市场常用网络设备的需求基本掌握，并且要了解不同性质用户的建设需求的一般特性。要用正确的设计原则引导用户，讲解不同等级的综合布线系统和产品如何满足需求。耐心沟通、表现出专业性和尊重是设计师必备的专业素养。

（3）建筑物现场勘察

在需求沟通期间，为了确认需求信息，综合布线的设计与施工人员必须熟悉建筑结构。主要通过两个步骤来掌握建筑结构情况，首先查阅建筑物的图纸，然后到现场勘察。勘察工作一般是在新建大楼主体结构完成或旧楼改造，进行综合布线系统工程设计前或中标施工工程后进行的，勘察参与人员包括工程负责人、布线系统设计人、施工督导人、项目经理及其他需要了解工程现状的人，以及建筑单位的技术负责人，以便现场研究、决定一些事情。

工程负责人到现场对照"平面图"查看大楼，逐一确认以下任务。

① 查看各楼层、走廊、房间、电梯厅和大厅等吊顶的情况，包括吊顶是否可以打开、吊顶高度和吊顶距梁高度等，然后根据吊顶的情况确定水平主干线槽的敷设方法。对于新楼，要确定是走吊顶内线槽，还是走地面线槽；对于旧楼，改造工程须确定水平干线槽的敷设路线。找到布线系统要用的电缆竖井，查看竖井有无楼板，询问同一竖井内有哪些其他线路（如大楼自控系统、空调系统、消防系统、闭路电视系统、安保系统和音响系统等的线路）。

② 要确定计算机网络线路可与哪些线路共用槽道，特别注意不要与电话线以外的其他线路共用槽道，如果需要共用，则要设置隔离设施。

③ 如果没有可用的电缆竖井，则要和甲方技术负责人商定垂直槽道的位置，并选择垂直槽道的种类是梯级式、托盘式、槽式桥架还是钢管等。

④ 在设备间和楼层配线间，要确定机柜的安放位置、到机柜的主干线槽的敷设方式、设备间和楼层配线间有无高架活动地板，并测量楼层高度数据。要特别注意的是，一般主楼和裙楼、一层和其他楼层的楼层高度有所不同，还要确定卫星配线箱的安放位置。

⑤ 如果在竖井内墙上挂装楼层配线箱，则要求竖井内有电灯，并且有楼板，而不是直通的。如果

在走廊墙壁上暗嵌配线箱，则要看墙壁外表的材料，看是否需要在配线箱结合处做特殊处理、是否离电梯厅或房间门太近而影响美观。

⑥ 确定到卫星配线箱的槽道的敷设方式和槽道种类。

⑦ 讨论大楼结构方面尚不清楚的问题。一般包括：哪些是承重墙体，设备层在哪层，大厅的地面材质是什么，墙面的处理方法（如喷涂、贴大理石、用木墙围等）是什么，柱子表面的处理方法（如喷涂、贴大理石、用不锈钢包面等）是什么。

（4）需求分析的对象与范围

① 需求分析的对象

通常，综合布线系统需求分析对象分为智能建筑和智能小区两大类型。

a. 智能建筑

从用户需求分析方面理解智能建筑，可以对智能建筑的种类、性质做一定的分析。一般意义上的智能建筑是通过综合布线系统将各种终端设备，如通信终端设备（计算机、电话机、传真机）、传感器（如烟雾传感器、压力传感器、温度传感器、湿度传感器等）进行连接，实现楼宇自动化、通信自动化和办公自动化三大功能的建筑。另外，从智能建筑用途方面确认需求，如政府、银行、军队等对保密要求较高的单位的智能建筑通常会选用普遍认为保密性能更好的屏蔽系统或光纤布线系统；而普通的商用智能建筑，其布线系统则常采用非屏蔽的超 5 类、6 类以上等级的布线系统。智能建筑的设计等级也是需求分析的重要指标，如位于城市中心的标志性顶级写字楼与普通的办公楼对智能化的设计倾向就明显不同。

b. 智能小区

智能小区是继智能建筑后的又一个热点。随着智能建筑技术的发展，人们把智能建筑技术应用到了一个区域内的多座建筑物中，将智能化的功能从一座大楼扩展到一个区域，实现统一管理和资源共享，这样的区域就称为智能小区或智能园区。

从目前的发展情况看，智能小区可以分为住宅智能小区、商住智能小区、校园智能小区等。

（a）住宅智能小区（或称居民智能小区）：城市中居民居住生活的地方，小区内除有基本住宅外，还有与居住入口规模相适应的公共建筑、辅助建筑及公用服务设施。

（b）商住智能小区：由部分商业区和部分住宅区混合组成，一般位于城市中的繁华街道附近，有一边或多边是城市中的骨干道路，其两侧都是商业和贸易等性质的建筑。小区的其他边界道路或小区内部不是商业区域，而是有大量城市居民的住宅建筑。

（c）校园智能小区：小区内除了有教学、科研等公共活动需要的大型智能化建筑（如教学楼、科研楼）外，还有学生宿舍、住宅楼以及配套的公共建筑（如图书馆、体育馆）等。

目前所讲的智能小区主要是指住宅智能小区，根据中华人民共和国住房和城乡建设部在《全国住宅小区智能化技术示范工程工作大纲》中对智能小区示范工程的技术含量做出了普及型、先进型、领先型的规定，一般用星级对应为"一星级"——普及型、"二星级"——先进型、"三星级"——领先型。在功能划分上，小区智能化系统由安防系统、基础物业管理系统、信息网络系统构成，3 个等级的智能化划分标准如表 3.1 所示。

表 3.1 智能化划分标准

系统	功能组成	功能说明	一星级	二星级	三星级
安防系统	防盗报警	识别盗情，实现现场、物业管理中心、110 和预设电话同时报警	√	√	√
	防可燃气体报警	识别可燃气体泄漏，实现现场、物业管理中心、110 和预设电话同时报警	√	√	√

续表

系统	功能组成	功能说明	一星级	二星级	三星级
安防系统	防火报警	识别火情，实现现场、物业管理中心、119 和预设电话同时报警	✓	✓	✓
	可视对讲	视频、音频同步传输，自动开锁控制	✓	✓	✓
	高级防盗报警	实现等级布防、撤防和防破坏等报警功能		✓	✓
	排风系统	自动启动排风系统		✓	✓
	区域闭路电视监视	实现重要场所、主要出入口、主干道及电梯等处的区域闭路电视监视		✓	✓
	紧急呼救	人身安全受到威胁或突发疾病时，实现现场、物业管理中心、110 和预设电话同时报警		✓	✓
	电子巡更	实现可编程的定时、定点、定路线巡更，确保巡更人员安全和小区安全			✓
	门禁控制	限制外来人员进入小区、进入楼宇和乘坐电梯			✓
	家居智能化	实现家庭内部综合智能化管制			✓
基础物业管理系统	多表电子计量	采用电子技术，解决入室抄表问题	✓	✓	✓
	区域自动照明	实现道路、走廊及车库等公共场所自动照明控制	✓	✓	✓
	基础物业管理	实现给排水状态、电梯状态、车库状态、房产信息、房屋维修、小区收费等计算机化管理	✓	✓	✓
	给排水状态监控	实时检测给排水水位/水压及水泵工作状态		✓	✓
	高级区域自动照明	根据照度、时间、人的活动及其规律等多种因素自动控制照明		✓	✓
	车库自动化管理	实现车库出入口管理和闭路电视监控		✓	✓
	远程自动抄表	通过网络通信和小区物业管理中心，实现远程自动抄表			✓
	远程多表控制	通过网络通信和小区物业管理中心，实现远程自动多表控制			✓
	物业信息管理网络化	通过计算机网络体系，实现小区基础物业网上收费、查询、维护等业务			✓
	网上信息服务	提供远程医疗就诊、远程医疗监护、远程教学、网上会议等功能			✓
信息网络系统	电话线上网	能通过电话线上网	✓	✓	✓
	光纤到小区	光纤铺到小区，实现高速视频、图像和数据传输	✓	✓	✓
	光纤到楼宇	光纤铺到楼宇，实现高速视频、图像和数据传输		✓	✓
	光纤到户	光纤铺到户，实现高速视频、图像和数据传输			✓
	高速数据传输	建立高速局域网，实现信号的调整、传输			✓
	VOD 服务	提供视频点播（Video On Demand，VOD）等高速视频娱乐服务			✓

② 需求分析的范围

综合布线系统工程设计的范围就是需求分析的范围，这个范围具有信息覆盖区域和区域上有什么信息两层含义，因此需要从工程区域和信息业务种类两方面来考虑。

a. 工程区域的大小

综合布线系统的工程区域有单栋独立的智能建筑和由多栋智能建筑组成的智能建筑群两种。前者的用户信息预测只是单栋建筑的内部需要，后者则包括由多栋建筑组成的智能建筑群的内部需要。

b. 信息业务种类的多少

从智能建筑的"3A"功能来说，综合布线系统应当满足以下几个子系统的信息传输要求。

（a）语音、数据和图像通信系统。

（b）安保监控系统。

（c）楼宇自控系统。

（d）卫星电视接收系统。

（e）消防监控系统。

（5）用户需求分析的基本要求

为准确分析用户综合布线建设需求，必须遵循以下基本要求。

① 确定用户需求和性质。对用户的建设需求进行分析，确定建筑物中需要信息点的场所，也就是综合布线系统中工作区的数量，摸清各工作区的用途和使用对象，从而为准确预测信息点的位置和数量创造条件。

② 主要考虑近期需求，兼顾长远发展需求。智能建筑建造后期，建筑结构已成形，并且其功能和用户性质一般变化不大，因此，一般情况下智能建筑物内设置的满足近期需求的信息点数量和位置是固定的。建筑物内的综合布线主要是水平布线和主干布线，水平布线一般敷设在建筑物的天花板内或管道中，如果要更换或增加水平布线，则不但会损坏建筑结构，而且会影响整体美观，施工费也比初始时期更高；主干布线大多数敷设在建筑物的弱电井中，和水平布线相比，更换或扩充相对省事。为了保护建筑物投资者的利益，应采取"总体规划、分步实施，水平布线尽量一步到位"的策略。因此，在需求分析中，信息点的分布数量和位置要适当留有发展和应变的余地。

③ 多方征求意见。根据调查收集到的资料，参照其他已建成智能建筑的综合布线系统的情况，初步分析出综合布线系统所需的用户信息。将分析结果与建设单位或有关部门共同讨论分析，多方征求意见，进行必要的补充和修正，最后形成比较准确的用户需求信息报告。

（6）需求分析记录

进行综合布线需求分析时需要信息有一定的完整性，在用户沟通之前，为了确保信息能够相对细致地被掌握，可以根据项目的不同制定用户需求信息表，如表3.2所示。

表3.2　综合布线用户需求信息表

项目名称：
建设单位：

综合布线用户需求信息表			
项目	**内容**	**用户回复**	**备注**
项目性质、类型	新建/增建/改造		
	智能建筑：办公楼/商场/酒店/医院……		
	智能小区：住宅智能小区/商住智能小区/校园智能小区		
	智能小区：普及型/先进型/领先型		
	策划阶段/招标阶段/实施阶段		
综合布线等级	屏蔽系统/非屏蔽系统/光纤		
	布线等级：5e 类/6 类/6A 类/7 类		

续表

综合布线用户需求信息表			
项目	内容	用户回复	备注
综合布线等级	水平布线：5e 类/6 类/6A 类/7 类多模光纤		
	数据主干布线：5e 类/6 类/6A 类/7 类光纤		
	语音主干布线：3 类/5 类大对数电缆		
	办公区：5e 类/6 类/6A 类/7 类		
品牌倾向性	国内品牌/国际品牌		
大楼布线系统	建筑物进线间、电信间、设备间位置与平面布置		
	水平布线主路由形式：桥架/穿管/埋地		
	楼层数据信息点数量统计		
	楼层语音信息点数量统计		
	信息面板：单口/双口		
	FD 机柜安装形式：挂墙/落地		
综合布线整合其他子系统	综合布线整合那些智能化子系统（如监控系统、门禁系统、一卡通系统、数字电视系统、数字广播系统等）		

2．综合布线系统工程总体设计

在充分了解网络需求的基础上进行科学的网络布线构思、创新，对综合布线系统工程做出高屋建瓴的定位，即总体设计。总体设计是工程施工重要的依据，只有对综合布线系统进行了合理的总体设计，才有可能对各个子系统进行合理的设计。在进行总体设计时，主要应当考虑 3 个方面的问题：采用什么线缆、采用什么路由以及采用什么敷设方式。

根据传输距离和传输速率的要求，决定使用光纤还是双绞线、使用单模光纤还是多模光纤；根据建筑物的物理结构及建筑物的相对位置决定线缆敷设路由；根据室内外环境的承受能力及现有设施的利用率，决定线缆的敷设方式。从某种意义上讲，布线设计不仅能决定网络性能和布线成本，甚至能决定网络能否正常通信。例如，超 5 类线缆 UIP，通常只能支持 100MHz 的传输速率。在相距较远的建筑物间采用多模光纤，将导致建筑物间无法通信；在电磁干扰严重的场所采用 UIP，将导致设备通信失败。因此，在进行综合布线系统工程设计时，应当充分考虑各个方面的因素，并严格执行各种布线标准。

3．综合布线系统工程设计规范

一般遵循国家标准 GB 50311—2016《综合布线系统工程设计规范》的要求，结合行业其他规范来设计综合布线系统，基本原则如下。

（1）尽量将综合布线系统纳入建筑物整体规划、设计和建设之中。例如，在建筑物整体设计中完成干线子系统和配线子系统的管线设计，完成设备间和工作区信息点的定位。

（2）综合布线系统到底需要多少信息点，取决于其目标是满足智能建筑/小区的所有要求，还是仅完成语音和数据通信要求。这要综合考虑用户需求、建筑物功能、当地技术和经济的发展水平等因素，尽可能将更多的信息点纳入综合布线系统。

（3）具有长远规划思想，保持一定的先进性。综合布线是预布线，在进行综合布线系统的规划、设计时可适度超前，采用先进的概念、技术、方法和设备，做到既能反映当前水平，又具有较大的发展潜力。目前，综合布线厂商都有 15 年或 20 年的质量保证，也就是说，在这段时间内综合布线系统只要没有较大的变动就能满足通信的需求。否则因为通信技术发展很快，按摩尔定律，每 18 个月计算机运行速度增加一倍，而要一次又一次地改造综合布线系统，将会造成大量人力、物力和财力的浪费。

（4）综合布线系统应具有可扩展性。综合布线系统应采用开放式结构，应能支持语音、数据、图像（较高档次的应能支持实时多媒体图像信息的传送）及监控等系统的需要。在进行综合布线系统的设计时，应适当考虑今后信息业务种类和数量增加的可能性，预留一定的发展余地。实施后的综合布线系统将能在现在和未来适应技术的发展，实现数据、语音和楼宇自控一体化的功能需求。

（5）标准化。为了便于管理、维护和扩充，进行综合布线系统的设计时均应采用国际标准或国家标准及有关工业标准，使用基于基本标准的主流厂商的网络通信产品，未经认可的产品标准或未经产品质量检验机构鉴定合格的设备及主要材料不得在工程中使用。

（6）灵活的管理方式。综合布线系统应采用星形/树形结构和层次管理原则，同一级节点之间应避免线缆直接连通。建成的综合布线系统应能根据实际需求变化，进行各种组合和灵活配置，方便地改变网络形态，所有的网络形态都可以借助跳线实现。例如，为方便语音系统和数据系统的切换，将星形网络结构改变为总线型网络结构等。

（7）经济性。在满足上述原则的基础上，力求线路简洁、距离最短，尽可能降低成本，使有限的投资发挥最大的效用。

4. 综合布线系统工程设计步骤

设计合理的综合布线系统工程一般需要经过以下 7 个步骤。

（1）分析用户需求。

（2）获取建筑物平面图。

（3）设计系统结构。

（4）设计布线路由。

（5）论证可行性。

（6）绘制综合布线施工图。

（7）编制综合布线用料清单。

5. 结构化综合布线系统工程设计

综合布线系统中的 7 个子系统都以结构化方式进行设计。结构化综合布线系统是基于模块化子系统的概念构筑而成的，每个模块化子系统既相互独立，又相互协作，构成了一个完整的综合布线系统。结构化布线系统的每个子系统的设计和安装都独立于其他布线子系统。所有结构化布线子系统都互相连接，并以单独的布线系统的形式共同工作，这使得在不影响其他子系统的情况下可以对某个子系统进行更改，从而推进系统的发展，并增强灵活性。

结构化综合布线系统工程设计应符合下列规定。

（1）独立的需要设置终端设备的区域宜划分为一个工作区。工作区应包括信息插座模块、终端设备处的连接线缆及适配器。

（2）配线子系统应由工作区内的信息插座模块、信息插座模块至电信间配线设备的水平线缆、电信间的配线设备及设备线缆和跳线等组成。

（3）干线子系统应由设备间至电信间的主干线缆、安装在设备间的建筑物配线设备及设备线缆和跳线组成。

（4）建筑群子系统应由连接多栋建筑物之间的主干线缆、建筑群配线设备及设备线缆和跳线组成。

（5）设备间应为在每栋建筑物的适当地点进行配线管理、网络管理和信息交换的场地。综合布线系统设备间宜安装建筑物配线设备、建筑群配线设备、以太网交换机、电话交换机、计算机网络设备。入口设施也可安装在设备间内。

（6）进线间应作为建筑物外部通信网络管线的入口部位，并可作为入口设施的安装场地。

（7）管理员应对工作区、电信间、设备间、进线间中的配线设备、线缆、信息插座模块等设施按一定的模式进行标识、记录和管理。

3.2.2 认识工作区子系统

工作区子系统是指从信息插座延伸到终端设备的整个区域，即独立的需要设置端的区域。工作区可支持电话机、数据终端、计算机、电视机、监视器以及传感器等终端设备。它含有信息插座、信息模块、网卡和连接所需的跳线，并在终端设备和输入输出（Input/Output，I/O）之间进行搭接，相当于电话配线系统中连接电话机的用户线及终端部分。典型的工作区子系统如图 3.1 所示。

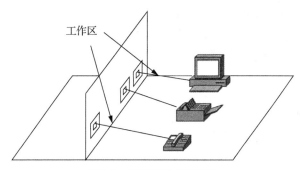

图 3.1 典型的工作区子系统

1. 工作区适配器的选用原则

工作区适配器的选用原则如下。

（1）当在设备连接器处采用不同信息插座的连接器时，可以选用专用接插电缆或适配器。

（2）当在单一信息插座上进行两项服务时，可在标准范围内选用"Y"型适配器。

（3）当在配线子系统中选用的电缆类别（介质）与设备所需的电缆类别（介质）不同时，应选用适配器。

（4）在连接使用不同信号的数模转换或数据传输速率转换等相应的装置时，应选用适配器。

（5）为了实现网络的兼容性，可选用协议转换适配器，特别是在楼宇自控的项目中，楼宇自控的信息采集点和控制点一般采用模拟信号。为了通过网络传输，需要将多个采集点连接至控制点（专用协议转换器），再由控制点通过局域网连接至上位机控制平台。

2. 信息插座的要求

信息插座是终端（工作站）与配线子系统连接的接口，其中较常用的为 RJ-45 信息插座与光纤信息插座。信息插座的要求如下。

（1）每一个工作区信息插座的模块（电、光）的数量不宜少于两个，以满足各种业务的需求。

（2）底盒数量应由插座盒面板设置的开口数确定，每一个底盒支持安装的信息点数量不宜多于两个。底盒的选择应考虑到信息模块的长度。对于平面的信息面板，信息模块端接完线缆后其长度一般会达到 30mm 以上，明装底盒的深度则最好在 36mm 以上，留有足够的盘线空间。对于 6 类以上的布线系统，进行明装布线时建议采用斜口面板，以提高底盒空间兼容性。

（3）光纤信息插座安装的底盒大小应充分考虑到水平光缆（2 芯或 4 芯）终接处的光缆盘留空间和满足光缆对弯曲半径的要求。

（4）工作区的信息插座应支持不同的终端设备接入，每一个 8 位模块通用插座应连接 1 根 4 对双绞线电缆；每一个双工或两个单工光纤连接器件及适配器应连接 1 根双芯光缆。

（5）电信间至每一个工作区的水平光缆宜按双芯光缆配置。

（6）安装在地面上的信息插座应采用防水和抗压的接线盒。

（7）信息插座需求量计算方式如下。

$m=n+n\times3\%$（其中，m 表示总需求量，n 表示信息点的总量，$n\times3\%$ 表示富余量）

3. 跳线要求

跳线要求如下。

（1）工作区连接信息插座和计算机间的跳线长度应小于 5m。

（2）跳线可订购也可现场压接。一条链路需要两条跳线，一条从配线架跳接到交换设备，另一条从信息插座连接到计算机。

（3）现场统计跳线 RJ-45 所需的数量。RJ-45 接头需求量计算方式如下。

$m=n\times4+n\times4\times5\%$（其中，$m$ 表示总需求量，n 表示信息点的总量，$n\times4\times5\%$ 表示富余量）

当然，当语音链路须从水平数据配线架跳接到语音干线 110 配线架时，还需要 1 对 RJ-45-110 跳线。

4. 用电配置要求

在综合布线工程中设计工作区子系统时，要同时考虑终端设备的用电需求。每组信息插座附近宜配备 220V 电源（三孔插座）为设备供电，暗装信息插座（RJ-45）与其旁边的电源插座应保持 20cm 以上的距离，信息插座距离地面 30cm 以上，如图 3.2 所示，工作区的电源插座应选用带保护接地的单相电源插座，保护接地与中性线应严格分开。

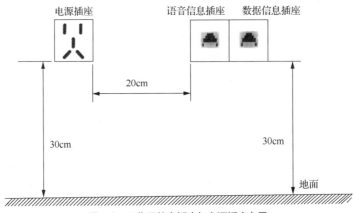

图 3.2　工作区信息插座与电源插座布局

5. 工作区子系统的设计原则

国家标准 GB 50311—2016《综合布线系统工程设计规范》对工作区子系统的设计提出了明确要求，结合实际项目设计案例，得出设计工作区子系统时一般应遵守下列设计原则。

（1）设备的连接插座应与连接电缆的插头匹配，不同的插座与插头之间互通时应加装适配器。

（2）在连接使用信号的数模转换、光电转换、数据传输速率转换等相应的装置时，应采用适配器。

（3）对于网络规程的兼容，应采用协议转换适配器。

V3-1　工作区
子系统的设计原则

（4）终端设备与适配器应安装在适当位置。各种不同的终端设备或适配器均应安装在工作区的适当位置，并应考虑现场的电源与接地。

（5）每个工作区的面积应按不同的应用功能确定。例如，单独办公室、集体办公室、会议室等的面积应按照实际应用功能进行确定。

（6）优先选用双口插座。一般情况下，信息插座宜选用双口插座。不建议选用三口或者四口插座，因为长 86mm、宽 86mm 的插座底盒内部空间很小，无法容纳和保证更多双绞线电缆的弯曲半径。

（7）信息插座距离地面高度为 30cm。在墙面安装的信息插座底距离地面高度宜为 30cm。在地面安装的信息插座必须选用金属面板，并且具有抗压、防水、防尘等功能。在学生宿舍等特殊应用情景下，信息插座也可以设置在写字台以上位置。

（8）信息插座与终端设备相距 5m 以内。信息插座与计算机等终端设备的距离宜保持在 5m 范围内，这样能够保证传输速率，减少明装布线，保持美观。

（9）信息插座中的模块与终端设备网络接口类型应一致。信息插座中的模块必须与计算机、打印机、电话机等终端设备的网络接口类型一致。例如，计算机为光模块接口时，信息插座内必须安装对应的光模块；计算机为 RJ-45 网络接口时，信息插座内必须安装对应的 RJ-45 模块。

（10）优先选用墙装信息插座。在设计中尽量优先选用墙装信息插座。一般墙面采用 86×86 系列信息插座底盒和塑料面板，成本低、免维护、安装简单快捷。地面一般选择 120×120 系列钢制信息插座底盒和铜制地弹面板，成本高，为塑料面板价格的 10～20 倍，安装要求高，维护工作量大。

（11）数量配套的原则。一般工程中普遍使用双口面板，也有使用少量的单口面板。因此，在设计时必须准确计算信息模块数量、信息插座数量、面板数量等。

（12）配置软跳线的原则。信息插座到计算机等终端设备之间的跳线一般使用软跳线，软跳线的线芯由多股铜线组成，不宜使用线芯直径在 0.5mm 以上的单芯跳线，长度一般小于 5m。

（13）配置专用跳线。工作区子系统的跳线宜使用工厂专业化生产的跳线，尽量少在现场制作跳线，这是因为在现场制作跳线时，往往会使用工程剩余的短线，而这些短线一般已经在施工过程中承受了较大拉力和进行了多次折弯，网线结构可能已经发生了很大的改变。另外，实际工程经验表明，在信道测试中影响最大的就是跳线，在 6 类、7 类布线系统中尤为明显，信道测试不合格往往是两端的跳线造成的。

（14）配置同类跳线。跳线必须与布线系统的等级和类型相配套。例如，6 类布线系统必须使用 6 类跳线，不能使用 5 类跳线；屏蔽布线系统不能使用非屏蔽跳线；光缆布线系统必须使用配套的光缆跳线。光缆跳线为室内光纤，没有铠装层和钢丝，比较柔软。国际电信联盟的标准对光缆跳线的规定是橙色表示多模跳线，黄色表示单模跳线。

3.2.3 工作区子系统设计

设计工作区子系统的一般工作流程如下。

阅读委托书→需求分析→技术交流→阅读建筑物图纸和工作区编号→初步设计方案→工程概算→初步设计方案确认→正式设计→工程预算。

1. 阅读委托书

工程的项目设计需要按照用户提供的设计委托书来进行，在设计前，必须认真研究和阅读委托书。重点了解网络综合布线项目的内容，例如，强电与水暖的布线路由和位置、建筑物用途、数据量的大小、人员构成及数量等。智能建筑项目设计委托书中，对综合布线系统的描述要求较少，这就要求设计者把与综合布线系统有关的问题整理出来，对用户进行需求分析。

2．需求分析

需求分析主要用于掌握用户的当前用途和未来扩展需求，目的是把设计对象归类，如按照写字楼、宾馆、综合办公室、生产车间、会议室、商场等类别进行归类，为后续设计确定方向和重点。

首先对整栋建筑物进行分析，了解建筑物的用途；然后分析各个楼层，掌握每个楼层的用途；最后进一步掌握每个房间及每个工作区的功能和用途，并分析工作区的信息点的数量和位置。

3．技术交流

在进行需求分析后，要与用户进行技术交流，特别是与行政负责人交流是十分必要的，这样可以进一步充分和广泛地了解用户的需求。在交流中，重点了解每个房间或者工作区的用途、工作区域、工作台位置、工作台尺寸、设备安装位置等详细信息，并且一定要涉及未来的发展需求。在交流过程中必须进行详细的书面记录，每次交流结束后要及时整理书面记录，这些书面记录是初步设计的依据。

4．阅读建筑物图纸和工作区编号

通过阅读建筑物图纸，可掌握综合布线路径上的电气设备、电源插座、暗埋管线等。

工作区信息点命名和编号是非常重要的一项工作。名称首先必须准确表达信息点的位置或者用途，要与工作区的名称相对应，这个名称从项目设计开始到竣工验收及后续维护最好一致。如果出现项目投入使用后，用户改变工作区名称或者编号的情况，则必须及时制作名称变更对应表，将其作为竣工资料保存。

5．初步设计方案

建筑物大体上可以分为商业、媒体、体育、医院、文化、学校、交通、住宅、通用工业等类型。建筑物的功能呈现多样性和复杂性，因此，对工作区面积的划分应根据应用的场合做具体的分析后确定。工作区子系统是包括办公室、写字间、作业间、技术室等需使用电话、计算机、电视机等设备的区域和相应设备的统称。

（1）工作区面积的确定

按照国家标准 GB 50311—2016《综合布线系统工程设计规范》规定，工作区应由水平布线系统的信息插座延伸到终端设备处的连接电缆及适配器。工作区面积可按 $5\sim10\ \mathrm{m}^2$ 估算，也可按不同的应用环境调整大小。工作区面积划分如表 3.3 所示。但对于应用场合，如终端设备的安装位置和数量无法确定并考虑自行设置计算机网络时，工作区面积可按区域（租用场地）面积确定，而对于 IDC 机房（数据通信托管业务机房或数据中心机房）可按生产机房每个配线架的设置区域考虑工作区面积。

表 3.3　工作区面积划分

工作区	工作区面积/m^2
网管中心、呼叫中心、信息中心等终端设备较为密集的场地	3～5
办公区	5～10
会议区、会展区	10～60
商场、生产机房、娱乐场所	20～60
体育场馆、候机室、公共设施区	20～100
工业生产区	60～200

一般来讲，工作区的电话和计算机等终端设备可用跳线直接与工作区的信息插座相连接，但当信息插座与终端连接电缆不匹配时，需要选择适配器或平衡/非平衡转换器进行转换，这样才能连接到信息插座上。信息插座是属于配线子系统的连接器件，因为它位于工作区，所以也在工作区来讨论它的

设计要求。工作区中的信息插座、跳线和适配器（选用）都有具体的要求。

（2）工作区信息点的配置

独立的需要设置终端设备的区域宜划分为工作区。每个工作区需要设置一个计算机网络数据点或者语音电话点，或按用户需要设置。每个工作区的信息点数量可按用户的性质、网络构成和需求来确定。

（3）工作区信息点点数统计表

工作区信息点点数统计表简称为点数表或点数统计表，是设计和统计信息点数量的基本工具。初步设计的主要工作是完成点数统计表的制作。初步设计的程序是在需求分析和技术交流的基础上，先确定每个房间或工作区的信息点位置和数量，再制作点数统计表。

先按照楼层，再按照房间或工作区逐层、逐房间或工作区地规划和设计网络数据、语音信息点数量；把每个房间或工作区规划的信息点数量填写到点数统计表对应的位置。每层填写完毕，就能够统计出每层的信息点数量；全部楼层填写完毕后，就能统计出建筑物的信息点数量。

点数统计表能够准确和清楚地表示及统计出建筑物的信息点数量。点数统计表利用 Microsoft Excel 软件进行制作，一般常用的表格格式为房间或工作区按列表示，楼层按行表示。

第一行为设计项目或对象的名称，第二行为房间或工作区名称，第三行为数据或语音类别，其余行为每个房间或工作区的数据或语音点数量。为了清楚和方便统计，一般为每个房间或工作区设置两行，一行为数据，另一行为语音。最后一行为合计数量。在点数统计表中，房间或工作区编号由大到小按照从左到右的顺序填写。

第一列为楼层编号，中间列为楼层或工作区的房间或工作区号。为了清楚和方便统计，一般为每个房间或工作区设置两列，一列为数据，另一列为语音。最后一列为合计数量。在点数统计表中，楼层编号由大到小按照从上往下的顺序填写。

6. 工程概算

在初步设计的基础上要给出工程概算，这个概算是指整个综合布线系统工程的造价概算，也包括工作区子系统的造价。工程概算的计算公式如下。

$$工程概算 = 信息点数量 \times 信息点的概算价格$$

例如，信息点数量为 520 个，每个信息点的概算价格按照 200 元计算，工程概算 $= 520 \times 200 = 104000$ 元。

每个信息点的概算应该包括材料费、工程费、运输费、管理费、税金等全部费用。材料应该包括机柜、配线架、配线模块、跳线架、理线环、网线、模块、底盒、面板、桥架、线槽、线管等全部材料及配件。

7. 初步设计方案确认

初步设计方案主要包括点数统计表和工程概算表两个文件。因为工作区子系统信息点数量直接决定了综合布线系统工程的造价，所以信息点数量越多，工程造价越大。工程概算的多少与选用产品的品牌和质量有直接关系，选用高质量的知名品牌时工程概算多，选用区域知名品牌时工程概算少。点数统计表和工程概算表也是综合布线系统工程设计的依据和基本文件，因此必须经过用户确认。

用户确认的一般程序如下。

整理点数统计表→准备用户确认签字文件→与用户交流和沟通→用户确认签字和盖章→设计方签字和盖章→双方存档。

用户确认文件至少一式 4 份，双方各两份。设计单位将一份存档，将另一份作为设计资料。

8. 正式设计

用户确认初步设计方案后，就必须开始进行正式设计。正式设计的主要工作为准确设计每个信息点的位置，确认每个信息点的名称或编号，核对点数统计表，最终确认信息点数量，为整个综合布线工程系统设计奠定基础。

（1）新建建筑物

根据 GB 50311—2016《综合布线系统工程设计规范》的规定，新建、改建和扩建建筑物时必须设计综合布线系统，因此建筑物的原始设计图纸中必须有完整的初步设计方案和网络系统图。必须认真研究和读懂设计图纸，特别是与弱电有关的网络系统图、通信系统图、电气图等。如果土建工程已经开始或者封顶，则必须到现场实际勘测，并且将实际效果与设计图纸进行对比。新建建筑物的信息点底盒必须暗埋在建筑物的墙内，一般使用金属底盒。

（2）旧楼增加网络综合布线系统的设计

当旧楼改造需要增加综合布线系统时，设计人员必须到现场勘察，根据现场使用情况具体设计信息插座的位置、数量。为旧楼增加的信息插座一般多为明装 86 系列插座，也可以在墙面开槽暗装信息插座。

（3）信息点安装位置

信息点安装位置宜以工作台为中心进行设计。如果工作台靠墙布置，则信息点一般设计在工作台侧面的墙面，通过网络跳线直接与工作台上的计算机连接，避免信息点远离工作台。这样网络跳线比较长，既不美观，又可能影响网络传输速率或者稳定性。信息点也不宜设计在工作台的前后位置。如果工作台布置在房间的中间位置或者没有靠墙，则信息点一般设计在工作台下面的地面，通过网络跳线直接与工作台上的计算机连接。因为地面常用地弹式信息插座，工作时盖板凸出地面，所以在设计时必须准确估计工作台的位置，避免信息点远离工作台，或者将信息点设计在通道位置，影响人员通行。

（4）信息插座安装于墙上

在分隔板位置未确定情况下，可沿房间四周的墙面，每隔一定距离，均匀地安装 RJ-45 埋入式信息插座。RJ-45 埋入式信息插座与其旁边电源插座应保持 200mm 以上的距离，信息插座和电源插座的低边沿线距地板水平面 300mm。信息模块与双绞线压接时，注意颜色标号配对，便于进行正确压接。连接方式有 T568A 和 T568B 两种，均可采用，但注意在一套系统方案中只能统一采用一种方式。如果工作台布置在房间的中间位置或者没有靠墙，则信息点一般设计在工作台下面的地面，安装于地面的金属底盒是密封、防水、防尘的，其中有些金属底盒是带有升降功能的。采用安装于地面的方法的设计安装造价较高。如果是集中或者开放办公区域，则信息点的设计应该以每个工作台和隔断为中心，将信息插座安装在地面或者隔断上。但是，当事先无法确定工作人员的办公位置时，此方案灵活性不是很好，要根据房间的用途确定位置后，做好预埋，但不适宜大量使用。

（5）信息点面板

地弹式信息插座面板一般由黄铜制造，只适合在地面安装。地弹式信息插座面板一般具有防水、防尘、抗压功能，使用时打开盖板，不使用时，盖好盖板后与地面高度相同。墙面式信息插座面板一般由塑料制造，只适合在墙面上安装，一般具有防尘功能，使用时打开防尘盖，不使用时关闭防尘盖。信息插座底盒常见的有两个规格，即墙面底盒和地面安装底盒。墙面安装底盒为长 86mm、宽 86mm 的正方形盒子，设置有 2 个 M4 螺孔，孔距为 60mm。墙面安装底盒又分为暗装底盒和明装底盒两种，暗装底盒的材料有塑料和金属材质两种，暗装底盒外观比较粗糙。明装底盒外表美观，一般由塑料注塑制成。地面安装底盒比墙面安装底盒大，为长 100mm、宽 100mm 的正方形盒子，深度为 55mm（或 65mm），设置有 2 个 M4 螺孔，孔距为 84mm，一般只有暗装底盒，由金属材质一次冲压成型，表面会做电镀处理。面板常见的形式有方形和圆形两种，方形面板长为 120mm、宽为 120mm，圆形面板的直径为 120mm。

（6）图纸设计

综合布线系统工作区信息点的图纸设计是综合布线系统设计的基础工作，将直接影响工程造价和施工难度，也将直接影响工期，因此工作区信息点的设计工作非常重要。

9. 工程预算

正式设计完毕后，所有方案已确定。可按照工程概算的公式进行工程概算。同样，工程概算中每个信息点的概算应该包括材料费、工程费、运输费、管理费、税金等全部费用。材料应该包括机柜、配线架、配线模块、跳线架、理线环、网线、模块、底盒、面板、桥架、线槽、线管等全部材料及配件。

在一般综合布线系统工程设计中，不会单独设计工作区信息点布局图，而是设计在综合网络系统图纸中。为了清楚地说明信息点的位置和设计的重要性，将在以后各节中给出常见工作区信息点的布局图。

3.2.4 工作区子系统实施

综合布线系统工作区的应用在智能建筑中随处可见，即安装在建筑物墙面或者地面的各种信息插座，有单口插座，也有双口插座。在实际工程应用中，一个网络插口为一个独立的工作区，也就是说，一个信息模块对应一个工作区，而不是一个房间为一个工作区，一个房间中往往会有多个工作区，如图 3.3 所示。如果一个插座底盒上安装了一个双口面板和两个网络插座，则标准规定为"多用户信息插座"。在工程实际应用中，为了降低工程造价，通常使用双口插座，有时为双口信息模块组成的多用户信息插座，有时为双口语音模块组成的多用户信息插座，有时为 1 口信息模块和 1 口语音模块组合成的多用户信息插座。

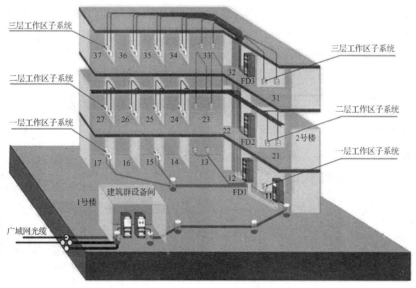

图 3.3 工作区子系统实际应用案例

1. 工作区信息插座的安装规定

工作区信息插座的安装应符合下列规定。

（1）暗装在地面上的信息插座盒应满足防水和抗压要求。

（2）工业环境中的信息插座可带有保护壳体。

（3）暗装或明装在墙体或柱子上的信息插座盒底部距地高度宜为 300mm。

（4）安装在工作台侧隔板面及临近墙面上的信息插座盒底部距地高度宜为 1.0m。

（5）信息插座模块宜采用标准 86 系列面板安装，安装光纤模块的底盒深度不应小于 60mm。

（6）集合点箱体、多用户信息插座箱体宜安装在导管的引入侧与便于维护的柱子及承重墙上等处，箱体底部距地高度宜为 500mm，当在墙体、柱子的上部或吊顶内安装时，距地高度不宜小于 1800mm。

2. 工作区电源的安装规定

工作区电源的安装应符合下列规定。

（1）每个工作区宜配置不少于 2 个单相交流 220V/10A 电源插座盒。

（2）电源插座应选用带保护接地的单相电源插座。

（3）工作区电源插座宜嵌墙暗装，高度应与信息插座一致。

（4）每个用户单元信息配线箱附近水平 70～150mm 处，宜预留设置 2 个单相交流 220V/10A 电源插座，并应符合下列规定。

① 每个电源插座的配电线路均应装设保护电器，电源插座宜嵌墙暗装，底部距地高度应与信息配线箱一致。

② 用户单元信息配线箱内应引入单相交流 220V 电源。

3. 信息插座的安装规定

工作区与水平线缆连接的信息模块需要安装位置，也就是信息插座。信息插座面板用于在信息出口位置安装固定信息模块。

（1）信息插座安装方式

信息插座按安装方式可分为墙面式信息插座、地弹式信息插座。

墙面式信息插座面板一般由塑料制造，只适合在墙面上安装，一般具有防尘功能，使用时打开防尘盖，不使用时关闭防尘盖。国内普遍采用的是 86mm×86mm 规格的正方形面板，常见的有单口、双口型号，也有四口型号，如图 3.4 所示。

地弹式信息插座面板一般由黄铜制造，只适合在地面安装。地弹式信息插座面板一般具有防水、防尘、抗压功能，使用时打开盖板，不使用时，盖好盖板后与地面高度相同，如图 3.5 所示。

图 3.4　墙面式信息插座面板

图 3.5　地弹式信息插座面板

（2）信息插座的安装规定

信息插座安装应符合下列规定。

① 信息插座模块、多用户信息插座、集合点配线模块安装位置和高度应符合设计要求。

② 安装在活动地板内或地面上时，应固定在接线盒内，插座面板采用直立和水平等形式；接线盒盖可开启，并应具有防水、防尘、抗压功能。接线盒盖面应与地面齐平。

③ 信息插座底盒同时安装信息插座模块和电源插座时，间距及采取的防护措施应符合设计要求。

④ 信息插座模块明装底盒的固定方法根据施工现场条件而定。固定螺钉需拧紧，不应产生松动现象。各种插座面板应有标识，以颜色、图形、文字表示所接终端设备类型。

⑤ 对于工作区内终接光缆的光纤连接器件及适配器，其安装底盒应具有足够的空间，并应符合设计要求。

（3）信息插座底盒的安装

信息插座底盒的安装分为明装底盒和暗装底盒两种方式。

① 明装底盒

明装底盒经常在改建、扩建工程墙面明装方式布线时使用。常见的明装底盒有白色塑料盒和金属盒两种，外形美观，表面光滑，外形尺寸比面板稍小一些，底板上有 2 个直径为 6mm 的安装孔，用于固定底座，正面有 2 个 M4 螺孔，用于固定面板，侧面预留有上下进线孔，如图 3.6 所示。

② 暗装底盒

暗装底盒一般在新建项目和装饰工程中使用。常见的暗装底盒有塑料底盒和金属底盒两种，如图 3.7 所示。

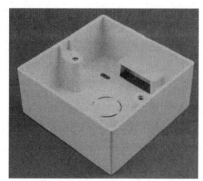

图 3.6 明装底盒

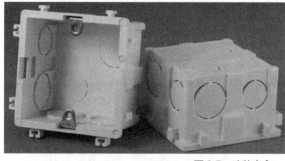

图 3.7 暗装底盒

塑料底盒一般为白色，一次注塑成型，表面比较粗糙，外形尺寸比面板小一些，常见尺寸为长 80mm、宽 80mm、深 50mm，5 面都预留有进出线孔，方便进出线，底板上有 2 个安装孔，用于固定底座，正面有 2 个 M4 螺孔，用于固定面板。

金属底盒一般一次冲压成型，表面会进行电镀处理，避免生锈，尺寸与塑料底盒的基本相同。

暗装底盒只能安装在墙面或者装饰隔断内，安装面板后就隐蔽起来了。施工中不允许把暗装底盒明装在墙面上。

暗装塑料底盒一般在土建工程施工时安装，安装时直接与线管端头连接、固定在建筑物墙内或者立柱内，外沿低于墙面 10mm，距地高度为 300mm 或者按照施工图纸规定高度安装。底盒安装好以后，必须用螺钉或者水泥砂浆固定在墙内。

在地面上安装网络插座时，盖板必须具有防水、抗压和防尘功能，一般选用 120 系列金属面板，配套的底盒宜选用金属底盒。一般金属底盒比较大，常见规格为长 100mm、宽 100mm，中间有 2 个固定面板的螺孔，5 个面都预留有进出线孔，方便进出线。地面金属底盒安装后一般应低于地面 10～20mm，注意这里的地面是指装修后的地面。

在扩建、改建和装饰工程安装信息面板时，为了美观一般采用暗装底盒，必要时要在墙面或者地面上进行开槽安装。

（4）网络插座底盒安装步骤

安装各种底盒时，一般按照下列步骤进行。

① 目视检查产品的外观是否合格。特别注意检查底盒上的螺孔是否正常，如果其中有螺孔损坏，则坚决不能使用。

② 取掉底盒挡板。根据进出线方向和位置，取掉底盒预设孔中的挡板。

③ 固定底盒。明装底盒可按照设计要求用膨胀螺钉直接固定在墙面上。暗装底盒要先使用专门的管接头把穿线管和底盒连接起来，这种专用接头的管口有圆弧，既方便穿线，又能保护线缆不会被划伤或者损坏，再用螺钉或者水泥砂浆固定底盒。

④ 成品保护。暗装底盒一般在土建过程中进行，因此在底盒安装完毕后，必须进行成品保护，特别注意保护安装螺孔。如果需要使用水泥砂浆，则为了防止水泥砂浆灌入螺孔或者线管内，一般做法是在底盒螺孔和管口塞纸团，也可以用胶带纸保护螺孔。

4. 信息模块安装

信息模块也称网络模块，主要用来连接设备，可以将各种低压电器插座或者接头安装到各种面板和接线板中。信息模块分为需打线型 RJ-45 信息模块和免打线型 RJ-45 信息模块。

（1）需打线型 RJ-45 信息模块的安装

① 首先在距离双绞线末端约 4cm 处，用旋转网络剥线钳剥除其外皮，然后用剪刀剪去外皮，如图 3.8 所示。在剥线皮的过程中要注意，线头需要放在旋转网络剥线钳的钳口处，将双绞线慢慢旋转，直至钳口将其外皮划开，再剪去外皮。

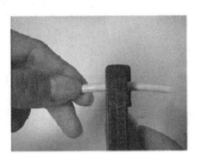

图 3.8　剥线皮

② 将剥掉外皮的线放入信息模块的凹槽内，此时有外皮部分需伸入槽内约 2mm。这里需要注意的是，一共有两种方式可以将线芯放入卡槽内。一种是将两根绞在一起的线对分开并卡到槽位上；另一种是不开绞，从线头处挤开线对，将两个线芯同时卡入相邻槽位。可根据自己的习惯灵活选择将线芯放入卡槽的方式。在凹槽内，一般会有色标和 A、B 标记，如图 3.9 所示，标记 A 表示按 T568A 标准打线，标记 B 则表示按 T568B 标准打线。

图 3.9　打线型 RJ-45 信息模块

③ 以按 T568B 标准打线为例，首先根据模块上的图标，将线与凹槽一一对应。将绿线对与橙线对两边分开放入对应的打线端口并拉紧，然后用专用单对端接工具（俗称"打线刀"）进行压制。棕色线对的扭距较大，需绞紧一圈，避免头部线缆扳直后会松开，把两对线按色标放好，再用专用单对端接工具进行压制，如图 3.10 所示。

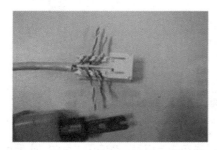

图 3.10　打线

④ 在将线对全部放入相对应的槽位后，仔细检查一遍线对的顺序是否正确。待确定无误后，再用打线刀来进行压线。压线时，打线刀需要与模块垂直，刀口向外，将每一条线芯压入槽位内后，将伸出槽位的多余线头切断。

这里在压线时对操作手势有一定的要求。使用正确的操作手势可以提高工作效率，也可以避免手受伤。正确的操作手势如下：把模块放在一张平整的工作台上，一只手紧握住模块，并用手指把线压住，另一只手先把线芯按色标要求放到位并拉紧（可以放一对打一对，也可以把线芯全放好后再打），然后拿起打线刀，握住打线刀手柄的中间，使手臂与打线刀之间成直角，将打线刀顺势往下一压即可。打线时务必选用质量有保证的打线刀，否则一旦打线失败会对信息模块造成不必要的损伤，注意打线刀切线的刀片应该放在模块的外面，而不是里面。

⑤ 模块压接好后，打线工作就进入收尾阶段了。给模块安装上保护帽，并把线板直卡入槽内，这样一个信息模块就制作完成了，如图 3.11 所示。

图 3.11　信息模块制作完成

注意事项如下。

打线要打到底，听到"咔嗒"声后方能放手，应启动旁边的切刀，在打线的同时切断线。不要使用美工刀打线，打完线后将盖子盖上，以保持长期可靠性。完整的信息模块打线步骤需要用到打线刀、旋转网络剥线钳等工具和材料，而选择品质卓越、性价比高的工具对于通信从业者来说非常重要。

⑥ 将打好的信息模块安装到信息面板上，如图 3.12 所示。

图 3.12　将信息模块安装到信息面板上

（2）免打线型 RJ-45 信息模块的安装

一般情况下布线会使用需打线型信息模块，但是布线结束后，在使用过程中，出现信息模块损坏，导致公司员工无法上网的情况，公司也没有打线的工具，怎么办呢？最好的办法就是使用免打线型信息模块。

使用免打线型 RJ-45 信息模块时无须打线就能准确、快速地完成端接，该模块没有打线柱，其中有两列各 4 个金属夹子，锁扣机构集成在扣锁帽里，色标也标注在扣锁帽后端，如图 3.13 所示。端接时，用剪刀裁出约 4cm 的线，按色标将线芯放进相应的槽位并扣上，再用钳子压一下扣锁帽即可（有些可以用手压下并锁定）。扣锁帽能够确保铜线全部端接并防止滑动，多为透明的，以方便观察线与金属夹子的咬合情况。

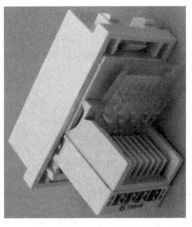
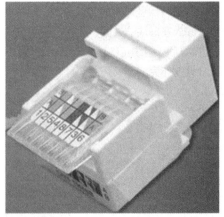

图 3.13　免打线型 RJ-45 信息模块

5. 网络跳线制作

在网络综合布线中，经常需要制作网络跳线，一般常用的线序标准为 T568B，下面介绍一下如何制作网络跳线。

V3-2 网络跳线
制作

（1）T568A 与 T568B 线序标准

TIA/EIA 布线标准中规定了两种双绞线的线序标准为 T568A 与 T568B，如图 3.14 所示。

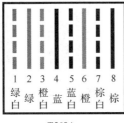

图 3.14　T568A 与 T568B 线序标准

T568A 线序标准：绿白——1，绿——2，橙白——3，蓝——4，蓝白——5，橙——6，棕白——7，棕——8。

T568B 线序标准：橙白——1，橙——2，绿白——3，蓝——4，蓝白——5，绿——6，棕白——7，棕——8。

（2）网线钳工具

可以使用网线钳工具制作网络跳线，网线钳工具如图 3.15 所示。

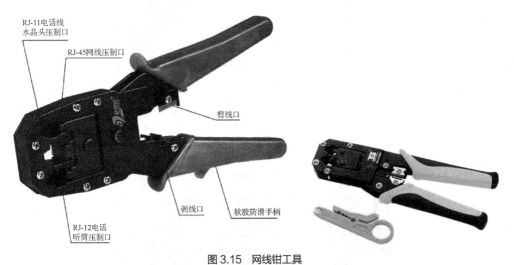

图 3.15　网线钳工具

（3）网络跳线测试工具

可以使用测线器与寻线器对制作完成的网络跳线进行连通性测试，测试器与寻线器如图 3.16 所示。

（4）网络跳线制作过程

① 截取一段适宜长度（一般为 3～5m）的网线，或者按照需要的长度截取。用网线钳的剥线口剥去 3cm 左右的网线外皮，剥去网线外皮后，露出 4 对（共 8 根）双绞线，以及一个塑料白条（有的网线中是一根很细的塑料绳），这个塑料白条用不到，需要剪掉，如图 3.17 所示。

图 3.16　测线器与寻线器

图 3.17　剥去网线外皮

② 将 4 对双绞线分开，并按照 T568B 线序标准，依次拉直并并排对齐。一定要注意线序，不能弄错，否则网线无法连通。将网线拉直、排好后，以 RJ-45 水晶头做对照，将水晶头卡槽的位置对齐网线有外皮的部分，然后看看需要剪去多少。剪去多余部分，确保将网线插入水晶头后，水晶头的卡槽可以卡住网线外皮，如图 3.18 所示。

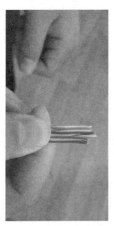

图 3.18　按照 T568B 线序标准制作网络跳线

③ 将对齐的网线插入 RJ-45 水晶头，注意一定要插紧，在水晶头金属片端可以清楚看到每根线序的金属截面，这样可以确保每根网线都与水晶头金属片在压紧的时候能够压实，如图 3.19 所示。

图 3.19　压实 RJ-45 水晶头

3.3　项目实训

1.　实训目的
（1）通过设计工作区信息点位置和数量，掌握工作区子系统的设计方法。
（2）通过预算、领取材料和工具、现场管理，掌握工程管理经验。
（3）通过信息点插座和模块安装，掌握工作区子系统的规范施工方法。通过制作网络跳线，掌握水晶头的制作方法。

2.　实训内容
（1）设计工作区信息点位置和数量，并绘制施工图。
（2）按照施工图，核算实训材料的规格和数量，掌握工程材料核算方法，列出实训材料清单。
（3）按照施工图，准备实训工具，列出实训工具清单，独立领取实训材料和工具。
（4）独立完成工作区信息点的安装。
（5）独立完成网络跳线的制作。

3.　实训过程
（1）准备实训材料和工具。86 系列明装塑料底盒若干、双口面板若干、M6 螺钉若干、RJ-45 网络模块若干、螺钉旋具若干、压线钳若干、标签若干、测线器若干、网线若干。
（2）安装底盒。
（3）安装信息模块。
（4）制作网络跳线。

4.　实训总结
（1）要求完成工作区子系统的设计。
（2）以表格形式写清楚实训材料和工具的数量、规格、用途。
（3）写出实训过程中的注意事项以及实训体会和操作技巧。

项目小结

项目包含 4 个任务。

1. 综合布线系统工程设计基本知识，主要讲解综合布线系统工程设计需求分析、综合布线系统工程总体设计、综合布线系统工程设计规范、综合布线系统工程设计步骤、结构化综合布线系统工程设计。

2. 认识工作区子系统，主要讲解工作区适配器的选用原则、信息插座的要求、跳线要求、用电配置要求、工作区子系统的设计原则。

3. 工作区子系统设计，主要讲解阅读委托书、需求分析、技术交流、阅读建筑物图纸和工作区编号、初步设计方案、工程概率、初步设计方案确认、工程预算。

4. 工作区子系统实施，主要讲解工作区信息插座的安装规定、工作区电源的安装规定、信息插座的安装规定、信息模块安装、网络跳线制作。

课后习题

1. 选择题

（1）信息插座在综合布线系统中主要用于连接（　　）。

    A. 工作区子系统与水平干线子系统　　　　B. 水平干线子系统与管理子系统

    C. 工作区子系统与管理子系统　　　　　　D. 管理子系统与垂直干线子系统

（2）工作区安装在墙面上的信息插座，一般要求距离地面（　　）以上。

    A. 20cm　　　　　　B. 30cm　　　　　　C. 40cm　　　　　　D. 50cm

（3）综合布线系统中，下列设备属于工作区的有（　　）。

    A. 配线架　　　　　B. 理线器　　　　　C. 信息插座　　　　D. 交换机或集线器

（4）（　　）也为内嵌式插座，大多为铜制，而且具有防水的功能，可以根据实际需要随时打开使用。

    A. 墙面式插座　　　B. 桌面式插座　　　C. 地弹式插座　　　D. 转换式插座

（5）布线系统的工作区如果使用 4 对非屏蔽双绞线作为传输介质，则信息插座与计算机终端设备的距离应保持在（　　）以内。

    A. 2m　　　　　　　B. 5m　　　　　　　C. 90m　　　　　　D. 100m

（6）信息插座到电信间都用水平线缆连接，从电信间出来的每一根 4 对双绞线都不能超过（　　）。

    A. 80m　　　　　　B. 90m　　　　　　C. 100m　　　　　D. 500m

（7）暗装信息插座（RJ-45）与其旁边的电源插座应保持（　　）以上的距离。

    A. 10cm　　　　　　B. 20cm　　　　　　C. 30cm　　　　　　D. 50cm

（8）【多选】信息插座通常由（　　）几部分组成。

    A. 底盒　　　　　　B. 面板　　　　　　C. 信息模块　　　　D. 网络跳线

2. 简答题

（1）简述综合布线系统工程设计需求分析。

（2）简述综合布线系统工程设计规范。

（3）简述工作区子系统的设计原则。

（4）简述工作区子系统的设计步骤和方法。

项目 4

配线子系统的设计与实施

04

知识目标

- 掌握配线子系统的概念以及配线子系统的设计规范。
- 掌握配线子系统的设计过程，内容包括需求分析、技术交流、阅读建筑物图纸、配线子系统设计原则、配线子系统线缆长度的规划和设计、CP 设置、管槽布线路由设计、管道线缆的布放根数、布线弯曲半径的要求、综合布线线缆与电力电缆的间距、综合布线线缆与电气设备的间距、综合布线线缆与其他管线的间距、电气防护和接地、防火设计原则、确定线缆的类型、线缆的选择原则、线缆的暗埋设计、线缆的明装设计、配线子系统的拓扑结构设计。

技能目标

- 掌握配线子系统 PVC 线管的安装方法。
- 掌握配线子系统 PVC 线槽的安装方法。
- 掌握配线子系统桥架的安装方法。

素养目标

- 培养学生解决实际问题的能力，树立团队协作、团队互助等意识。
- 培养工匠精神，要求做事严谨、精益求精、着眼细节、爱岗敬业。

4.1 项目陈述

综合布线系统的配线子系统也称水平子系统，是综合布线系统的一部分，一般在一个楼层上。综合布线系统中的配线子系统是计算机网络信息传输的重要依赖，采用星形拓扑结构。配线子系统施工是综合布线系统施工中工作量最大的部分，在施工完成后，不宜变更，通常采取"配线布线一步到位"的原则。因此要严格施工，以保证链路性能。

相对于干线子系统而言，配线子系统一般安装得十分隐蔽。在智能建筑交工后，该子系统很难接近，因此更换和维护水平线缆的费用很高，技术要求也很高。如果经常对水平线缆进行维护和更换，就会影响建筑内用户的正常工作，严重时会中断用户的通信。由此可见，配线子系统的管路敷设、线缆选择为综合布线系统工程中的重要环节。因此，电气工程师应掌握综合布线系统的基本知识，从施工图中领悟设计者的意图，并从实用角度出发为用户着想，减少或消除日后用户对配线子系统的更改，这是十分重要的。

4.2 知识准备

4.2.1 认识配线子系统

综合布线系统的配线子系统是指从工作区的信息插座开始到电信间子系统的配线架，由用户信息插座、水平电缆、配线设备等组成，配线子系统线缆通常沿楼层平面的地板或房间吊顶布设，如图4.1所示。

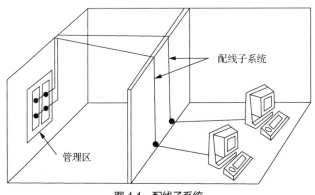

图 4.1　配线子系统

1. 配线子系统的概念

基于智能建筑对通信系统的要求，需要把通信系统设计得易于维护、更换和移动，以适应通信系统及设备未来发展的需要。配线子系统分布于智能建筑的各个角落，绝大部分通信电缆包括在这个子系统中。

配线子系统的设计涉及配线子系统的拓扑结构、布线路由、管槽设计、线缆类型选择、线缆长度确定、线缆布放、设备配置等内容。在配线子系统中往往需要敷设大量的线缆，因此如何配合建筑物装修进行配线、布线，以及布线后如何更为方便地进行线缆的维护工作，是设计过程中应注意的问题。

2. 配线子系统的设计规范

整个综合布线系统中，配线子系统是事后最难维护的子系统之一（特别是采用埋入式布线时）。因此，在设计配线子系统时，应充分考虑到线路冗余、网络需求和网络技术的发展等因素。根据综合布线标准及规范，配线子系统应根据下列原则进行设计。

V4-1　配线子系统
设计规范

（1）确定用户需求

根据工程提出的近期和远期终端设备的设置要求、用户性质、网络构成及实际需求，确定建筑物各层需要安装信息插座模块的数量及其位置，应留有扩展余地。

（2）预埋管原则

根据建筑物的结构、用途，确定配线子系统路由设计方案。配线子系统线缆宜采用吊顶、墙体内穿管或设置金属密封线槽及开放式（电缆桥架、吊挂环等）等方式进行布放。当线缆在地面布放时，应根据环境条件选用地板下线槽、网络地板、高架（活动）地板布线等安装方式。对于新建筑物优先考虑在建筑物的梁和立柱中预埋线管，在旧楼改造或者装修时，考虑在墙面刻槽埋管或者在墙面明装线槽。

（3）线缆确定与布放原则

配线子系统线缆应采用非屏蔽或屏蔽 4 对双绞线电缆，在有高速率应用的场合下，应采用室内多模或单模光缆。

1 条 4 对双绞线电缆应全部固定终接在 1 个信息插座上，不允许将 1 条 4 对双绞线电缆终接在 2 个或更多的信息插座上。一般对于基本型系统选用单个连接的 8 芯插座，增强型系统选用两个连接的 8 芯插座。

线缆布放在线管与线槽内的管径与截面利用率，应根据不同类型的线缆做不同的选择，在管内穿放大对数电缆或 4 芯以上光缆时，直线管路的管径利用率为 50%～60%。

曲线管路的管径利用率应为 40%～50%。在管内布放 4 对双绞线电缆或 4 芯光缆时，截面利用率应为 25%～30%。布放线缆在线槽内时，线槽的截面利用率应为 30%～50%。

（4）线缆最短原则

为了保证水平线缆最短原则，一般把楼层电信间设置在信息点集中的房间。对于楼道长度超过 100m，或者信息点比较密集的楼层，可以设置多个电信间，这样既能节约成本，又能降低施工难度，因为布线距离短时，线管和电缆也短，拐弯减少，布线拉力也小一些。

（5）线缆最长原则

按照国家标准 GB 50311—2016，铜缆双绞线电缆的信道长度不超过 100m，水平线缆长度一般不超过 90m。因此，在前期设计时，水平线缆最长不宜超过 90m，如图 4.2 所示。

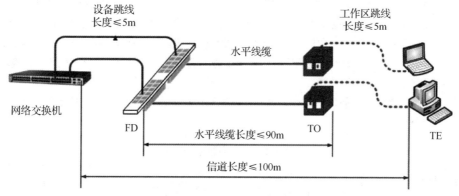

图 4.2 水平线缆和信道长度

（6）避免高温和电磁干扰原则

线缆应远离高温和有电磁干扰的场所。如果确实需要平行走线，则应保持一定的距离，一般 UTP 电缆与强电电缆的距离应大于 30cm，STP 电缆与强电电缆的距离应大于 7cm。

（7）地面无障碍原则

在设计和施工中，必须坚持地面无障碍原则。一般考虑在吊顶上布线、在楼板和墙面预埋布线等。对于电信间和设备间等需要在地面进行大量布线的场合，可以增加防静电地板，在地板下布线。同时，为了方便以后的线路管理，在线缆布设过程中应在两端贴上标签，以标明线缆的起始地和目的地。

（8）避让强电的原则

一般尽量避免水平线缆与 36V 以上强电线路平行走线。在工程设计和施工中，一般原则为网络布线避让强电布线。

（9）配线子系统的结构

星形拓扑结构是配线子系统最常用的拓扑结构之一，每个信息点都必须通过一根独立的线缆与电信间的水平架连接起来。每层楼都有一个通信水间为此楼层的各个工作区服务。为了使每种设备都连接到星形拓扑结构的配线子系统上，在信息点上可以使用外接适配器，这样有助于提高配线子系统的灵活性。图 4.3 所示为配线子系统的结构。

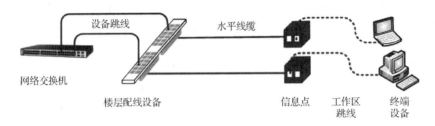

图 4.3　配线子系统的结构

（10）配线子系统的设计要点

配线子系统应根据楼层用户类别及工程提出的近、远期终端设备要求确定每层的信息点数量。在确定信息点数量及位置时，应考虑终端设备将来可能发生的移动、修改、重新安排，以便一次性建设和分期建设方案的选定。

当工作区为开放式大密度办公环境时，宜采用区域式布线方法，即从楼层配线设备上将多对数电缆布至办公区域。根据实际情况采用合适的布线方法，也可通过 CP 将线引至信息点。

水平电缆宜采用 8 芯 UTP，语音口和数据口宜采用 5 类、超 5 类或 6 类双绞线，以增强系统的灵活性。对于高传输速率应用场合，宜采用多模或单模光纤，每个信息点的光纤宜为 4 芯光纤。

信息点应为标准的 RJ-45 信息插座，并与线缆类别相对应。多模光纤插座宜采用 SC 插接形式，单模光纤插座宜采用 FC 插接形式。信息插座应在内部做固定连接，不得出现空线、空脚。在要求屏蔽的场合，信息插座必须有屏蔽措施。

每个工作区的信息点数量可根据用户性质、网络构成和需求来确定，对此进行了一些分类，供设计时参考，如表 4.1 所示。

表 4.1　信息点数量的确定

建筑物功能区	信息点数量（每个工作区）			备注
	电话	数据	光纤（双工端口）	
办公区（一般）	1 个	1 个		
办公区（重要）	1 个	2 个	1 个	对数据信息有较大需求
出租或大客户区域	2 个或以上	2 个或以上	1 个或以上	指整个区域的配置量
办公区（工程）	2~5 个	2~5 个	1 个或以上	涉及内、外网络

4.2.2　配线子系统设计

根据国家标准 GB 50311—2016，配线子系统设计的步骤一般如下：进行需求分析，与用户进行充分的技术交流和了解建筑物用途，认真阅读建筑物图纸，根据点数统计表确认信息点位置和数量，进行配线子系统线缆长度的规划和设计，确定每个信息点的配线布线路径，估算出所需线缆总长度。具体介绍如下。

1. 需求分析

需求分析是综合布线系统工程设计的首项重要工作，配线子系统是综合布线系统中最大的一个子系统。配线子系统使用的材料最多、工期最长、投资最大，也将直接决定每个信息点的稳定性和传输速率。布线距离、布线路径、布线方式和材料的选择，对后续配线子系统的施工是非常重要的，也将直接影响综合布线系统工程的质量、工期，甚至影响最终工程造价。智能建筑的每层楼的功能往往不同，甚至同一层楼不同区域的功能也不同，这就需要针对每层楼，甚至每个区域进行分析和设计。例如，地下停车场、商场、餐厅、写字楼、宾馆等所在楼层信息点的配线子系统有非常大的区别。需求分析即按照楼层进行分析，分析每层楼的设备间到信息点的布线距离、布线路径，逐步明确每个信息点的布线距离和路径。

2. 技术交流

在进行需求分析后，要与用户进行技术交流，这是非常必要的。由于配线子系统往往覆盖每层楼的立面和平面，布线路径也经常与照明线路、电气设备线路、电器插座、消防线路、暖气或者空调线路有多次交叉或者并行，因此不仅要与技术负责人交流，还要与项目负责人或者行政负责人交流。在交流中重点了解每个信息点路径上的电路、水路、气路和电气设备线路的安装位置等详细信息，并进行详细的书面记录，且必须及时整理书面记录。

3. 阅读建筑物图纸

认真阅读建筑物图纸是不能省略的步骤。通过阅读建筑物图纸，可掌握建筑物的土建结构、强电路径、弱电路径，特别是主要电气设备和电源插座的安装位置，重点掌握综合布线路径上的电气设备、电源插座、暗埋管线等。在阅读图纸时，进行记录或者标记，正确处理配线子系统的布线与电路、水路、气路和电气设备线路的直接交叉或者路径冲突问题。

4. 配线子系统的设计原则

配线子系统的设计原则如下。

（1）配线子系统水平线缆采用的非屏蔽或屏蔽 4 对双绞线电缆、室内光缆应与各工作区光、电信息插座类型相适应。

（2）每一个工作区的信息插座模块数量不宜少于 2 个，并应满足各种业务的需求。

V4-2　配线子系统
设计原则

（3）底盒数量应由插座盒面板设置的开口数确定，并应符合下列规定。

① 每一个底盒支持安装的信息点（RJ-45 模块或光纤适配器）数量不宜多于 2 个。

② 光纤信息插座模块安装的底盒大小与深度应充分考虑到水平光缆（2 芯或 4 芯）终接处的光缆预留长度的盘留空间和满足光缆对弯曲半径的要求。

③ 信息插座底盒不应作为过线盒使用。

（4）工作区的信息插座模块应支持不同的终端设备接入，每一个 8 位模块通用插座应连接 1 根 4 对双绞线电缆；每一个双工或 2 个单工光纤连接器件及适配器应连接 1 根双芯光缆。

（5）从电信间至每一个工作区的水平光缆宜按双芯光缆配置。至用户群或大客户使用的工作区域时，备份光纤芯数不应少于 2 芯，水平光缆宜按 4 芯或 2 根双芯光缆配置。

（6）连接至电信间的每一根水平线缆均应终接于 FD 处相应的配线模块，配线模块与线缆容量相适应。

（7）电信间 FD 主干侧各类配线模块应根据主干线缆所需容量要求、管理方式及模块类型和规格进行配置。

（8）电信间 FD 采用的设备线缆和各类跳线宜根据计算机网络设备的使用端口容量和电话交换系统的实装容量、业务的实际需求或信息点总数的比例进行配置，比例范围宜为 25%～50%。

5. 配线子系统线缆长度的规划和设计

配线子系统的拓扑结构通常为星形拓扑结构，FD 为主节点，各工作区信息插座为分节点，二者之间采用独立的线路相互连接，形成以 FD 为中心、向工作区信息点辐射的星形拓扑结构。使用这种结构可以对楼层的线路进行集中管理，也可以通过电信间的水平设备进行线路的灵活调整，便于线路故障的隔离以及故障的诊断。

按照国家标准 GB 50311—2016，配线子系统对线缆的长度做了统一规定。配线子系统各线缆长度划分应符合下列要求。

（1）配线子系统信道的最大长度不应大于 100m，其中，水平线缆长度不大于 90m，一端工作区设备连接跳线长度不大于 5m，另一端设备间（电信间）的跳线长度不大于 5m。如果两端的跳线长度之和大于 10m，则水平线缆长度应适当减小，以保证配线子系统信道最大长度不大于 100m，如图 4.4 所示。

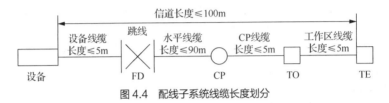

图 4.4　配线子系统线缆长度划分

（2）信道总长度不应大于 2000m。信道总长度包括综合布线系统水平线缆长度、建筑物主干线缆长度和建筑群主干线缆长度。

（3）建筑物或建筑群水平设备之间（FD 与 BD、FD 与 CD、BD 与 BD、BD 与 CD 之间）组成的信道出现 4 个连接器件时，主干线缆长度不应小于 15m。

6. CP 设置

如果需要在配线子系统施工中增加 CP，则同一个水平电缆上只允许一个 CP，而且 CP 与 FD 之间水平线缆的长度应大于 15m。

CP 的端接模块或者水平设备应安装在墙体或柱子等建筑物固定的位置，不允许随意放置在线槽或者线管内，更不允许暴露在外边。

CP 只允许在实际布线施工中应用，并规范线缆端接方式，适合解决布线施工中个别线缆穿线困难时的中间接续问题，实际施工中应尽量避免应用 CP。在前期项目设计中不允许应用 CP。

7. 管槽布线路由设计

管槽系统（包括线管和线槽）是综合布线系统的基础设施之一，对于新建建筑物，要求与建筑设计和施工同步进行。因此，在综合布线系统总体方案确定后，对于管槽系统需要预留管槽的位置和尺寸，并满足洞孔的规格和数量要求以及其他特殊工艺要求（如防火要求或与其他管线的间距要求等）。这些资料要及早提供给建筑设计单位，以便在建筑设计中一并考虑，使管槽系统能满足综合布线系统线缆敷设和设备安装的需要。

管槽系统建成后与建筑物形成一个整体，属于永久性设施。因此，管槽系统的使用年限应与建筑物的使用年限一致，这说明管槽系统的满足年限应大于综合布线系统线缆的满足年限。这样，管槽系统的规格和数量要依据建筑物的终期需要从整体和长远来考虑。

管槽系统由引入管路、电缆竖井和槽道、楼层管路（包括槽道和工作区管路）和联络管路等组成。它们的走向、路由、位置、管径和槽道的规格以及与设备间、电信间等的连接，都要从整体和系统的角度来统一考虑。此外，对于引入管路和公用通信网的地下管路的连接，也要做到互相衔接、配合协调，不应产生脱节和矛盾等现象。

对于将原有建筑改造成智能建筑而增设综合布线系统的管槽系统设计，应仔细了解建筑物的结构，从而设计出合理的垂直和水平的管槽系统。

由于布线路由遍及整座建筑物，因此布线路由是影响综合布线系统美观程度的关键。水平管槽系统的敷设方式有明敷设和暗敷设两种，通常暗敷设是指沿楼层的地板、吊顶和墙体内预埋管槽布线，而明敷设则是指沿墙面和无吊顶走廊布线。在新建的智能建筑中，应采用暗敷设方式，将原有建筑改造成智能建筑须增设综合布线系统时，可根据工程实际尽量创造条件并采用暗敷管槽系统，只有在不得已时，才允许采用明敷管槽系统。

布线就是指将线缆从楼层水平间连接到工作区的信息插座上。综合布线工程施工的对象有新建建筑、扩建（包括改建）建筑和已建建筑等，有钢筋混凝土结构、砖混结构等不同的建筑结构。因此，设计配线子系统的路由时要根据建筑物的用途和结构特点，从布线规范、便于施工、路由最短、工程造价、隐蔽、美观和扩充方便等几个方面考虑。在设计中，往往会存在一些矛盾，如考虑了布线规范却影响了建筑物的美观，考虑了路由长短却增加了施工难度。因此，设计配线子系统时必须折中考虑，对于结构复杂的建筑物一般要设计多套路由方案，通过对比、分析选取一套较佳的方案。

根据建筑物的结构、用途，确定配线子系统路由方案。新建建筑物可依据建筑图纸来确定配线子系统的路由方案。改造旧式建筑物时应到现场了解建筑物的结构、装修状况、管槽路由，然后确定合适的路由方案。档次比较高的建筑物一般会有吊顶，水平走线可在吊顶内进行。对于一般建筑物，配线子系统采用地板管道布线的方法。

8. 管道线缆的布放根数

在配线布线系统中，线缆必须安装在线槽或者线管内。

在建筑物墙面或者地面内布线时，一般使用线管，不允许使用线槽。

在建筑物墙面布线时，一般使用线槽，很少使用线管。

选择线槽时，建议宽高之比为 2：1，这样布出的线槽较为美观、大方。

选择线管时，建议使用满足布线根数需要的最小直径线管，这样能够降低布线成本。

线缆布放在线管与线槽内的管径及截面的利用率，应根据不同类型的线缆做不同的选择。在管内穿放大对数电缆或 4 芯以上的光缆时，直线管路的管径利用率应为 50%～60%，曲线管路的管径利用率应为 40%～50%。在管内穿放 4 对双绞线电缆或 4 芯光缆时，截面利用率应为 25%～35%。布放线缆的线槽的截面利用率应为 30%～50%。

常规通用线槽/桥架如表 4.2 所示。

表 4.2　常规通用线槽/桥架

线槽/桥架类型	线槽/桥架规格/mm	最多容纳双绞线条数	截面利用率
PVC	20×12	2	30%
PVC	25×12.5	4	30%
PVC	30×16	7	30%
PVC	39×19	12	30%
金属、PVC	50×25	18	30%
金属、PVC	60×30	23	30%
金属、PVC	75×50	40	30%
金属、PVC	80×50	50	30%
金属、PVC	100×50	60	30%
金属、PVC	100×80	80	30%
金属、PVC	150×75	100	30%
金属、PVC	200×100	150	30%

常规通用线管如表 4.3 所示。

表 4.3　常规通用线管

线管类型	线管规格/mm	最多容纳双绞线条数	截面利用率
金属、PVC	16	2	30%
PVC	20	3	30%
金属、PVC	25	5	30%
金属、PVC	32	7	30%
PVC	40	11	30%
金属、PVC	50	15	30%
金属、PVC	63	23	30%
PVC	80	30	30%
PVC	100	40	30%

9. 布线弯曲半径的要求

在布线中，如果线缆不能满足最低弯曲半径的要求，则线缆的缠绕节距会发生变化。严重时，线缆可能会损坏，将直接影响传输性能。线缆的弯曲半径应符合下列规定。

（1）4 对非屏蔽电缆的弯曲半径应至少为电缆外径的 4 倍。

（2）4 对屏蔽电缆的弯曲半径应至少为电缆外径的 8 倍。

（3）主干双绞线电缆的弯曲半径应至少为电缆外径的 10 倍。

（4）双芯或 4 芯水平光缆的弯曲半径应大于 25mm。

（5）其他芯数的水平光缆、主干光缆和室外光缆的弯曲半径应不小于光缆外径的 10 倍。

（6）光缆容许的最小弯曲半径在施工时应当不小于光缆外径的 20 倍，施工完毕后应当不小于光缆外径的 15 倍。

管线敷设允许的弯曲半径如表 4.4 所示。

表 4.4　管线敷设允许的弯曲半径

线缆类型	弯曲半径/mm
4 对非屏蔽电缆	不小于电缆外径的 4 倍
4 对屏蔽电缆	不小于电缆外径的 8 倍
大对数主干电缆	不小于电缆外径的 10 倍
双芯或 4 芯室内光缆	大于 25
其他芯数和主干室内光缆	不小于光缆外径的 10 倍
室外光缆、电缆	不小于线缆外径的 20 倍

10. 综合布线线缆与电力电缆的间距

配线子系统中，经常出现综合布线线缆与电力电缆平行布放的情况。为了减少电力电缆电磁场对综合布线系统的影响，综合布线线缆与电力电缆接近布线时，必须保持一定的距离。在国家标准GB 50311—2016 中，综合布线线缆与电力电缆的间距规定如表 4.5 所示。

表 4.5　综合布线线缆与电力电缆的间距规定

类别	与综合布线接近状况	最小间距/mm
380V 以下电力电缆＜2kV·A	与线缆平行敷设	130
	有一方在接地的金属线槽或钢管中	70
	双方都在接地的金属线槽或钢管中	10

续表

类别	与综合布线接近状况	最小间距/mm
380V 电力电缆 2~5kV·A	与线缆平行敷设	300
	有一方在接地的金属线槽或钢管中	150
	双方都在接地的金属线槽或钢管中	80
380V 电力电缆＞5kV·A	与线缆平行敷设	600
	有一方在接地的金属线槽或钢管中	300
	双方都在接地的金属线槽或钢管中	150

11. 综合布线线缆与电气设备的间距

综合布线线缆与附近可能产生高电平电磁干扰的电动机、电力变压器、射频应用设备等电气设备之间应保持必要的间距。为了减少电气设备电磁场对综合布线系统的影响，综合布线线缆与这些电气设备之间必须保持一定的距离。国家标准 GB 50311—2016 中的综合布线线缆与配电箱、变电室、电梯机房、空调机房之间的最小净距规定如表 4.6 所示。

表 4.6 综合布线线缆与电气设备的最小净距规定

名称	最小净距/m	名称	最小净距/m
配电箱	1	电梯机房	2
变电室	2	空调机房	2

当墙壁电缆敷设高度超过 6000mm 时，与避雷引下线的交叉间距应按下式计算。

$$S \geqslant 0.05L$$

式中，S 表示交叉间距；L 表示交叉处避雷引下线距地面的高度。

12. 综合布线线缆与其他管线的间距

墙上敷设的综合布线线缆及管线与其他管线的间距规定如表 4.7 所示。

表 4.7 墙上敷设的综合布线线缆及管线与其他管线的间距规定

其他管线	平行净距/mm	垂直交叉净距/mm
保护地线	50	20
给水管	150	20
压缩空气管	150	20
煤气管	300	20
防雷专设引下线	1000	300
热力管（包封）	300	300
热力管（不包封）	500	500

13. 电气防护和接地

电气防护和接地设计原则如下。

（1）综合布线系统应远离高温和有电磁干扰的场所，根据环境条件选用相应的线缆和配线设备或采取防护措施，并应符合下列规定。

① 当综合布线区域内存在的电磁干扰场强低于 3V/m 时，宜采用非屏蔽电缆和非屏蔽配线设备。

② 当综合布线区域内存在的电磁干扰场强高于或等于 3V/m，或用户对电磁兼容性有较高要求时，可采用屏蔽布线系统和光缆布线系统。

③ 当综合布线路由上存在干扰源，且线缆不能满足最小净距要求时，宜采用金属导管和金属槽盒敷设，或采用屏蔽布线系统及光缆布线系统。

④ 当局部地段与电力线或其他管线接近，或接近电动机、电力变压器等干扰源，且线缆不能满足最小净距要求时，可采用金属导管或金属槽盒等局部措施加以屏蔽处理。

（2）在建筑物电信间、设备间、进线间及各楼层通信竖井内均应设置局部等电位联结端子板。

（3）综合布线系统应采用建筑物共用接地的接地系统。当必须单独设置系统接地体时，其接地电阻不应大于 4Ω。当布线系统的接地系统中存在两个不同的接地体时，其接地电位差不应大于 1Vr.m.s。

（4）配线柜接地端子板应采用两根不等长度且截面不小于 $6mm^2$ 的绝缘铜线接至就近的等电位联结端子板。

（5）屏蔽布线系统的屏蔽层应保持可靠连接、全程屏蔽，在屏蔽配线设备安装的位置应就近与等电位联结端子板可靠连接。

（6）综合布线线缆采用金属导管和金属槽盒敷设时，其应保持连续的电气连接，并应有不少于两点的良好接地。

（7）当将线缆从建筑物外引入建筑物时，电缆、光缆的金属护套或金属构件应在入口处就近与等电位联结端子板连接。

（8）当将线缆从建筑物外引入建筑物时，应选用适配的信号线路浪涌保护器。

14. 防火设计原则

防火设计原则如下。

（1）根据建筑物的防火等级对线缆燃烧性能的要求，在线缆选用、布放方式及安装场地等方面应采取相应的措施。

（2）为综合布线系统选用电缆、光缆时，应从建筑物的高度、面积、功能、重要性等方面加以综合考虑，选用相应等级的阻燃线缆。

15. 确定线缆的类型

要根据综合布线系统所包含的应用系统来确定线缆的类型。

对于计算机网络和电话语音系统，可以优先选择 4 对双绞线电缆；对于屏蔽要求较高的场合，可选择 4 对 STP 电缆；对于屏蔽要求不高的场合，应尽量选择 4 对 UTP 电缆；对于有线电视系统，应选择 75Ω 的同轴电缆；对于要求传输速率高或保密性高的场合，应选择室内光缆。

16. 线缆的选择原则

线缆的选择原则如下。

（1）线缆的系统应用。

① 同一布线信道及链路的线缆和连接器件应保持系统等级与阻抗的一致性。

② 综合布线系统工程的产品类别及链路、信道等级的确定应综合考虑建筑物的功能、应用网络、业务终端类型、业务的需求及发展、性能与价格、现场安装条件等因素。

③ 综合布线系统光纤信道应采用标称波长为 850nm 和 1300nm 的多模光纤及标称波长为 1310nm 和 1550nm 的单模光纤。

④ 单模和多模光纤的选用应符合网络的构成方式、业务的互通互联方式及光纤在网络中的应用传输距离等的需求。楼内宜采用多模光纤，建筑物之间宜采用多模或单模光纤，需直接与电信业务经营者相连时宜采用单模光纤。

⑤ 为保证传输质量，水平设备连接的跳线宜选用产业化制造的各类跳线，在电话应用时宜选用双芯双绞线电缆。

⑥ 工作区信息点为电端口时，宜采用 8 位模块通用插座（RJ-45），为光端口时，宜采用 SFF 及适

配器。

⑦ FD、BD、CD 水平设备应采用 8 位模块通用插座或卡接式水平模块（多对、25 对及回线型卡接模块）和光纤连接器件及光纤适配器（单工或双工的 ST、SC 及适配器）。

⑧ CP 安装的连接器件应选用卡接式水平模块，或 8 位模块通用插座，或各类光纤连接器件和适配器。

（2）屏蔽布线系统。

① 综合布线区域内存在的电磁干扰场强高于 3V/m 时，宜采用屏蔽布线系统。

② 用户对电磁兼容性有较高的要求（防电磁干扰和防信息泄露）时，或出于网络安全保护的需要，宜采用屏蔽布线系统。

③ 采用非屏蔽布线系统无法满足安装现场条件对线缆的间距要求时，宜采用屏蔽布线系统。

④ 屏蔽布线系统采用的电缆、连接器件、跳线、设备电缆都应是屏蔽的，并应保持屏蔽层的连续性。

17. 线缆的暗埋设计

配线子系统的线缆在新建建筑物中宜采取暗埋设计。暗管的转弯角度应大于 90°，路径上每根暗管的转弯角度不得多于 2 个，并不应有 S 弯出现，有弯头的管段长度超过 20m 时，应设置过线盒；在有 2 个弯，且有弯头的管段长度不超过 15m 时应设置过线盒。

设置墙面的信息点布线路径时宜暗埋钢管或 PVC 管，对于信息点较少的区域，管线可以直接敷设到楼层的设备间机柜内；对于信息点较多的区域，先将每个信息点管线分别敷设到楼道或者吊顶上，然后集中在楼道或者吊顶上安装线槽或者桥架。

在新建公共建筑物墙面埋管一般有以下两种做法。

第一种做法是从墙面插座向上垂直埋管到横梁，然后在横梁内埋管到楼道本层墙面出口，如图 4.5 所示。

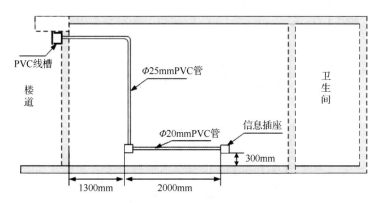

图 4.5　在同层配线子系统埋管

第二种做法是从墙面插座向下垂直埋管到横梁，然后在横梁内埋管到楼道下层墙面出口，如图 4.6 所示。

如果同一个墙面的单面或者两面插座比较多，则水平插座之间串联埋管。这两种做法管线拐弯少，不会出现 U 形或者 S 形路径，土建施工简单，土建中不允许沿墙面斜角埋管。

对于信息点比较密集的网络中心、运营商机房等区域，一般敷设防静电地板，在地板下安装线槽，布线到网络插座。

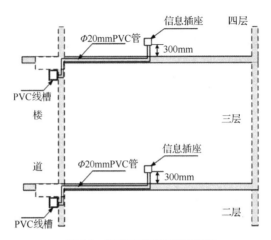

图 4.6　在不同层配线子系统埋管

18. 线缆的明装设计

对住宅楼、老式办公楼、厂房进行改造或者需要增加布线时，一般采取明装布线方式。对学生公寓、教学楼、实验楼等信息点比较密集的建筑物一般采取隔墙暗埋管线、楼道明装线槽的方式（工程上也称暗管明槽方式）或者桥架的方式增加布线。

为住宅楼增加布线常见的做法如下：将机柜安装在每个单元的中间楼层，然后沿墙面安装 PVC 线管或者线槽到每户入户门上方的墙面固定插座。使用线槽可使外表美观、施工方便，但是线槽安全性比较差；线管安全性比较好。

采取明装布线方式时，宜选择 PVC 线槽，线槽盖板边缘最好是直角，特别是在北方地区不宜选择斜角盖板，斜角盖板容易落灰，影响美观。

采取暗管明槽方式布线时，每个暗管在楼道的出口高度必须相同，这样暗管与明装线槽直接连接，布线方便且美观，如图 4.7 所示。

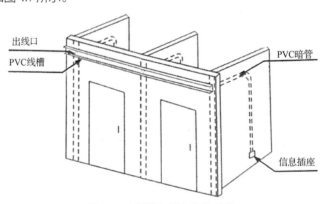

图 4.7　在楼道内明装 PVC 线槽

在楼道内采取桥架的方式布线时，桥架应该紧靠墙面，高度低于墙面暗管口，直接将从墙面出来的线缆引入桥架，如图 4.8 所示。

19. 配线子系统的拓扑结构设计

配线子系统的拓扑结构一般为星形拓扑结构，分为传统系统和新型系统拓扑结构。

（1）使用 110 配线架、语音配线架和网络配线架的传统系统拓扑结构

传统的配线子系统的拓扑结构为星形拓扑结构，如图 4.9 所示。每个信息点过来的双绞线电缆，首

先必须端接 110 配线架的模块下层，完成永久链路端接，然后从 110 配线架的模块上层，分别端接到
110 配线架或网络配线架，最后用跳线分别连接语音交换机或网络交换机。

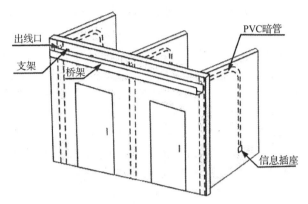

图 4.8　在楼道内采取桥架的方式布线

配线子系统中专门增加的 110 通信配线架，能够实现数据信息点和语音信息点之间的快捷转换，
不需要改变永久链路，只需要在电信间改变跳线的端接位置。

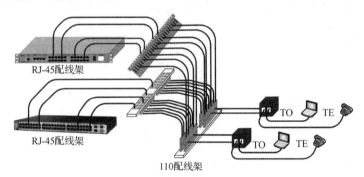

图 4.9　使用 110 配线架、语音配线架和网络配线架的传统系统拓扑结构

（2）使用网络配线架的新型系统拓扑结构

近年来发达国家普遍使用的配线子系统的拓扑结构也是星形拓扑结构，如图 4.10 所示。其不再使
用 110 通信跳线架，而是全部使用网络配线架，每个信息点过来的 4 对双绞线电缆全部端接到第 1 个
网络配线架，然后分别端接到第 2 个网络配线架，分别用网络跳线连接网络交换机或语音交换机，当
然，这种情况下的语音交换机必须是 RJ-45 接口的。

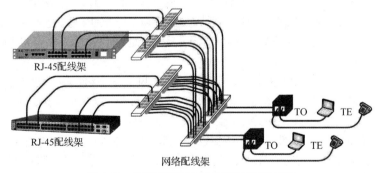

图 4.10　使用网络配线架的新型系统拓扑结构

4.2.3　配线子系统实施

国家标准 GB 50311—2016《综合布线系统工程设计规范》对配线子系统线缆的布放工艺提出了具体要求。GB 50311—2016 中规定，配线子系统永久链路的长度不能超过 90m，只有个别信息点的布线长度会接近这个最大长度，一般设计的平均长度都在 60m 左右。在实际工程应用中，因为拐弯、中间预留、线缆缠绕、强电避让等原因，布线长度往往会超过设计长度。例如，土建墙面的埋管一般是直角拐弯，实际布线长度比斜角的要大一些，因此在计算工程用线总长度时，要考虑一定的余量。

1. 配线子系统 PVC 线管施工

建筑设计院提供的综合布线系统工程设计图中，只会规定基本的安装施工布线的路由和要求，一般不会把每根管路的直径和准确位置标记出来。这就要求在现场实际工作中，根据信息点的具体位置和数量，确定线管直径和准确位置。

在预埋线管和穿线时一般遵守以下原则。

（1）埋管最大外径原则

预埋在墙体中的暗管的最大管外径不宜超过 50mm，预埋在楼板中的暗管的最大管外径不宜超过 25mm，室外管道进入建筑物的最大管外径不宜超过 100mm。

（2）穿线数量原则

不同规格的线管，根据拐弯的多少和穿线长度的不同，管内布放线缆的最大条数也不同。如果线管内穿线太多，则会造成拉线困难；如果穿线太少，则会增加布线成本，这就需要根据现场实际情况确定穿线数量。

（3）保证管口光滑和安装护套原则

在钢管现场截断和安装施工中，两根钢管对接时必须保证同轴度和管口整齐，没有错位，焊接时不要焊透管壁，避免在管内形成焊瘤。钢管内的毛刺、错口必须处理得当，管内的焊渣、垃圾等必须清理干净，否则会影响穿线，甚至损伤线缆的护套或内部结构。

暗管一般会在现场用切割机裁断，如果裁断得太快，则管口会出现大量毛刺，这些毛刺非常容易划破电缆的护套，因此必须对管口进行去毛刺处理，保持截断端面的光滑。

与插座底盒连接的钢管出口需要安装专用的护套，保护穿线时顺畅，不会划破线缆。这一点非常重要，在施工中要特别注意。

（4）保证弯曲半径原则

暗管一般使用 Φ16mm 或 Φ20mm 的线管，Φ16mm 管内最多穿 2 条双绞线，Φ20mm 管内最多穿 3 条双绞线。金属管一般使用专门的弯管器成型，拐弯半径比较大，能够满足双绞线对弯曲半径的要求。墙内暗埋 Φ16mm、Φ20mmPVC 布线管时，要特别注意拐弯处的弯曲半径。宜用弯管器现场制作大弧度拐弯的弯头连接，这样既能保证线缆的弯曲半径，又能方便、轻松拉线，降低布线成本，保护线缆结构。

布线施工中穿线和拉线时线缆拐弯弯曲半径往往是最小的，一个不符合弯曲半径原则的拐弯经常会破坏整段线缆的内部物理结构，甚至严重影响永久链路的传输性能，使得竣工测试中永久链路的多项测试指标不合格，且这种影响经常是永久性的、无法恢复的。

在布线施工拉线过程中，线缆应与管中心线尽量保持为一致方向，如图 4.11 所示。以现场允许的最小角度按照 A 方向或者 B 方向拉线，保证线缆没有拐弯，保持整段线缆的弯曲半径比较大，这样不仅施工轻松，还能够避免线缆护套和内部结构被破坏。

在布线施工拉线过程中，线缆不要与管口形成 90°拉线，如图 4.12 所示。否则会在管口形成 1 个90°的拐弯，这样不仅会使施工拉线困难、费力，还容易破坏线缆护套和内部结构。

在布线施工拉线过程中，必须坚持直接手持拉线，不允许将线缆缠绕在手中或者工具上拉线，也不允许用钳子夹住线缆中间拉线，这样操作时缠绕部分的弯曲半径会非常小，夹持部分结构变形，会直接破坏夹持部分线缆内部结构（结构会变形）或者护套。

如果遇到线缆距离很长或拐弯很多，直接手持拉线非常困难，则可以将线缆的端头绑扎在穿线器端头或铁丝上，用力拉穿线器或铁丝。线缆穿好后将受过绑扎部分的线缆剪掉。

穿线时，一般从信息点向楼道或楼层机柜穿线，一端拉线，另一端必须有专人放线和护线。保持线缆在管入口处的弯曲半径比较大，避免线缆在管入口或者箱内弯折形成死结或者弯曲半径很小。

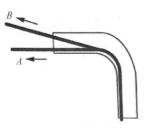

图 4.11　正确拉线

图 4.12　不正确拉线

（5）横平竖直原则

土建预埋管一般在隔墙和楼板中，为了垒砌隔墙方便，一般按照横平竖直原则安装线管，不允许将线管倾斜放置。如果在隔墙中倾斜放置线管，则需要异型砖，否则会影响施工进度。

（6）平行布管原则

平行布管是指同一走向的线管应遵循平行原则，不允许出现交叉或者重叠，如图 4.13 所示。

因为智能建筑的工作区信息点非常密集，楼板和隔墙中有许多线管，所以必须合理布局这些线管，避免出现线管重叠。

图 4.13　平行布管

（7）线管连续原则

线管连续原则是指从插座底盒至楼层电信间之间的整个布线路由的线管必须连续，如果出现一处不连续则将无法穿线。特别是在用 PVC 管布线时，要保证管接头处的线管连续、管内光滑，以方便穿线，如图 4.14 所示。如果 PVC 管留有较大的间隙，管内有台阶，则将来穿丝和布线会困难，如图 4.15 所示。

（8）拉力均匀原则

配线子系统路由的暗管比较长，大部分为 20～50m，有时可能长达 80～90m，其间还有许多拐弯，布线时需要用较大的拉力才能把线缆从插座底盒拉到电信间。穿线时应该慢速而又平稳地拉线，拉力太大时，会破坏双绞线电缆的结构和一致性，引起线缆传输性能下降。拉力过大还会使线缆内的扭绞线对层数发生变化，严重影响线缆抗噪声的能力，从而导致线对扭绞松开，甚至可能对导体造成破坏。

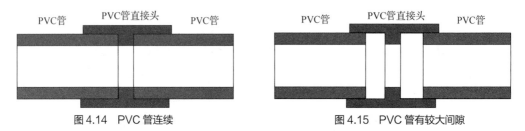

图 4.14　PVC 管连续　　　　　　　　　　　图 4.15　PVC 管有较大间隙

4 对双绞线允许的最大拉力为一根 100N，2 根为 150N，3 根为 200N，n 根拉力为（$n \times 5 + 50$）N，不管是有多少根线对的电缆，最大拉力均不能超过 400N。

（9）预留长度合适原则

布放线缆时应该考虑两端的预留，方便理线和端接。电信间的电缆预留长度一般为 3～6m，工作区的电缆预留长度一般为 0.3～0.6m；光缆在设备端预留长度一般为 5～10m。有特殊要求的应按设计要求预留长度。

（10）规避强电原则

在配线子系统布线施工中，必须考虑与电力电缆之间的距离，不仅要考虑在墙面上明装的电力电缆，更要考虑在墙内暗装的电力电缆。

（11）穿牵引钢丝原则

土建埋管后，必须穿牵引钢丝，以方便后续穿线。

穿牵引钢丝的步骤如下：把钢丝一端用尖嘴钳弯曲成一个 $\Phi 10mm$ 左右的小圈，这样做是为了防止钢丝在 PVC 管内弯曲，或者在接头处被顶住。

把钢丝从插座底盒内的 PVC 管端往里面送，一直到从另一端出来。把钢丝两端折弯，防止钢丝缩回管内。穿线时用钢丝把电缆拉出来。

（12）管口保护原则

在敷设钢管或者 PVC 管时，应该采取措施保护管口，防止水泥砂浆或者垃圾进入管口堵塞管道，一般用塞头封住管口，并用胶布绑扎牢固。

2. 配线子系统 PVC 线槽施工

在一般小型工程中，有时采取暗管明槽布线方式，在楼道内使用较大的 PVC 线槽代替金属桥架，不仅成本低，还比较美观。配线子系统在楼道墙面宜安装比较大的塑料线槽，例如，宽度为 60mm 或 100mm 或 150mm 的白色 PVC 线槽，具体线槽高度必须按照需要容纳双绞线的数量来确定。选择常用的标准线槽规格，不要选择非标准线槽规格。安装方法是首先根据各个房间信息点管出口在楼道内的高度，确定楼道大线槽安装高度并且画线，其次按照每米 1 或 2 处将线槽固定在墙面上，楼道线槽宜遮盖墙面管出口，并在线槽遮盖的管出口处开孔，如图 4.16 所示。如果各个信息点管出口在楼道高度偏差太大，则宜将线槽安装在管出口的下边，将双绞线通过弯头引入线槽，这样施工方便，外形美观，如图 4.17 所示。

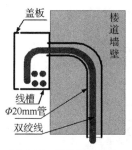

图 4.16　线槽安装方式一

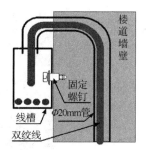

图 4.17　线槽安装方式二

（1）PVC 线槽固定要求

安装线槽前，首先在墙面上测量并标出线槽的位置，在建工程以 1m 线为基准，保证水平安装的线槽与地面或楼板平行，垂直安装的线槽与地面或楼板垂直，没有可见的偏差。

采用托架时，一般相隔 1m 左右安装一个托架。固定线槽时，一般相隔 1m 左右安装固定点。

固定点是指在线槽内固定的地方，有直接向水泥中钉螺钉和先打塑料膨胀管再钉螺钉两种固定方式。根据线槽规格的大小，建议如下。

① 25mm×20mm～30mm 规格的线槽，一个固定点应有 2 或 3 个固定螺钉，并水平排列。

② 25mm×30mm 以上规格的线槽，一个固定点应有 3 或 4 个固定螺钉，螺钉呈梯形状，使线槽受力点分散分布。

除固定点外，应每隔 1m 左右钻 2 个孔，用双绞线穿入，待布线结束后，把所布双绞线绑扎起来。

（2）线槽的弯曲半径

线槽拐弯处也有弯曲半径问题。直径为 6mm 的双绞线电缆在线槽中最大弯曲情况和布线最大弯曲半径值为 45mm（直径为 90mm），布线弯曲半径与双绞线外径的最大倍数为 45/6 = 7.5 倍。这就要求在安装双绞线电缆时靠线槽外沿，保持最大的弯曲半径，如图 4.18 所示。

特别强调，在线槽中安装双绞线电缆时必须在水平部分预留一定的余量，且不能再拉伸电缆。如果没有余量，那么拉伸电缆后，就会改变拐弯处的弯曲半径，如图 4.19 所示。

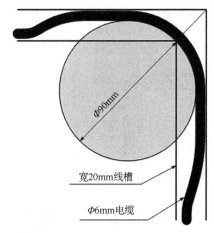

图 4.18　双绞线电缆靠线槽外沿

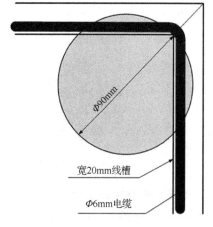

图 4.19　改变拐弯处的弯曲半径

（3）PVC 线槽配件

在施工过程中，一般是现场自制弯头，但在线槽拐弯处的盖板一般使用成品弯头，一般有阳角、阴角、平弯、三通、堵头、接头等配件，如图 4.20 所示。

图 4.20　PVC 线槽配件

（4）PVC 线槽安装

为 PVC 线槽布线时，先将线缆放到线槽中，边布线边装盖板，拐弯处保持线缆有比较大的弯曲半径。在转弯处使用盖板时，需使用 PVC 线槽弯头。图 4.21 所示为弯头和三通安装示意。完成盖板安装后，不要再拉线，否则会改变线槽拐弯处的线缆弯曲半径。

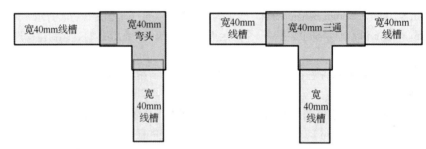

图 4.21　弯头和三通安装示意

在实际工程施工中，因为准确计算这些配件非常困难，所以一般是现场自制弯头，这样不但能够降低材料费，而且外形美观，方便实用。现场自制弯头时，要求接缝间隙小于 1mm，这样比较美观。图 4.22 所示为水平弯头制作示意，图 4.23 所示为阴角弯头制作示意。

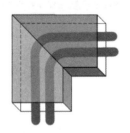

图 4.22　水平弯头制作示意

图 4.23　阴角弯头制作示意

3. 配线子系统桥架安装施工

在建筑物综合布线施工过程中，配线子系统桥架安装方式分为桥架吊装和桥架壁装两种。

（1）桥架吊装

吊顶上架空线槽布线由楼层电信间引出来的线缆先走吊顶内的线槽到各房间后，经分支线槽从槽式电缆管道分叉后将电缆穿过一段支管引向墙壁，沿墙而下到

V4-3　配线子系统
桥架安装施工

房间内信息插座，如图 4.24 所示。

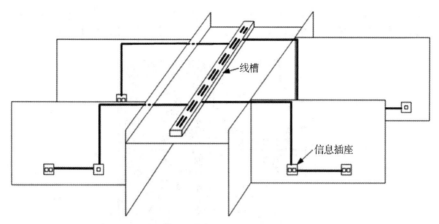

图 4.24　桥架吊顶线槽施工示意

在楼板吊装桥架时，首先确定桥架安装高度和位置，并且安装膨胀螺栓和桥架吊杆，其次安装桥架挂板和钢桥架，同时将钢桥架固定在桥架挂板上，最后在桥架开孔和布线，如图 4.25 所示。将线缆引入桥架时，必须穿保护管，并且保持比较大的弯曲半径。

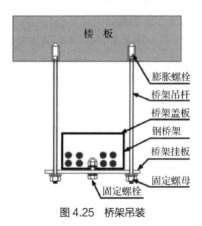

图 4.25　桥架吊装

（2）桥架壁装

桥架壁装施工示意如图 4.26 所示。配线子系统明装线槽时要保持线槽水平，必须确定统一高度。

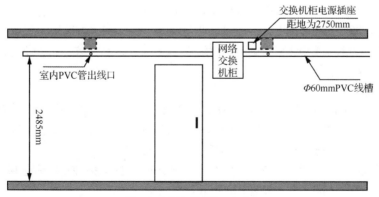

图 4.26　桥架壁装施工示意

在楼道墙面安装桥架时，安装方法也是首先根据各个房间信息点出线管口在楼道内的高度，确定楼道桥架安装高度并画线，其次按照每米 2 或 3 个安装 L 形支架或者三角形支架。桥架支架安装完毕后，用固定螺栓将桥架固定在每个桥架支架上，并在桥架对应的管出口处开孔，如图 4.27 所示。

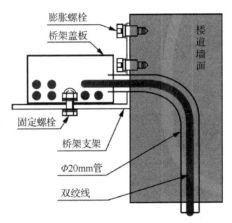

图 4.27　桥架壁装

如果各个信息点管出口在楼道内的高度偏差太大，则也可以将桥架安装在管出口的下边，将双绞线通过弯头引入桥架，这样施工方便，外形美观。

4.3　项目实训

4.3.1　安装配线子系统 PVC 线管

1. 实训目的
（1）通过配线子系统布线路径和距离的设计，熟练掌握配线子系统的设计。

（2）通过线管的安装和穿线等，熟练掌握配线子系统的施工方法。

（3）通过使用弯管器制作弯头，熟练掌握弯管器的使用方法和布线弯曲半径的要求。

（4）通过核算、列表、领取材料和工具，训练规范施工的能力。

2. 实训内容
（1）设计一种配线子系统的布线路径，并且绘制施工图。

（2）按照施工图，核算实训材料规格和数量，掌握工程材料核算方法，列出实训材料清单。

（3）按照施工图，准备实训工具，列出实训工具清单，独立领取实训材料和工具。

（4）独立完成配线子系统线管的安装和布线，掌握 PVC 管卡和 PVC 管的安装方法及技巧，掌握 PVC 管弯头的制作方法。

3. 实训过程
（1）使用 PVC 线管设计从信息点到楼层机柜的配线子系统，并且绘制施工图，如图 4.28 所示。

（2）按照施工图，核算实训材料规格和数量，掌握工程材料核算方法，列出实训材料清单。

（3）按照施工图，列出实训工具清单，领取实训材料和工具。

（4）在需要的位置安装管卡，并安装 PVC 管。两根 PVC 管连接处使用成品管接头，拐弯处必须使用弯管器制作大弧度拐弯弯头，如图 4.29 所示。

（5）明装布线时，边布管边穿线。暗装布线时，先把全部管和接头安装到位，并固定好，再从一端向另一端穿线。

（6）布管和穿线后，必须做好线标。

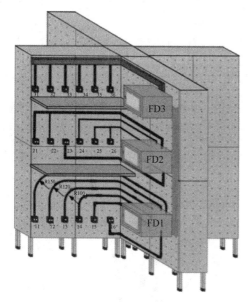

图 4.28　绘制施工图

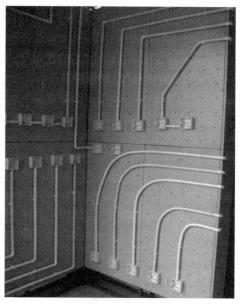

图 4.29　大弧度拐弯弯头

4. 实训总结

（1）设计配线子系统施工图。

（2）列出实训材料和工具的规格、型号、数量。

（3）了解配线子系统布线施工程序和要求。

（4）使用弯管器制作大弧度拐弯弯头的方法和经验。

4.3.2　安装配线子系统 PVC 线槽

1. 实训目的

（1）通过配线子系统布线路径和距离的设计，熟练掌握配线子系统的设计。

（2）通过线槽的安装和穿线等，熟练掌握配线子系统的施工方法。

（3）通过核算、列表、领取材料和工具，训练规范施工的能力。

2. 实训内容

（1）设计配线子系统的布线路径，并且绘制施工图。

（2）按照施工图，核算实训材料规格和数量，掌握工程材料核算方法，列出实训材料清单。

（3）按照施工图，准备实训工具，列出实训工具清单，独立领取实训材料和工具。

（4）独立完成配线子系统线槽的安装和布线，掌握 PVC 线槽、盖板、阴角、阳角、三通的安装方法和技巧。

3. 实训过程

（1）使用 PVC 线槽设计从信息点到楼层机柜的配线子系统，并且绘制施工图，如图 4.30 所示。由 3 或 4 人成立一个项目组，选举项目负责人，每组设计一种配线子系统布线方案，并且绘制施工图。项目负责人指定 1 种设计方案进行实训。

（2）按照施工图，核算实训材料规格和数量，掌握工程材料核算方法，列出实训材料清单。

（3）按照施工图，列出实训工具清单，领取实训材料和工具。

（4）量好线槽的长度，再使用电动起子在线槽上开一个直径为 8mm 的孔，孔位置必须与实训装置安装孔对应，每段线槽至少开两个安装孔。

（5）用 M6×16 螺钉把线槽固定在实训装置上。拐弯处必须使用专用接头，如阴角、阳角、弯头、三通等。

（6）在线槽上布线，边布线边装盖板，如图 4.31 所示。完成布线和盖板后，必须做好线标。

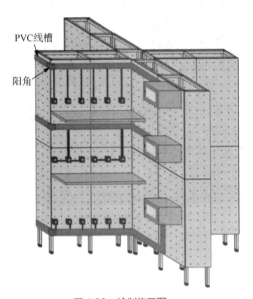

图 4.30　绘制施工图

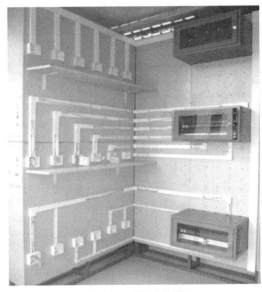

图 4.31　线槽安装盖板

4. 实训总结

（1）设计一种全部使用线槽布线的配线子系统施工图。

（2）列出实训材料的规格、型号、数量。

（3）总结安装弯头、阴角、阳角、三通等线槽配件的方法和经验，以及使用工具的体会和技巧。

（4）了解配线子系统布线施工程序和要求。

4.3.3　安装配线子系统桥架

1. 实训目的

（1）掌握桥架在配线子系统中的应用方法。

（2）掌握支架、桥架、弯头、三通等的安装方法。

（3）通过核算、列表、领取材料和工具，训练规范施工的能力。

2. 实训内容

（1）设计桥架布线路径和方式，并且绘制施工图。

（2）按照施工图，核算实训材料规格和数量，列出实训材料清单。

（3）准备实训工具，列出实训工具清单，独立领取实训材料和工具。

（4）独立完成桥架安装和布线。

3. 实训过程

（1）由 3 或 4 人成立一个项目组，选举项目负责人，每组设计一种桥架布线方案，并绘制施工图。项目负责人指定 1 种设计方案进行实训。

（2）按照施工图，核算实训材料规格和数量，掌握工程材料核算方法，列出实训材料清单。

（3）按照施工图，列出实训工具清单，领取实训材料和工具。

（4）固定支架安装。

（5）桥架部件组装和安装。用 M6×16 螺钉把桥架固定在支架上。

（6）在桥架内布线，边布线边装盖板。

4. 实训总结

（1）设计一种全部使用桥架布线的配线子系统施工图。

（2）列出实训材料的规格、型号、数量。

（3）列出实训工具的规格、型号、数量。

（4）总结安装桥架的方法和经验。

项目小结

1. 认识配线子系统，主要讲解配线子系统的概念、配线子系统的设计规范。

2. 配线子系统设计，主要讲解需求分析、技术交流、阅读建筑物图纸、配线子系统设计原则、配线子系统线缆长度的规划和设计、CP 设置、管槽布线路由设计、管道线缆的布放根数、布线弯曲半径的要求、综合布线线缆与电力电缆的间距、综合布线线缆与电气设备的间距、综合布线线缆与其他管线的间距、电气防护和接地、防火设计原则、确定线缆的类型、线缆的选择原则、线缆的暗埋设计、线缆的明装设计、配线子系统的拓扑结构设计。

3. 配线子系统实施，主要讲解配线子系统 PVC 线管施工、配线子系统 PVC 线槽施工、配线子系统桥架安装施工。

课后习题

1. 选择题

（1）配线子系统一般在同一个楼层上，由（　　　）、（　　　）、配线设备等组成。

    A. 用户信息插座　　　B. 工作区　　　　　　C. 水平电缆　　　　　　D. 网络模块

（2）一般尽量避免水平线缆与（　　　）以上强电供电线路平行走线。

    A. 12V　　　　　　　B. 24V　　　　　　　C. 36V　　　　　　　D. 48V

（3）水平线缆包括（　　　）。

    A. 非屏蔽或屏蔽 4 对双绞线电缆　　　　　　B. 非屏蔽或屏蔽 2 对双绞线电缆

    C. 室内光缆　　　　　　　　　　　　　　　D. 室外光缆

（4）每个工作区水平线缆的数量不宜少于（　　　）根。

    A. 1　　　　　　　　　B. 2　　　　　　　　C. 4　　　　　　　　D. 8

（5）非屏蔽 4 对双绞线电缆的弯曲半径不应小于电缆外径的（　　　）。

    A. 2 倍　　　　　　　B. 4 倍　　　　　　　C. 8 倍　　　　　　　D. 10 倍

（6）国家标准 GB 50311—2016 规定，铜缆双绞线电缆的信道长度不超过（　　　），水平线缆长度一般不超过（　　　）。

A．500m   B．185m   C．100m   D．90m

（7）线缆应远离高温和有电磁干扰的场所。如果确实需要平行走线，则应保持一定的距离，一般UTP电缆与强电电缆的距离应大于（   ），STP电缆与强电电缆的距离应大于（   ）。

A．7cm   B．20cm   C．30cm   D．60cm

（8）暗管的转弯角度应不小于（   ）°，在路径上每根暗管的转弯角度不得多于（   ）个。

A．90   B．120   C．1   D．2

（9）配线子系统常用的拓扑结构是（   ）。

A．总线型   B．环形   C．树形   D．星形

（10）主干线缆组成的信道出现4个连接器件时，线缆的长度不应小于（   ）。

A．5m   B．10m   C．15m   D．20m

（11）380V，2～5kV·A电力电缆与综合布线线缆平行敷设时，最小间距为（   ）。

A．80mm   B．150mm   C．300mm   D．600mm

（12）墙上敷设的综合布线线缆与保护地线平行敷设时，最小间距为（   ）。

A．50mm   B．80mm   C．150mm   D．300mm

2．简答题

（1）简述配线子系统的设计规范。

（2）简述配线子系统的设计过程与原则。

（3）简述配线子系统PVC线管的施工过程与原则。

（4）简述配线子系统PVC线槽的施工过程与原则。

项目 5
干线子系统的设计与实施

知识目标

- 掌握干线子系统的设计和规划方法。
- 掌握干线子系统布线通道的选择、干线子系统线缆的绑扎、干线子系统线缆敷设要求。

技能目标

- 掌握干线子系统 PVC 线槽/线管的安装方法。
- 掌握干线子系统线缆的绑扎方法。

素养目标

- 培养创新能力、组织能力和决策能力。
- 培养实践动手能力，能解决工作中的实际问题，树立爱岗敬业精神。

5.1 项目陈述

国家标准 GB 50311—2016 中把垂直子系统称为干线子系统，为了便于理解和沿用工程行业习惯叫法，本书仍然保留垂直子系统的叫法。它是综合布线系统非常关键的组成部分，由设备与电信间的引入口之间的布线组成，两端分别连接在设备间和楼层电信间的配线架上。它是建筑物内综合布线系统的主干线缆，是楼层电信间与设备间之间垂直布放线缆的统称。干线子系统一般使用大对数电缆或光缆。

5.2 知识准备

5.2.1 认识干线子系统

干线子系统的拓扑结构也是星形拓扑结构，从建筑物设备间向各个楼层的电信间布线，实现建筑物信息流的纵向连接，如图 5.1 所示。在实际工程中，大多数建筑物是垂直向高空发展的，因此很多情况下会采用垂直型的布线方式。但也有很多建筑物是横向发展的，如飞机场候机厅、工厂仓库等建筑，这时也会采用水平型的主干布线方式。因此，主干线缆的布线路由既可能是垂直型的，也可能是水平型的，或是两者的综合。

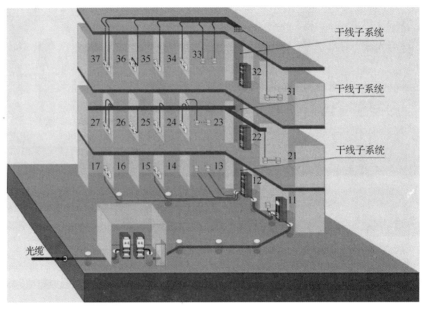

图 5.1　干线子系统示意

1. 干线子系统设计范围

干线子系统用于连接各配线室，实现计算机网络设备、交换机、控制中心与各电信间之间的连接，主要包括主干传输介质和介质终端连接的硬件设备。

干线子系统设计范围如下。

（1）干线子系统提供主干线缆、跳线、设备线缆，走线用的竖向或横向通道。

（2）主设备间与计算机中心间的电缆。

2. 干线子系统的信道连接方式

国家标准 GB 50311—2016 中明确规定了干线子系统的信道连接方式，如图 5.2 所示，干线子系统信道应包括主干线缆、跳线和设备线缆。

图 5.2　干线子系统的信道连接方式

5.2.2　干线子系统设计

干线子系统由建筑物设备间和楼层配线间之间的连接线缆组成。它是智能建筑综合布线系统的中枢部分，与建筑设计密切相关，主要用于确定垂直路由的数量和位置、垂直部分的建筑方式（包括占用房间的面积大小）以及干线系统的连接方式。

现代建筑物的通道有封闭型和开放型两大类型。封闭型通道是指一连串上下对齐的交接间，每层楼都有一间，利用电缆竖井、电缆孔、管道电缆和电缆桥架等穿过这些空间的地板层，每个空间通常还有一些便于固定电缆的设施和消防装置。开放型通道是指从建筑物的地下室到楼顶的一个开放空间，中间没有用任何楼板隔开，如通风通道或电梯通道，不能敷设干线子系统电缆。对于没有垂直通道的老式建筑物，一般采用敷设垂直线槽的方式敷设干线子系统电缆。

综合布线系统中，干线子系统的线缆并非一定是垂直布置的，从概念上讲它是建筑物内的干线通信线缆。在某些特定环境中，如在低矮而宽阔的单层平面大型厂房中，干线子系统的线缆就是平面布置的，同样起着连接各配线间的作用。对于 FD/BD 一级布线结构的布线来说，配线子系统和干线子系统是一体的。

1. 干线子系统的设计原则

近年来发达国家已经开始普遍使用 4 对双绞线电缆作为语音系统电缆，信息插座也使用 RJ-45 模块，语音配线架或语音交换机也使用 RJ-45 接口。在干线子系统设计中，一般要遵循以下原则。

V5-1　干线子系统
的设计原则

（1）干线子系统所需要的双绞线电缆根数、大对数电缆总对数及光纤总芯数，应满足工程的实际需求与线缆的规格要求，并应留有备份容量。

（2）干线子系统主干线缆宜设置电缆或光缆备份及电缆与光缆互为备份的路由。

（3）当电话交换机和计算机网络设备设置在建筑物内不同的设备间时，宜采用不同的主干线缆来分别满足语音和数据传输的需要。

（4）在建筑物若干设备间之间、设备间与进线间及同一层或各层电信间之间宜设置干线路由。

（5）主干电缆和光缆所需的容量要求及配置应符合下列规定。

① 对于语音业务，大对数主干电缆的对数应按每 1 个电话 8 位模块通用插座配置 1 对线，并应在总需求线对的基础上预留不小于 10% 的备用线对。

② 对于数据业务，应按每台以太网交换机 1 个主干端口和 1 个备份端口配置。当主干端口为电端口时，应按 4 对线对容量配置，当主干端口为光端口时，应按单芯或双芯光纤容量配置。

③ 当工作区至电信间的水平光缆需延伸至设备间的光配线设备（BD/CD）时，主干光缆的容量应包括所延伸的水平光纤的容量。

④ BD 处各类设备线缆和跳线的配置应符合规定。

（6）设备间配线设备（BD CD）所需的容量要求及配置符合下列规定。

① 主干线缆侧的配线设备容量应与主干线缆的容量相一致。

② 设备侧配线设备容量应与设备应用的光、电主干端口容量一致或与干线侧配线设备容量相同。

③ 外线侧的配线设备容量应满足引入线缆的容量需求。

（7）无转接点的原则。干线子系统中的光缆或电缆路由比较短，且跨越楼层或区域，因此在布线路由中，不允许有接头或 CP 等各种转接点。

（8）语音电缆和数据电缆分开的原则。在干线子系统中，语音和数据往往用不同种类的线缆传输，语音一般使用大对数电缆传输，数据一般使用光缆传输，但是基本型综合布线系统中也常常使用电缆。由于语音和数据传输时工作电压及频率不相同，往往语音电缆工作电压高于数据电缆工作电压，为了防止语音传输对数据传输的干扰，必须遵守语音电缆和数据电缆分开的原则。

（9）大弧度拐弯的原则。干线子系统主要使用光缆传输数据，且对数据传输速率要求高，涉及终端用户多，一般会涉及楼层的很多用户。因此，在设计时，干线子系统的线缆应该垂直安装，当在路由中间或出口处需要拐弯时，不能直角拐弯，必须设计大弧度拐弯，以保证线缆的弯曲半径符合要求和布线方便。

（10）满足整栋建筑物需求的原则。由于干线子系统连接建筑物的全部楼层或区域，不仅要能满足信息点数量少、传输速率要求低的楼层用户需求，更要能满足信息点数量多、传输速率要求高的楼层用户需求。因此在干线子系统的设计中一般选用光缆，并需预留备用线缆，同时在施工中要规范施工和保证工程质量，最终保证干线子系统能够满足整栋建筑物各个楼层用户的需求及扩展需要。

（11）布线系统安全的原则。干线子系统涉及每层楼，并且连接建筑物的设备间和楼层电信间交换机等重要设备，布线路由一般使用金属桥架。因此，在设计和施工中要加强接地措施，预防雷电击穿破坏，还要防止线缆遭破坏，并且注意与强电设备保持较远的距离，防止电磁干扰等。

（12）保证传输速率原则。干线子系统首先需要考虑传输速率，一般选用光缆，光纤可利用的带宽约为 5000GHz，可以轻松实现 1～10Gbit/s 的网络传输。在下列场合中，应首先考虑选择光缆。

① 带宽需求量较大的场合，如银行等。

② 传输距离较长的场合，如园区或校园等。

③ 保密性、安全性要求较高的场合，如保密部门、安全部门、国防部门等。

2. 干线子系统的设计步骤

干线子系统的设计步骤一般如下：首先，进行需求分析，与用户进行充分的技术交流，了解建筑物用途；其次，认真阅读建筑物图纸，确定建筑物竖井、设备间和电信间的具体位置；再次，进行初步规划和设计，确定干线子系统布线路径；最后，确定布线材料规格和数量，制作材料规格和数量统计表。

其一般工作流程如下：需求分析→技术交流→阅读建筑物图纸→规划和设计→制作材料规格和数量统计表。

3. 干线子系统的规划和设计

干线子系统的线缆直接连接着几层或几十层的用户，如果干线子系统的线缆发生故障，则影响巨大。为此，我们必须十分重视干线子系统的设计工作。

（1）干线子系统线缆类型的选择

干线子系统所需要的电缆总对数和光纤总芯数应满足工程的实际需求，并留有适当的备份容量。主干线缆宜设置电缆与光缆，并互相作为备份路由。可根据建筑物的楼层面积、建筑物的高度、建筑物的用途和信息点数量来选择干线子系统的线缆。

在干线子系统中可采用以下 4 种类型的线缆。

- 100Ω 双绞线电缆。
- 62.5/125μm 多模光缆。
- 50/125μm 多模光缆。
- 8.3/125μm 单模光缆。

无论是电缆还是光缆，干线子系统都受到最大布线距离的限制，即建筑群配线架到楼层配线架的距离不应超过 2000m，建筑物配线架到楼层配线架的距离不应超过 500m。通常将设备间的主配线架放在建筑物的中部附近，使布线距离最短。当超出上述距离限制时，可以分成几个区域布线，使每个区域都满足规定的距离要求。配线子系统和干线子系统布线的距离与信息传输速率、信息编码技术和选用的相关连接器件有关。根据使用的介质和传输速率要求，布线距离还会变化。

① 数据通信采用双绞线电缆时，布线距离不宜超过 90m，否则宜选用单模或多模光缆。

② 在建筑群配线架和建筑物配线架上，接插线和跳线长度不宜超过 20m，超过 20m 的部分应从允许的干线线缆最大长度中扣除。

③ 电信设备（如程控用户交换机）直接连接到建筑群配线架或建筑物配线架的设备电缆、设备光缆长度不宜超过 30m。如果使用的设备电缆、设备光缆的长度超过 30m，则干线电缆、干线光缆的长度宜相应减少。

④ 延伸业务（如通过天线接收）可能从远离配线架的地方进入建筑群或建筑物，延伸业务引入点到连接这些业务的配线架间的距离，应包括在干线子系统布线的距离之内。如果有延伸业务接口，则与延伸业务接口位置有关的特殊要求也会影响这个距离。应记录所用线缆的型号和长度，必要时还应将其提交给延伸业务提供者。

⑤ 现在行业主流的主干带宽传输速率已经升级到 1Gbit/s 和 10Gbit/s，其传输介质要进行相应的选择。

（2）干线子系统路径的选择

干线子系统主干线缆应选择最短、最安全和最经济的路由，一端与建筑物设备间连接，另一端与楼层电信间连接。路由的选择要根据建筑物的结构以及建筑物内预留的电缆孔、电缆井等通道位置来决定。建筑物内一般有封闭型通道和开放型通道两类通道，宜选择带门的封闭型通道敷设垂直线缆。

（3）线缆容量配置

主干电缆和光缆所需的容量要求及配置应符合以下规定。

① 对于语音业务，大对数主干电缆的对数应按每个电话 8 位模块通用插座配置 1 对线，并在总需求线对的基础上至少预留约 10% 的备用线对。

② 对于数据业务，每个交换机至少应该配置 1 个主干端口。主干端口为电端口时，应按 4 对线容量配置；为光端口时，应按双芯光纤容量配置。

③ 当工作区至电信间的水平光缆延伸至设备间的光配线设备（BD/CD）时，主干光缆的容量应包括所延伸的水平光缆光纤的容量在内。

（4）干线子系统线缆敷设保护方式

线缆不得布放在电梯或供水、供气、供暖管道竖井中，也不得布放在强电竖井中。电信间、设备间、进线间之间的干线通道应畅通。

（5）干线子系统干线线缆交接

为了便于综合布线的路由管理，干线电缆、干线光缆布线的交接不应多于两次。从楼层配线架到建筑群配线架只应通过一个配线架，即建筑物配线架（在设备间内）。当综合布线中只用一级干线布线进行配线时，放置干线配线架的二级交接间可以并入楼层配线间。

（6）干线子系统干线线缆的端接

干线电缆可采用点对点端接，也可采用分支递减端接以及电缆直接连接。点对点端接是最简单、最直接的接合方式之一，如图 5.3 所示，干线子系统每根干线电缆直接延伸到指定的楼层配线电信间或二级交接间。分支递减端接是指一根足以支持若干个楼层配线电信间或若干个二级交接间的通信容量的大容量干线电缆，经过电缆接头交接箱分出若干根小电缆，再分别延伸到每个二级交接间或每个楼层配线电信间，最后端接到目的地的连接硬件上，如图 5.4 所示。

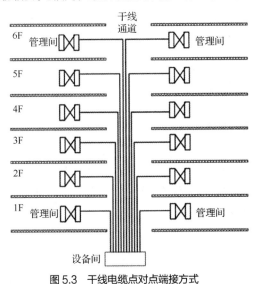

图 5.3 干线电缆点对点端接方式　　　　图 5.4 干线电缆分支递减端接方式

（7）确定干线子系统通道规模

干线子系统的电缆是建筑物内的主干电缆。在大型建筑物内，通常使用的干线子系统通道是由一连串穿过电信间地板且垂直对准的通道组成的，其穿过弱电间地板的线缆井和线缆孔，如图5.5所示。

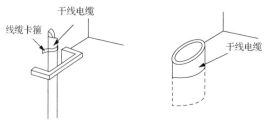

图 5.5　确定干线子系统通道

确定干线子系统通道规模，主要就是确定干线通道和配线间的数目。确定的依据就是综合布线系统所要覆盖的可用楼层面积。

如果给定楼层所有信息插座都在配线间75m范围之内，那么要采用单干线接线系统。单干线接线系统就是指采用一条干线通道，每层楼只设置一个配线间。

如果有部分信息插座超出配线间75m范围之外，则要采用双通道干线子系统，或者采用经分支电缆与设备间相连的二级交接间。如果同一栋建筑物电信间上下不对齐，则可采用大小合适的线缆管道系统将其连通，如图5.6所示。

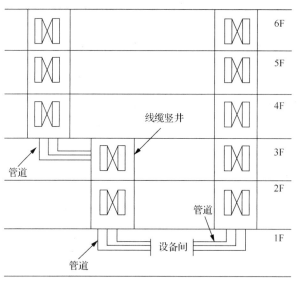

图 5.6　双干线电缆通道

（8）制作材料规格和数量统计表

干线子系统材料的概算是指根据施工图纸核算材料使用数量，然后根据数量计算出造价。对于材料的计算，首先确定施工使用布线材料类型，然后列出一个简单的统计表。统计表主要用于针对数量进行统计，避免计算材料时漏项，从而方便材料的核算。

5.2.3　干线子系统实施

干线子系统布线路由必须选择线缆最短、最安全和最经济的布线路由，同时考虑未来扩展需要。

干线子系统在系统设计和施工时，一般应该预留一定的线缆作为冗余信道，这一点对于综合布线系统的可扩展性和可靠性来说是十分重要的。

1. 标准规定

国家标准 GB 50311—2016《综合布线系统工程设计规范》的安装工艺要求中，对干线子系统的安装工艺提出了具体要求。干线子系统垂直通道穿过楼板时宜采用电缆竖井（电缆竖井的位置应上下对齐）的方式，也可采用电缆孔、管槽的方式。

2. 干线子系统布线通道的选择

布线路由主要依据建筑的结构以及建筑物内预理的管道而定。目前垂直型的干线布线路由主要采用电缆孔和电缆竖井两种方式。单层平面建筑物水平型的干线布线路由主要采用金属管道或桥架两种方式。

干线子系统共有下列 3 种方式可供选择。

（1）电缆孔方式

通道中所用的电缆孔是很短的管道，通常用 1 根或数根外径为 63～102mm 的金属管预埋，金属管高出地面 25～50mm，也可直接在地板中预留一个大小适当的电缆孔洞安装桥架。电缆往往捆扎在钢绳上，而钢绳固定在金属条上。当楼层配线间上下都对齐时，一般可采用电缆孔方式，如图 5.7 所示。

（2）金属管道或桥架方式

金属管道或桥架方式包括明管或暗管敷设。

（3）电缆竖井方式

在新建工程中，推荐使用电缆竖井的方式。电缆竖井是指在每层楼地板上开出一些方孔，一般宽度为 30cm，并有 2.5cm 高的井栏，具体大小要根据所布放的干线电缆数量而定，如图 5.8 所示。与电缆孔方式一样，电缆也是绑扎或箍在支撑用的钢绳上的，钢绳用墙上的金属条或地板三角架固定。离电缆井很近的立式金属架可以支撑很多电缆。电缆井比电缆孔更为灵活，可以让各种粗细不一的电缆以任何方式布设通过，但在建筑物内开电缆井造价较高，且不使用的电缆井应做好防火隔离。

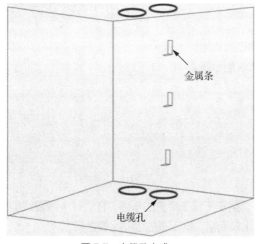

图 5.7 电缆孔方式

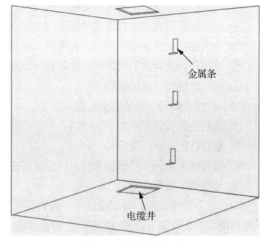

图 5.8 电缆竖井方式

3. 干线子系统线缆容量的计算

在确定干线子系统线缆类型后，便可以进一步确定每层楼的干线子系统线缆容量。一般而言，在确定每层楼的干线子系统线缆类型和数量时，要根据楼层配线子系统所有的语音、数据、图像等信息插座的数量来进行计算。具体计算的原则如下。

（1）语音干线可按一个电话信息插座至少配一个线对的原则进行计算。

（2）计算机网络干线线对容量计算原则如下：电缆干线按 24 个信息插座配两根双绞线，每一个交换机或交换机群配 4 根双绞线；光缆干线按每 48 个信息插座配双芯光纤。

（3）当信息插座较少时，可以多个楼层共用交换机，并合并计算光纤芯数。

（4）如有光纤到用户桌面的情况，则光缆直接从设备间引至用户桌面，干线光缆芯数应不包含这种情况下的光缆芯数。

（5）主干子系统应留有足够的布线余量，以作为主干链路的备份，确保主干子系统的可靠性。

4. 干线子系统线缆的绑扎

为干线子系统敷设线缆时，应对线缆进行绑扎。双绞线电缆、光缆及其他信号电缆应根据线缆的类别、数量、缆径、线缆芯数分束绑扎，绑扎间距不宜大于 1.5m，防止线缆因重量产生拉力造成线缆变形。在绑扎线缆的时候需要特别注意的是，应该按照楼层进行分组绑扎。

线缆的绑扎应尽量满足以下基本要求。

（1）线缆绑扎要求做到整齐、清晰及美观。一般按类分组，线缆较多时可再按列分类。

（2）使用扎带绑扎线缆时，应视不同情况使用不同规格的扎带。

（3）尽量避免使用两根或两根以上的扎带连接后并扎，以免绑扎后强度降低。

（4）扎好扎带后，应将多余部分齐根平滑剪齐，在接头处不得留有尖刺。

（5）线缆绑成束时，扎带间距为线缆束直径的 3～4 倍，且间距均匀。

（6）绑扎成束的线缆转弯时，应尽量采用大弯曲半径，以免在线缆转弯处应力过大影响数据传输。

5. 干线子系统线缆敷设要求

在敷设线缆时，对不同的介质要区别对待。

V5-2　干线子系统
线缆敷设要求

（1）光缆敷设。光缆敷设要求如下。

① 光缆敷设时不应该绞结。

② 光缆在室内敷设时要走线槽。

③ 光缆在地下管道中穿过时要用 PVC 管。

④ 光缆需要拐弯时，其弯曲半径不得小于 30cm。

⑤ 光缆的室外裸露部分要加铁管保护，铁管要固定且牢固。

⑥ 光缆不要拉得太紧或太松，要留有一定的膨胀收缩余量。

⑦ 光缆埋地时，要加铁管保护。

（2）双绞线敷设。双绞线敷设要求如下。

① 双绞线敷设时要平直，走线槽，不要扭曲。

② 双绞线的两端点要标号。

③ 双绞线的室外部分要加套管，严禁搭接在树干上。

④ 双绞线不要硬拐弯。

（3）向下垂放线缆。智能建筑中一般有弱电竖井，用于干线子系统的布线。在竖井中敷设线缆时一般有两种方式，向下垂放线缆和向上牵引线缆。相比较而言，向下垂放线缆比较容易。

① 使用千斤顶把图 5.9 所示的线缆卷轴放到最顶层。

② 在离房子的弱电竖井 3～4m 处安装线缆卷轴，并从卷轴顶部馈线。

③ 在线缆卷轴处安排布线人员，每层楼上要有一个布线人员。

④ 旋转线缆卷轴，将线缆从线缆卷轴上拉出。

⑤ 将拉出的线缆引导进竖井的孔洞中。

⑥ 慢慢地从卷轴上放线并进入孔洞向下垂放，注意速度不要过快。

⑦ 继续放线，直到下一层布线人员将线缆引到下一个孔洞。

⑧ 按前面的步骤继续慢慢地放线，直至线缆到达指定楼层并进入通道。

（4）向上牵引线缆。向上牵引线缆需要使用电动牵引绞车，如图 5.10 所示，其主要使用步骤如下。

① 按照线缆的质量，选定绞车型号，按说明书进行操作，并往绞车中穿一条绳子。

② 启动绞车，并往下垂放一条拉绳，直到安放线缆的底层。

③ 如果线缆上有一个拉眼，则将绳子连接到此拉眼上。

④ 启动绞车，慢慢地将线缆通过各层的孔向上牵引。

⑤ 线缆的末端到达顶层时，使绞车停止。

⑥ 在地板孔边沿上用夹具将线缆固定。

⑦ 当所有连接完成之后，从绞车上释放线缆的末端。

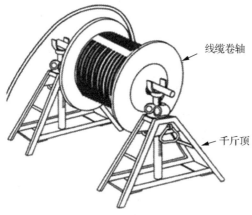

图 5.9　线缆卷轴

图 5.10　电动牵引绞车

（5）大对数线缆。在通信及电力等行业，各种光缆、电缆、钢丝、软管等线缆和器材都缠绕在圆形的线轴上，由于线轴体积庞大，在进行工程布线和布管等施工时，需要从线轴上抽线，把线轴放在专业的线缆放线器上，如图 5.11 所示。拉线时线轴转动，将线缆平整、均匀地抽出，边抽线边施工，不会出现线缆缠绕和打结等情况，如图 5.12 所示。

图 5.11　线缆放线器

图 5.12　大对数线缆放线

5.3 项目实训

5.3.1 安装干线子系统 PVC 线槽/线管

1. 实训目的

干线子系统布线实训路径为从设备间的 1 台网络配线机柜到一楼、二楼、三楼的 3 个电信间机柜，如图 5.13 所示。其主要包括以下施工项目。

（1）通过干线子系统布线路径和距离的设计，熟练掌握干线子系统的设计。

（2）通过线槽/线管的安装和穿线等，熟练掌握干线子系统的施工方法。

（3）通过核算、列表、领取材料和工具，训练规范施工的能力。

（4）掌握 PVC 线槽/线管沿墙面垂直安装的方法。

（5）掌握干线子系统与楼层机柜之间的连接方式，包括侧面进线、底部进线、上部进线等方式。

（6）掌握干线子系统与电信间配线机柜之间的连接方式，包括底部进线、上部进线等方式。

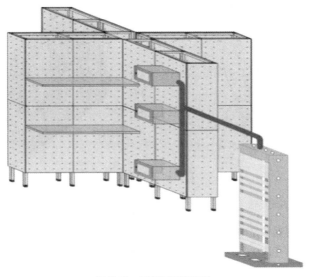

图 5.13 干线子系统实训

2. 实训内容

（1）计算和准备好实训需要的材料和工具。材料包括 PVC 管、管接头、管卡、Φ40mm PVC 线槽、Φ20mm PVC 线管、接头、弯头等，工具包括锯弓、锯条、钢卷尺、十字螺钉旋具、电动起子、人字梯等。

（2）完成竖井内模拟布线实验，合理设计和实现布线系统。

（3）干线布设平直、美观。

（4）掌握干线子系统线槽/线管的接头和三通连接，以及大线槽开孔、安装、布线、盖板的方法和技巧。

（5）掌握锯弓、十字螺钉旋具、电动起子等工具的使用方法和技巧。

3. 实训过程

（1）设计一种使用 PVC 线槽/线管从设备间机柜到楼层电信间机柜的干线子系统，并且绘制施工图。

（2）按照施工图，核算实训材料规格和数量，掌握工程材料核算方法，列出实训材料清单。

（3）按照施工图，列出实训工具清单，领取实训材料和工具。

（4）安装 PVC 线槽/线管。

（5）明装布线时，边布管边穿线。

4. 实训总结

（1）画出干线子系统 PVC 线槽/线管布设路径图。

（2）计算出布线需要的弯头、接头等实训材料的数量。

5.3.2　干线子系统线缆绑扎

1. 实训目的

（1）通过在墙面上安装线缆，熟练掌握干线子系统的施工方法。

（2）通过核算、列表、领取材料和工具，训练规范施工的能力。

2. 实训内容

（1）计算和准备好实训需要的材料和工具。材料包括 PVC 管、管接头、管卡 U 形卡、线扎 Φ40mm PVC 线槽、Φ20mm PVC 线管、接头、弯头线缆、M6 螺栓等，工具包括锯弓、锯条、钢卷尺、十字螺钉旋具、电动起子、人字梯、活动扳手、支架等。

（2）完成竖井内线缆绑扎实验，合理设计和施工布线系统。

（3）掌握干线子系统支架、线缆和线扎的使用方法和技巧，以及线扎的间距要求。

3. 实训过程

规划和设计布线路径，确定安装支架和线缆的位置及数量，准备实训材料和工具，安装和布线。布线方法如下所述。

（1）根据规划和设计好的布线路径准备好实训材料和工具，从货架上取下支架、线缆、U 形卡、活动扳手、线扎、M6 螺栓、锯弓等材料和工具备用。

（2）根据设计的布线路径在墙面上安装支架，在水平方向每隔 500～600mm 安装 1 个支架，在垂直方向每隔 1000mm 安装 1 个支架。

（3）支架安装好以后，根据需要的长度用钢锯裁好合适长度的线缆，必须预留两端绑扎长度，并用 U 形卡将线缆固定在支架上。

（4）用线扎将线缆绑扎在线缆上，间距 500mm 左右，如图 5.14 所示。在垂直方向均匀分布线缆的重量。绑扎时不能太紧，以免破坏网线；也不能太松，避免线缆的重量将线缆拉伸。

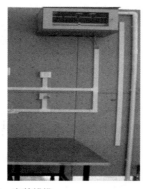

图 5.14　安装线缆

4. 实训总结

（1）写出线缆绑扎的基本要求和注意事项。

（2）计算出需要的 U 形卡、支架等实训材料的数量。

项目小结

1. 认识干线子系统，主要讲解干线子系统设计范围、干线子系统的信道连接方式。

2. 干线子系统设计，主要讲解干线子系统的设计原则、干线子系统的设计步骤、干线子系统的规划和设计。

3. 干线子系统实施，主要讲解标准规定、干线子系统布线通道的选择、干线子系统线缆容量的计算、干线子系统线缆的绑扎、干线子系统线缆敷设要求。

课后习题

1. 选择题

（1）垂直干线子系统的设计范围包括（   ）。

    A. 电信间与设备间之间的电缆   B. 信息插座与电信间配线架之间的连接电缆

    C. 设备间与网络引入口之间的连接电缆   D. 主设备间与计算机主机房之间的连接电缆

（2）垂直干线子系统为提高传输速率，一般选用（   ）为传输介质。

    A. 同轴细电缆   B. 同轴粗电缆   C. 双绞线   D. 光缆

（3）设计干线子系统时要考虑到（   ）。

    A. 整座楼的配线干线要求   B. 从楼层到设备间的垂直干线布线路由

    C. 工作区位置   D. 建筑群子系统的传输介质

2. 简答题

（1）简述干线子系统的设计原则。

（2）简述干线子系统的规划和设计。

（3）简述干线子系统布线通道的选择。

（4）简述干线子系统线缆的敷设要求。

项目 6
电信间子系统的设计与实施

06

知识目标

- 掌握电信间子系统的划分原则、电信间子系统配置设计要求。
- 掌握电信间子系统的设计原则、电信间的设计、电信间设备的设计。

技能目标

- 掌握壁挂式机柜的安装方法。
- 掌握铜缆配线设备的安装方法。

素养目标

- 培养创新能力、组织能力和决策能力。
- 培养实践动手能力，能解决工作中的实际问题，树立爱岗敬业精神。

6.1 项目陈述

电信间子系统设置在楼层配线设备的房间内。电信间子系统应由交接间的配线设备、输入输出设备等组成。电信间子系统应采用单点管理双交接。交接场的结构取决于工作区、综合布线系统规模和选用的硬件。只有在管理规模大、结构复杂、有二级交接间时，才采用双点管理双交接。在管理点应根据应用环境用标记插入条来标出各个端接场。交接区应有良好的标志，如建筑物名称、建筑物位置、区号、起始点和功能等标志。

6.2 知识准备

6.2.1 认识电信间子系统

电信间也称为管理间或者配线间，是专门用于安装楼层机柜、配线架、交换机和配线设备的房间，如图 6.1 所示。它一般设置在每层楼的中间位置。电信间子系统连接着干线子系统和水平子系统。当楼层信息点很多时，可以设置多个电信间。在综合布线系统中，电信间子系统包括楼层配线间、二级交接间的线缆、配线架及相关接插跳线等。通过综合布线系统的电信间子系统，可以直接管理整个应用系统终端设备，从而实现综合布线系统的灵活性、开放性和可扩展性。

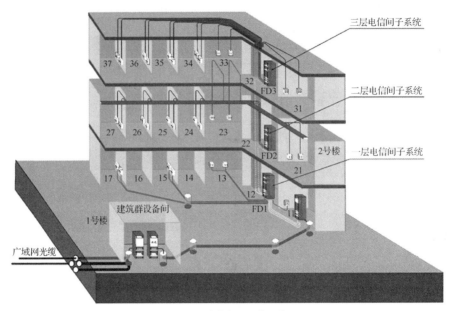

图 6.1　电信间子系统示意

1. 电信间子系统的划分原则

电信间主要为楼层安装配线设备和楼层计算机网络交换机及路由器等设备的场地，必须考虑在该场地设置线缆竖井、等电位接地体、电源插座、UPS、配电箱等基础设施。配线设备主要包括网络配线架、通信配线架、理线器等，这些设备必须安装在机柜、机架或机箱中，通过桥架进线和出线。在场地面积足够的情况下，也可设置建筑物安防系统、消防系统、建筑设备监控系统、无线信号系统等系统的线槽和功能模块等。如果综合布线系统与弱电系统设备合并设置在同一场地，则从建筑的角度出发，一般称其为弱电间。

现在设计建筑的综合布线系统时，通常会在每一楼层都设立一个电信间，用来管理楼层的信息点，这改变了以往几层共享一个电信间的做法，这也是综合布线系统的发展趋势。电信间子系统既是楼层专门配线的房间，又是配线子系统电缆端接的场所，还是干线子系统电缆端接的场所。它由大楼主配线架、楼层配线架、跳线等组成。用户可以在电信间子系统中更改、增加、交接、扩展线缆，从而改变线缆的路由。电信间子系统中以配线架为主要设备，配线设备可直接安装在 19 英寸机架或者机柜上。电信间面积的大小一般根据信息点数量安排和确定。如果信息点很多，则应该考虑用一个单独的房间来放置；如果信息点很少，则可采取在墙面上安装机柜的方式。如果局部区域信息点比较密集，则可以设置多个分电信间。

2. 电信间子系统配置设计要求

国家标准 GB 50311—2016 中给出了电信间子系统配置设计的具体要求。

（1）电信间 FD 处的通信线缆，以及计算机网络设备与配线设备之间的连接方式。如图 6.2 所示，在电信间 FD 处，电话交换系统配线设备模块之间宜采用跳线互连。

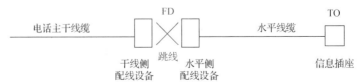

图 6.2　电话交换系统配线设备模块之间的连接方式

（2）计算机网络设备与配线设备模块之间的连接方式如图 6.3 所示，在电信间 FD 处，计算机网络设备与配线设备模块之间宜采用跳线交叉连接。

图 6.3　计算机网络设备与配线设备模块之间的跳线交叉连接方式

（3）如图 6.4 所示，在电信间 FD 处、BD 处、CD 处，计算机网络设备与配线设备模块之间可以采用设备线缆互连。

图 6.4　计算机网络设备与配线设备模块之间采用设备线缆的互连方式

（4）从电信间至每一个工作区的水平光缆，宜按双芯光缆配置。至用户群或大客户使用的工作区域时，备份光纤芯数不应小于双芯，水平光缆宜按 4 芯或 2 根双芯光缆配置。

（5）连接至电信间的每一根水平线缆，均应端接于 FD 处相应的配线模块，配线模块与线缆容量相对应，如图 6.5 所示。

图 6.5　水平线缆与网络配线模块端接

（6）电信间 FD 主干侧各类配线模块，应根据主干线缆所需容量要求、管理方式及模块类型和规格进行配置。

（7）电信间 FD 采用的设备线缆和各类跳线宜符合需求。

6.2.2　电信间子系统设计

电信间子系统设计的主要依据为楼层信息点的总数量和密度情况。首先确定每层楼工作区信息点总数量，然后确定配线子系统线缆的平均长度，最后以平均路由最短的原则，确定电信间的位置，完成电信间子系统设计。

1. 电信间子系统的设计原则

根据相关标准与安装工艺要求，在电信间子系统的设计中，一般要遵循以下原则。

V6-1　电信间子系统的设计原则

（1）电信间的设计应符合下列规定。

① 电信间数量应按所服务楼层面积及工作区信息点密度与数量确定。

② 当同楼层信息点数量不多于 400 个时，宜设置 1 个电信间；当楼层信息点数量多于 400 个时，宜设置 2 个及以上电信间。

③ 当楼层信息点数量较少，且水平线缆长度在 90m 范围内时，可多个楼层合设一个电信间。

（2）当有信息安全等特殊要求时，应对所有涉密的通信设备和布线设备等进行物理隔离或独立安放在专用的电信间内，并应设置独立的涉密机柜及布线管槽。

（3）电信间内，通信设备及布线设备宜与弱电系统布线设备分设在不同的机柜内。当各设备容量配置较小时，亦可在同一机柜内进行物理隔离后安装。

（4）各楼层电信间、竖向线缆管槽及对应的竖井宜上下对齐。

（5）电信间内不应设置与安装的设备无关的水管、风管及低压配电线缆管槽与竖井。

（6）电信间应设置不少于 2 个单相交流 220V/10A 电源插座盒，每个电源插座的配电线路均应装设保护器。设备供电电源应另行设置。

（7）配线架数量确定原则。配线架端口数量应该大于信息点数量，保证所有信息点过来的线缆全部端接在配线架中。在工程中，一般使用 24 口或者 48 口配线架。例如，某楼层共有 64 个信息点，至少应该选配 3 个 24 口配线架，配线架端口的总数量为 72 个，就能满足 64 个信息点线缆的端接需要，这样做比较经济。

（8）标识管理原则。由于电信间线缆和跳线很多，必须对每根线缆进行编号和标识，在工程项目实施中还需要将编号和标识按规定张贴在电信间内，以方便施工和维护。

（9）理线原则。电信间线缆必须全部端接在配线架中，完成永久链路安装。在端接前必须先整理全部线缆，预留合适长度，重新做好标识，剪掉多余的线缆，按照区域或者编号顺序绑扎和整理好，通过理线器端接到配线架。不允许出现大量多余线缆，不允许线缆缠绕和绞结在一起。

（10）配置 UPS 原则。电信间安装有交换机等有源设备，因此应该设计有 UPS，或者稳压电源。

（11）防雷电措施。电信间的机柜应该可靠、接地，防止雷电损坏。

2. 电信间的设计

电信间主要为楼层安装机柜、机架、机箱等配线设备和楼层通信设备的场地，并应在该场地内设置线缆竖井、等电位接地体、电源插座、UPS、配电箱等设施。通常建筑的电信间内还需要设置安全技术防范、消防报警、广播、有线电视、建筑设备监控等其他弱电系统布线设备，以及光纤配线箱、无线信号覆盖系统等设备的布线管槽、功能模块及柜、箱的安装。如果上述设备安装在同一场地，则称其为弱电间。

V6-2 电信间的设计

（1）电信间数量的确定

电信间数量应按所服务楼层面积及工作区信息点的密度与数量来确定。每层楼一般宜至少设置 1 个电信间。在每层信息点数量较少，且水平线缆长度不大于 90m 情况下，也可以几个楼层合设一个电信间。在实际工程应用中，如学生公寓具有信息点密集、使用时间集中、楼道很长等特点，为了方便管理和保证网络传输速率或者节约布线成本，也可以按照每 100～200 个信息点设置 1 个分电信间的方法，将分电信间机柜明装在楼道中。

（2）电信间位置的确定

各楼层电信间一般设计在建筑物的弱电竖井内，竖向线管、线槽或桥架一般设计在上下对齐的弱电竖井内。在实际工程设计中，建筑物的竖井由结构工程师设计。电信间内不应设置水管、风管、低压配电线缆等。

（3）电信间面积的确定

电信间的面积不应小于 5m^2，也可根据工程中配线管理和网络管理的容量进行调整。一般新建建筑物都有专门的垂直竖井，楼层的电信间一般设计在建筑物竖井内，早年面积为 3 m^2 左右。在一般小型网络工程中，也可能只用一个网络机柜来代表电信间。

一般旧楼增加网络综合布线系统时，可以将电信间设置在楼道中间位置的办公室中，也可以将壁挂式机柜直接明装在楼道内，把它作为楼层电信间。

电信间内一般安装落地式机柜，单排机柜前面的净空不应小于 1000mm²，后面的净空不应小于 800mm²，以方便安装和运维。安装壁挂式机柜时，一般在楼道中明装，安装高度不小于 1.8m。

（4）电信间高度的确定

电信间的高度应满足建筑物梁下净高不应小于 2.5m 的要求。

（5）电信间门的要求

通常电信间应采用外开防火门，门的防火等级应按建筑物等级类别设定，一般采用乙级及以上等级的防火门。门的高度不应小于 2.0m，净宽不应小于 0.9m，应满足净宽 600～800mm 的机柜搬运通过的要求。

（6）电信间地面的要求

电信间水泥地面应高出本楼层地面，且高度不小于 100mm，或设置防水门槛，防止楼道水流入电信间。电信间室内地面应具有防潮、防尘、防静电等功能。

（7）电信间环境的设计要求

电信间内工作温度应为 10～35℃，相对湿度宜为 20%～80%。一般应该考虑网络交换机等有源设备发热对电信间温度的影响，应采取安装排气扇、空调等措施，保持电信间夏季温度也不超过 35℃，以保证设备安全、可靠运行。

（8）电源安装要求

电信间的电源插座一般安装在网络机柜的旁边，安装 220 V（三孔）电源插座。如果是新建建筑，则一般要求在土建施工过程中按照弱电施工图上标注的位置安装到位。

3. 电信间设备的设计

电信间设备的设计主要包括机柜、配线架、配线模块、跳线以及管理等的设计。

（1）机柜的设计

一般情况下，综合布线系统的配线设备和计算机网络设备采用 19 英寸标准机柜。机柜尺寸通常为 600mm（宽）×600mm（深）×2000mm（高），共有 42U 的安装空间。机柜内可安装光纤配线架、24 口网络配线架、光纤连接盘、RJ-45（24 口）配线模块、多线对卡接模块（100 对）、理线架、以太网交换机设备等。

V6-3　电信间设备的设计

如果按建筑物每层电话和数据信息点各为 200 个考虑配置上述设备，则大约需要有 2 个 19 英寸（42U）的机柜，以此测算电信间面积不应小于 5 m²（2.5m×2.0m）。为综合布线系统设置内网、外网或弱电专用网时，19 英寸机柜应分别设置，并在保持一定间距或空间分隔的情况下预测电信间的面积。目前，高密度配线架的推出对电信间的空间有了更高的要求，800mm（宽）的 19 英寸机柜已被广泛应用。

（2）配线架的设计

电信间的配线架包括光纤配线架、网络电缆配线架、语音电缆配线架、110 通信跳线架等。按照设计原则，光纤配线架端口数量大于光纤信息点数量的 2 倍，电缆配线架端口数量大于电缆信息点数量。

（3）配线模块的设计

配线模块的设计应满足配线容量和类型的原则。电缆必须配置电缆模块，如超 5 类电缆配置超 5 类模块，6 类电缆配置 6 类模块；非屏蔽系统配置非屏蔽模块；屏蔽系统配置屏蔽模块；光缆必须配置光缆模块；SC 口配置 SC 连接器光缆跳线；ST 口配置 ST 连接器跳线；等等。

（4）跳线的设计

在电信间的设计中，坚持设备跳线满足终端设备使用端口容量的原则，必须按照前端计算机、打印机等终端设备的数量配置设备跳线，保证每台终端设备都有跳线连接到交换机上。

信息点配置的跳线按照比例配置，宜为信息点总数的 25%～50%。这是因为综合布线系统工程竣工后，前期信息点的开通率比较低，不需要在每个信息点都配置跳线。

（5）管理的设计

对电信间的跳线和理线需要进行专门的设计。例如，设计线缆的编号和标识，设计电信间内和机柜内的布线路由，设计线缆的预留长度，设计线缆绑扎方法、设备的间距和材料的选择，设计各种配线架的安装位置，预留交换机等设备的位置，等等。

6.2.3 电信间子系统实施

近年来，新建的建筑物中，每层都考虑到了电信间，并给网络等留有专门的弱电竖井，便于安装网络机柜等管理设备。

1. 机柜安装

电信间的机柜、配线箱等设备的规格、容量、位置应符合设计要求，安装应符合下列规定。

（1）机柜等设备的垂直度偏差不应大于 3mm。

（2）机柜上的各种零件安装牢固，横平竖直，不得脱落或碰坏。

（3）机柜、配线架等设备的漆面等外表面不应有脱落及划痕。

（4）机柜、配线架端口标记等设备的各种标志应完整、清晰。

（5）机柜门扇和门锁的启闭应灵活、可靠、美观。

（6）机柜、配线箱及桥架等设备的安装应牢固。有抗震要求时，应按抗震要求进行加固。

（7）在楼道、走廊等公共场所安装配线箱时，壁嵌式箱体底边距地不宜小于 1.5m，墙挂式箱体底面距地不宜小于 1.8m。

（8）安装空间要求。自行采购的机柜须有足够的安装空间。

（9）接地要求。机柜上要求有可靠的接地点供交换机接地。

（10）机柜内前后方孔条间距要求。将交换机安装到机柜时需使用前挂耳和后挂耳，对机柜内前后方孔条的间距有要求，如图 6.6 所示，其中，机柜宽度为图 6.6 中所示的 a，机柜深度为图 6.6 中所示的 b，机柜内方孔条间距为图 6.6 中所示的 c。当机柜的方孔条间距不满足要求时，可使用滑道或托盘进行调整，滑道或托盘需用户自备。

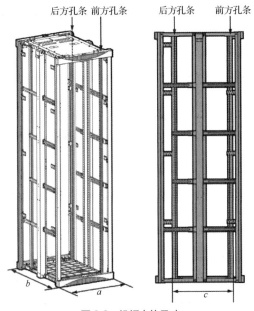

图 6.6 机柜中的尺寸

2. 交换机安装

交换机根据外形尺寸的不同，支持的安装场景包括安装到机柜、安装到工作台、安装到墙面和安装到墙顶。安装人员可以查询手册，确定对应型号和尺寸的交换机所支持的安装场景。需要注意的是，某些设备款型工作时壳体表面温度较高，建议安装在受限制接触区域中，如安装在网络箱内、机柜中、机房工作台上等，不可让非熟练技术人员接触，以保证其安全性。

首先查看硬件手册，确认对应的交换机型号是否支持安装场景，安装前需要确认以下事项。

（1）机柜已被固定好，且满足机柜/机架的要求。

（2）机柜内交换机的安装位置已经布置完毕。

（3）要安装的交换机已经准备好，并被放置在离机柜较近且便于搬运的位置。

（4）安装前需做好防静电保护措施，如佩戴防静电腕带或防静电手套。

（5）通常，交换机的散热类型分为风扇强制散热、准自然散热和自然散热 3 种，在 1 台机柜/机架中安装多台交换机时，自然散热交换机上下间隔必须大于等于 1U，风扇强制散热和准自然散热交换机上下间隔建议为 1U。

（6）安装时，保证交换机的挂耳在机柜/机架左右两端水平对齐，禁止强行安装，否则可能导致交换机弯曲变形。

需要准备的工具和附件包括浮动螺母（每台 4 个，需用户自备）、M4 螺钉、M6 螺钉（每台 4 个，需用户自备）、前挂耳（每台 2 个）、接地线缆、滑道（可选）。

操作步骤如下。

（1）佩戴防静电腕带或防静电手套。如果佩戴防静电腕带，则需确保防静电腕带一端已经接地，另一端与佩戴者的皮肤良好接触。

（2）使用 M4 螺钉安装前挂耳到交换机中。对于不同型号的交换机，标配的前挂耳型号及安装方式不同，如图 6.7 所示。安装前挂耳到交换机时应使用与设备配套的挂耳。图 6.7 所示为左耳的安装方法，右耳的安装方法与左耳相同。安装图 6.7(f)、(g)、(h)中的前挂耳到交换机时，每侧只需要固定 2 个螺钉。

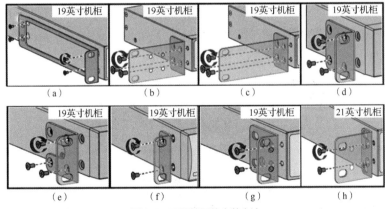

图 6.7 不同挂耳的安装方法

（3）连接接地线缆到交换机（可选）。交换机接地是交换机安装过程中重要的一步，交换机正确接地是交换机防雷电、防干扰、防静电损坏的重要保障，是确保 PoE 交换机给 PD 正常上电的重要前提。根据交换机的安装环境，可将交换机的接地线缆连接在机柜/机架的接地点或接地排上，下面以将交换机的接地线缆连接到机柜的接地点为例进行说明。

① 拆下交换机接地点上的 M4 螺钉。用十字螺钉旋具逆时针拆下螺钉，如图 6.8 所示，拆下的 M4 螺钉应妥善放置。

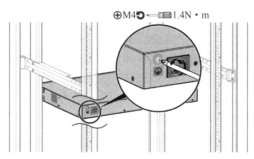

图 6.8　拆下交换机接地点上的 M4 螺钉

② 连接接地线缆到交换机接地点。用拆下的 M4 螺钉将接地线缆的 M4 端（接头孔径较小的一端）连接到交换机的接地点上，M4 螺钉的紧固力矩为 1.4N・m，如图 6.9 所示。

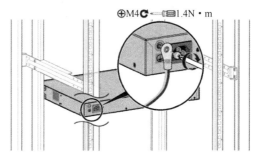

图 6.9　连接接地线缆到交换机接地点

③ 连接接地线缆到机柜接地点。使用 M6 螺钉将接地线缆的 M6 端（接头孔径较大的一端）连接到机柜的接地点上，M6 螺钉的紧固力矩为 4.8N・m，如图 6.10 所示。

接地线缆连接完成后，使用万用表的欧姆挡测量交换机接地点与接地端子之间的电阻，保证电阻不超过 0.1Ω。

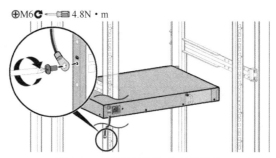

图 6.10　连接接地线缆到机柜接地点

④ 安装浮动螺母到机柜的方孔条。确定浮动螺母在方孔条上的安装位置，用一字螺钉旋具在机柜前方孔条上安装 4 个浮动螺母，左右各 2 个，挂耳上的固定孔对应着方孔条上间隔 1 个孔位的 2 个安装孔。保证左右对应的浮动螺母在同一水平面上。机柜方孔条上并不是所有的孔之间的距离都是 1U，要参照机柜上的刻度，需注意识别这一点。

⑤ 安装交换机到机柜。将不同前挂耳的交换机安装到机柜的方法相同，这里以一种前挂耳为例进行说明，如图 6.11 所示。

a. 搬运交换机到机柜中，双手托住交换机，使两侧的挂耳安装孔与机柜方孔条上的浮动螺母对齐。

b. 一只手托住交换机，另一只手使用十字螺钉旋具将挂耳通过 M6 螺钉（交换机两侧各安装 2 个）固定到机柜方孔条上。

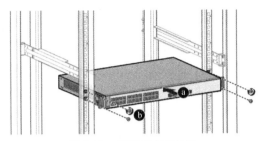

图 6.11　安装交换机到机柜

3. 配线架安装

按照图纸规定位置，安装全部配线架，要求保证安装位置正确，横平竖直，安装牢固，没有松动。采用地面出线方式时，一般线缆从机柜底部穿入机柜内部，配线架宜安装在机柜下部。采取桥架出线方式时，一般线缆从机柜顶部穿入机柜内部，配线架宜安装在机柜上部。线缆从机柜侧面穿入机柜内部时，配线架宜安装在机柜中部。配线架应该安装在左右对应的孔中，水平误差不应大于 2mm，不允许错位安装。

（1）网络配线架用于电缆布线系统，配置 6 口 RJ-45 模块，背面安装水平电缆，正面安装网络跳线，如图 6.12 所示。

图 6.12　6 口网络配线架

配线架的端接方法如下。

① 剥开双绞线外绝缘护套，长度不超过 5cm，如图 6.13 所示。

② 拆开 4 对双绞线，如图 6.14 所示。

图 6.13　剥开双绞线外绝缘护套

图 6.14　拆开 4 对双绞线

③ 按照配线架模块所标线序，将双绞线放入端接口中，如图 6.15 所示。

④ 使用打线钳压接线芯，使其与模块刀片可靠连接，如图 6.16 所示。

图 6.15　双绞线放入端接口中

图 6.16　配线架端接

配线架的安装步骤如下。

① 检查配线架和配件是否完整。

② 将配线架固定在机柜设计位置的立柱上，如图 6.17 所示。

③ 盘线和理线。将进入机柜的线缆按照区域、线束进行整理和绑扎，将多余线缆整理成盘放置在机柜内，如图 6.18 所示。

④ 端接打线。注意每个配线架端接的线缆必须在配线架高度以内，不要高于或低于配线架，以免占用其他设备的位置。端接模块如图 6.19 所示。

⑤ 做好线缆标记、安装标签条等。

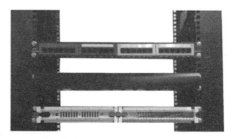

图 6.17　固定配线架

图 6.18　盘线和理线　　　　　图 6.19　端接模块

（2）光纤配线架用于光缆布线系统，配置 4 个双口 SC 光纤耦合器，背面安装 SC 口光纤接头，正面安装 SC 口光纤跳线，如图 6.20 所示。

图 6.20　4 个双口 SC 光纤配线架

4. 通信跳线架安装

通信跳线架的安装步骤如下。

（1）取出 110 配线架和附带的螺钉。

（2）利用十字螺钉旋具把 110 配线架用螺钉直接固定在网络机柜的立柱上，如图 6.21 所示。

（3）理线。

（4）按打线标准把每个线芯按顺序压接在跳线架下层模块端接口中。

（5）利用 5 对打线钳把 5 对连接模块用力垂直压接在 110 配线架上，完成模块端接操作，如图 6.22 所示。

图 6.21　固定 110 配线架　　　　　　图 6.22　模块端接

5. 理线器的安装

理线器的安装步骤如下。

（1）取出图 6.23 所示的理线器及其所带的配件和螺钉包。

（2）将理线器安装在网络机柜的立柱上，如图 6.24 所示。

图 6.23　理线器　　　　　　　　图 6.24　安装理线器

6.3　项目实训

6.3.1　安装壁挂式机柜

一般在中小型网络综合布线系统工程中，电信间子系统大多设置在楼道或者楼层竖井内，高度在 1.8m 以上。由于空间有限，经常选用壁挂式机柜，常用的规格有 6U、9U、12U 等，如图 6.25 所示。

图 6.25　壁挂式机柜

1. 实训目的

（1）通过常用壁挂式机柜的安装，了解机柜的布置原则、安装方法及其使用要求。

（2）通过壁挂式机柜的安装，熟悉常用壁挂式机柜的规格和性能。

2．实训内容

（1）准备实训材料和工具，列出实训材料和工具清单。

（2）独立领取实训材料和工具。

（3）完成壁挂式机柜的定位。

（4）完成壁挂式机柜的固定安装。

3．实训过程

（1）设计设备安装方案，确定壁挂式机柜安装位置。由 4 或 5 人组成一个项目组，选举项目负责人，每组设计一种设备安装方案，并且绘制施工图，如图 6.26 所示。项目负责人指定 1 种设计方案进行实训。

（2）准备实训材料和工具，列出实训材料和工具清单。

（3）领取实训材料和工具。

（4）准备好需要安装的设备——壁挂式机柜，将机柜的门先取掉，以方便机柜的安装。

（5）使用实训专用螺钉，在设计好的位置安装壁挂式机柜，将螺钉固定牢固。

（6）安装完毕后，将门重新安装到位，安装完毕的壁挂式机柜如图 6.27 所示。

（7）对机柜进行编号。

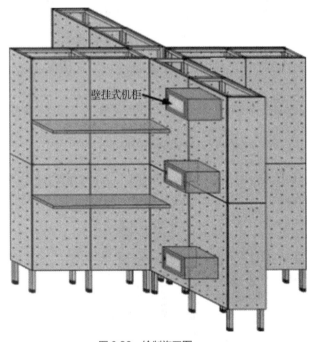

图 6.26　绘制施工图

图 6.27　安装完毕的壁挂式机柜

4．实训总结

（1）绘制壁挂式机柜布局示意图。

（2）写出常用壁挂式机柜的规格。

（3）分步陈述实训程序或步骤以及安装注意事项。

（4）写出实训体会和操作技巧。

6.3.2　安装铜缆配线设备

电信间子系统壁挂式机柜内主要安装铜缆配线设备，一般有网络交换机、网络配线架、110 跳线架、理线器等，本节主要介绍铜缆配线设备的安装。

1. 实训目的

（1）通过网络配线设备的安装和压接线实验，了解网络机柜内布线设备的安装方法和功能。

（2）通过配线设备的安装，熟悉常用工具和配套基本材料的使用方法。

2. 实训内容

（1）准备实训材料和工具，列出实训材料和工具清单。

（2）独立领取实训材料和工具。

（3）完成网络配线架的安装和压接线实验。

（4）完成理线器的安装和理线实验。

3. 实训过程

（1）设计机柜内设备安装方案，并绘制施工图，如图 6.28 所示。由 4 或 5 人组成一个项目组，选举项目负责人，每组设计一种设备安装方案，并绘制施工图。项目负责人指定 1 种设计方案进行实训。

（2）按照施工图，核算实训材料规格和数量，掌握工程材料核算方法，列出实训材料清单。

（3）按照施工图，准备实训工具，列出实训工具清单。

（4）领取实训材料和工具。

（5）确定机柜内需要安装的设备及其数量，合理安排配线架、理线器的位置，主要考虑级联线路合理，施工和维修方便。

（6）准备好需要安装的设备，打开设备自带的工具包，在设计好的位置安装配线架、理线器等设备，注意保持设备平齐，将螺钉固定牢固，并做好设备编号和标记。

（7）安装完毕后，开始理线和压接线缆，整理完毕后如图 6.29 所示。

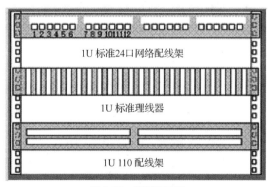

图 6.28　绘制施工图

图 6.29　整理完毕后

4. 实训总结

（1）绘制机柜内设备布局示意图。

（2）写出常用理线器和配线架的规格。

（3）分步陈述实训程序或步骤以及安装注意事项。

（4）写出实训体会和操作技巧。

项目小结

1. 认识电信间子系统，主要讲解电信间子系统的划分原则、电信间子系统配置设计要求。
2. 电信间子系统设计，主要讲解电信间子系统的设计原则、电信间的设计、电信间设备的设计。
3. 电信间子系统实施，主要讲解机柜安装、交换机安装、配线架安装、通信跳线架安装。

课后习题

1. 选择题

（1）电信间子系统用于连接（　　）子系统和配线子系统。

    A. 建筑群   B. 干线   C. 设备间   D. 进线间

（2）配线架的配线对数可由管理的（　　）数决定。

    A. 调制解调器   B. 终端   C. 信息点   D. 交换机

（3）综合布线系统中，电信间子系统包括楼层配线间、二级交接间的线缆、（　　）及相关接插跳线等。

    A. 信息点   B. 配线架   C. 水平电缆   D. 网络模块

（4）楼层的每层信息点数量不多于 400 个，水平线缆长度在 90m 范围以内，宜设置（　　）电信间，当超出这个范围时宜设（　　）电信间。

    A. 一个   B. 两个   C. 多个   D. 两个或多个

（5）电信间的使用面积不应小于（　　），也可根据工程中配线管理和网络管理的容量进行调整。

    A. 2 m^2 B. 3 m^2 C. 5 m^2 D. 10 m^2

（6）通常电信间应采用外开防火门，门的高度不应小于（　　），净宽不应小于（　　）。

    A. 0.9m   B. 1.0m   C. 1.5m   D. 2.0m

（7）电信间内工作温度应为（　　），相对湿度宜为（　　）。

    A. 10～25℃   B. 10～35℃   C. 20%～80%   D. 5%～80%

（8）机柜等设备的垂直度偏差不应大于（　　）。

    A. 1mm   B. 2mm   C. 3mm   D. 5mm

（9）在楼道、走廊等公共场所安装配线箱时，壁嵌式箱体底边距地不宜小于（　　），墙挂式箱体底面距地不宜小于（　　）。

    A. 1.0m   B. 1.5m   C. 1.8m   D. 2.0m

（10）电信间信息点配置的跳线应按照比例配置，宜为信息点总数的（　　）。

    A. 15%～20%   B. 15%～50%   C. 20%～50%   D. 25%～50%

2. 简答题

（1）简述电信间子系统的划分原则。

（2）简述电信间子系统配置设计要求。

（3）简述电信间子系统的设计原则。

（4）简述电信间以及电信间设备的设计。

项目 7
设备间子系统的设计与实施

07

知识目标

- 了解设备间子系统配线设备选用规定、配线模块产品选用规定。
- 掌握设备间子系统的设计原则、设备间子系统的设计步骤与要求、设备间子系统的线缆敷设。
- 掌握走线通道敷设安装施工、线缆端接、开放式网格桥架的安装施工、设备间防静电措施、配电要求、防火墙安装、服务器安装。

技能目标

- 掌握设备间 42U 机柜的安装方法。
- 掌握设备间设备的安装方法。

素养目标

- 培养自我学习的能力和习惯。
- 树立团结互助、进取合作的意识。

7.1 项目陈述

设备间子系统就是建筑物的网络中心，有时也称为建筑物机房，智能建筑一般有独立的设备间。设备间子系统既是建筑物中数据、语音垂直主干线缆终接的场所，又是建筑群的线缆进入建筑物的场所，还是各种数据和语音设备及保护设施的安装场所，更是网络系统进行管理、控制、维护的场所。设备间子系统的所有进线终端设备均采用色标区分各类设备的用途。

7.2 知识准备

7.2.1 认识设备间子系统

设备间是建筑物的电话交换机设备和计算机网络设备，以及建筑物配线设备安装的地点，也是进行网络管理的场所。对综合布线系统工程设计而言，设备间主要用于安装总配线设备。当为通信设备与配线设备分别设置设备间时，考虑到设备电缆有长度限制及各系统设备运行维护的要求，设备间之间的距离不宜相隔太远。

设备间子系统一般设置在建筑物中部或在建筑物的一、二层，避免设置在顶层，而且要为以后的扩展留下余地，同时设备间对面积、门窗、天花板、电源、照明、散热、设备接地等有一定的要求。图 7.1 所示为建筑物设备间子系统示意。

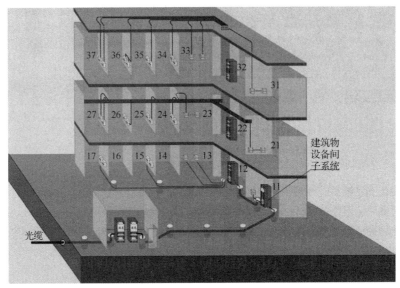

图 7.1　建筑物设备间子系统示意

1．设备间子系统配线设备选用规定

国家标准 GB 50311—2016《综合布线系统工程设计规范》中，对设备间 BD 等配线设备给出了下列具体规定。

（1）应用于数据业务时，电缆配线模块应采用 8 位模块通用插座。

（2）应用于语音业务时，BD、CD 处配线模块应选用卡接式配线模块，包括多对、25 对卡接模块及回线型卡接模块。

（3）光纤配线模块应采用单工或双工的 SC 或 LC 光纤连接器件及适配器。

（4）主干光缆的光纤容量较大时，可采用预端接光纤连接器件互通。

（5）综合布线系统产品的选用应考虑线缆与器件的类型、规格、尺寸，以及对安装设计与施工造成的影响。

2．配线模块产品选用规定

国家标准 GB 50311—2016《综合布线系统工程设计规范》的条文说明中要求，设备间安装的配线设备选用应与所连接的线缆相适应，表 7.1 所示为配线模块产品选用规定。

表 7.1　配线模块产品选用规定

类别	产品类型		配线模块安装场地和连接线缆类型		
	配线设备类型	容量与规格	FD（电信间）	BD（设备间）	CD（设备间）
电缆配线设备	大对数卡接模块	采用 4 对卡接模块	4 对水平电缆/ 4 对主干电缆	4 对主干电缆	4 对主干电缆
		采用 5 对卡接模块	大对数主干电缆	大对数主干电缆	大对数主干电缆
	25 对卡接模块	25 对	4 对水平电缆/ 4 对主干电缆 大对数主干电缆	4 对主干电缆/ 大对数主干电缆	4 对主干电缆/ 大对数主干电缆

续表

类别	产品类型		配线模块安装场地和连接线缆类型		
电缆配线设备	回线型卡接模块	8 回线	4 对水平电缆/4 对主干电缆	大对数主干电缆	大对数主干电缆
		10 回线	大对数主干电缆	大对数主干电缆	大对数主干电缆
	RJ-45 配线模块	24 口或 48 口	4 对水平电缆/4 对主干电缆	4 对主干电缆	4 对主干电缆
光纤配线设备	SC 光纤连接器件、适配器	单工/双工，24 口	水平/主干光缆	主干光缆	主干光缆
	LC 光纤连接器件、适配器	单工/双工，24 口、48 口	水平/主干光缆	主干光缆	主干光缆

说明：

（1）屏蔽大对数电缆使用 8 回线型卡接模块。

（2）FD 处水平侧的电话配线模块主要采用 RJ-45 类型的，以适应通信业务的变更与产品的互换性。

（3）当机柜出入的光纤数量较大时，为节省机柜的安装空间，也可以采用 LC 高密度（48～144 个光纤端口）的光纤配线架。

7.2.2　设备间子系统设计

在设计设备间时，设计人员应与用户一起商量，根据用户要求及现场情况具体确定设备间的最终位置。只有确定了设备间位置后，才可以设计综合布线系统的其他子系统。进行需求分析时，确定设备间的位置是一项重要的工作。此外，还要与用户进行技术交流，最终确定设计要求。

1. 设备间子系统的设计原则

根据相关标准与安装工艺要求，在设备间子系统的设计中，一般要遵循以下原则。

V7-1　设备间子系统的设计原则

（1）设备间设置的位置应根据设备的数量、规模、网络构成等因素综合考虑。

（2）每栋建筑物内应设置不少于 1 个设备间，并应符合下列规定。

① 当电话交换机与计算机网络设备分别安装在不同的场地、有安全要求或有不同业务应用需要时，可设置 2 个或 2 个以上配线专用的设备间。

② 当综合布线系统设备间与建筑内信息接入机房、信息网络机房、用户电话交换机房、智能化总控室等合设时，房屋使用空间应做分隔。

（3）设备间内的空间应满足综合布线系统配线设备的安装需要，其面积不应小于 10 m^2，当设备间内需安装其他通信设备机柜或光纤到用户单元通信设备机柜时，应增加面积。

（4）设备间的设计应符合下列规定。

① 设备间宜处于干线子系统的中间位置，并应考虑主干线缆的传输距离、敷设路由与数量。

② 设备间宜靠近建筑物布放主干线缆的竖井位置。

③ 设备间宜设置在建筑物的首层或楼上层，当地下室为多层时，也可设置在地下一层。

④ 设备间应远离供电变压器、发动机和发电机、X 射线设备、无线射频或雷达发射机等设备以及有电磁干扰源存在的场所。

⑤ 设备间应远离粉尘、油烟、有害气体以及存有腐蚀性、易燃、易爆物品的场所。

⑥ 设备间不应设置在厕所、浴室或其他潮湿、易积水区域的正下方或毗邻场所。

⑦ 设备间室内温度应保持在 10～35℃，相对湿度应保持在 20%～80%，并应有良好的通风，当室内安装有源的通信设备时，应采取满足设备可靠运行要求的对应措施。

⑧ 设备间内梁下净高不应小于 2.5m。

⑨ 设备间应采用外开双扇防火门，房门净高不应小于 2.0m，净宽不应小于 1.5m。

⑩ 设备间的水泥地面应高出本层地面不小于 100mm 或设置防水门槛。

⑪ 室内地面应具有防潮措施。

（5）设备间应防止有害气体侵入，并应有良好的防尘功能，灰尘含量限值宜符合表 7.2 中的规定。

表 7.2 灰尘含量限值

灰尘颗粒的最大直径/μm	0.5	1	3	5
灰尘颗粒的最大浓度/（粒子数/m³）	1.4×10^7	7×10^5	2.4×10^5	1.3×10^5

（6）设备间应设置不少于 2 个单相交流 220V/10A 电源插座盒，每个电源插座的配电线路均应装设保护器，设备供电电源应另行配置。

2. 设备间子系统的设计步骤与要求

设备间子系统的设计应首先遵守设备间子系统的设计原则，同时充分考虑设备间的位置以及设备间的环境要求，具体设计要点如下。

（1）设备间的位置

设备间的位置应根据建筑物的结构、综合布线规模、管理方式以及应用系统设备的数量等方面进行综合考虑，择优选取。

① 应尽量建在综合布线干线子系统的中间位置，并尽可能靠近建筑物电缆引入区和网络接口，以方便干线线缆的进出。

② 应尽量避免设在建筑物的高层或地下室以及用水设备的下层。

③ 应尽量远离强振动源和强噪声源。

④ 应尽量避免强电磁场的干扰。

⑤ 应尽量远离有害气体源以及易腐蚀物、易燃物、易爆物。

⑥ 应便于接地装置的安装。

（2）设备间的面积

国家标准 GB 50311—2016《综合布线系统工程设计规范》规定设备间应有足够的设备安装空间，其面积不应小于 10m²，该面积不包括程控用户交换机、计算机网络设备等设备所需的面积在内。

设备间的面积要考虑所有设备的安装面积，还要考虑预留工作人员管理操作设备的地方的面积。设备间的面积可按照下述两种方法确定。

方法一：已知 S_b 为与综合布线有关并安装在设备间内的设备所占面积，S 为设备间的总面积，那么 $S=(5\sim7)\sum S_b$。

方法二：当设备尚未选型时，设备间总面积 $S=KA$。其中，A 为设备间的所有设备台（架）的总数；K 为系数，取值为 $(4.5\sim5.5)m^2$/台（架）。

（3）建筑结构

设备间的建筑结构主要依据设备大小、设备搬运方式以及设备重量等因素而设计。设备间的高度一般为 2.5～3.2m。设备间门的大小至少为高 2.1m、宽 1.5m。

（4）设备间的环境要求

设备间内安装了计算机、计算机网络设备、程控电话交换机、建筑物自动化控制设备等硬件设备。这些设备的运行有相应的温度、湿度、供电、防尘等要求。

综合布线有关设备的温湿度要求可分为 A、B、C 这 3 级，设备间的温湿度也可参照这 3 个级别进行设计。设备间温湿度要求如表 7.3 所示。

表7.3　设备间温湿度要求

项目	A级	B级	C级
温度/℃	夏季为22±4，冬季为18±4	12~30	8~35
相对湿度/%	40~65	35~70	20~80

　　设备间的温湿度可以通过安装降温或加温、加湿或除湿功能的空调设备来实现控制。选择空调设备时，南方地区主要考虑降温和除湿功能，北方地区要全面考虑降温、升温、除湿、加湿功能。空调的功率主要根据设备间的大小及设备数量而定。

　　（5）设备间的设备管理

　　设备间的设备种类繁多，且线缆布设复杂。为了管理好各种设备及线缆，应对设备间的设备分类、分区安装。设备间所有进出线装置或设备应采用不同色标，以区分各类用途的配线区，方便线路的维护和管理。

　　（6）安全分类

　　设备间的安全要求分为A、B、C这3个类别，如表7.4所示。

表7.4　设备间的安全要求

安全项目	A类	B类	C类
场地选择	有要求或增加要求	有要求或增加要求	无要求
防火	有要求或增加要求	有要求或增加要求	有要求或增加要求
内部装修	要求	有要求或增加要求	无要求
供配电系统	要求	有要求或增加要求	有要求或增加要求
空调系统	要求	有要求或增加要求	有要求或增加要求
火灾报警及消防设施	要求	有要求或增加要求	有要求或增加要求
防水	要求	有要求或增加要求	无要求
防静电	要求	有要求或增加要求	无要求
防雷击	要求	有要求或增加要求	无要求
防鼠害	要求	有要求或增加要求	无要求
电磁干扰的防护	有要求或增加要求	有要求或增加要求	无要求

　　A类：对设备间的安全有严格的要求，设备间有完善的安全措施。

　　B类：对设备间的安全有较严格的要求，设备间有较完善的安全措施。

　　C类：对设备间的安全有基本的要求，设备间有基本的安全措施。

　　（7）防火结构

　　安全要求应为A、B类设备间设置火灾报警装置。在机房内、基本工作房间内、活动地板下、吊顶上方及易燃物附近都应设置烟感和温感探测器。

　　A类设备间内应设置二氧化碳（CO_2）自动灭火系统，并备有手提式二氧化碳灭火器。

　　B类设备间内在条件许可的情况下，应设置二氧化碳自动灭火系统，并备有手提式二氧化碳灭火器。

　　C类设备间内应备有手提式二氧化碳灭火器。

　　A、B、C类设备间除禁止使用纸介质等易燃物质外，禁止使用水基灭火器、干粉灭火器或泡沫灭火器等易产生二次破坏的灭火器。为了保证设备的使用安全，设备间应安装相应的消防系统，配备防火、防盗门。为了在发生火灾或意外事故时方便设备间工作人员迅速向外疏散，对于规模较大的建筑物，在设备间或机房应设置直通室外的安全出口。

（8）设备间的散热要求

机柜/机架与走线通道的安装位置对设备间的气流组织设计至关重要，图 7.2 展示了各种设备建议的安装位置与气流组织。

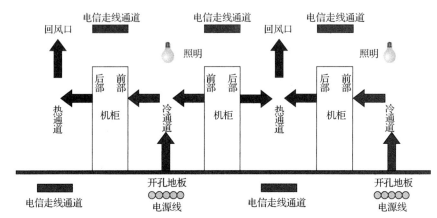

图 7.2　设备间设备建议的安装位置与气流组织

（9）接地要求

在设备间设备安装过程中必须考虑设备的接地。根据综合布线相关规范，接地要求如下。

① 直流工作接地电阻一般要求不应大于 4Ω，交流工作接地电阻也不应大于 4Ω，防雷保护接地电阻不应大于 10Ω。

② 建筑物内部应设有一套网状接地网络。如果综合布线系统单独设置接地系统，且能保证与其他接地系统之间有足够的距离，则接地电阻规定为小于等于 4Ω。

③ 为了良好地接地，推荐采用联合接地方式。所谓联合接地方式就是指将防雷接地、交流工作接地、直流工作接地等统一接到共用的接地装置上。

④ 接地所使用的铜线电缆规格与接地的距离有直接关系，一般接地距离在 30m 以内，接地导线采用直径为 4mm 的带绝缘套的多股铜线缆。

（10）内部装饰

设备间装修材料使用符合最新的国家标准 GB 50016—2014《建筑设计防火规范（2018 年版）》中规定的难燃材料或阻燃材料，应能防潮、吸音、防尘、防静电等。

3. 设备间子系统的线缆敷设

设备间子系统的线缆敷设主要有以下几种方式。

（1）活动地板方式

这种方式是指线缆在活动地板下的空间敷设，地板下空间大，因此电缆容量和条数多，路由自由便捷，节省电缆费用，线缆敷设和拆除均简单方便，能适应线路增减变化，有较高的灵活性，便于维护管理。

V7-2　设备间子系统的线缆敷设

（2）地板或墙壁内沟槽方式

这种方式是指线缆在建筑中预先建成的墙壁或地板内沟槽中敷设，沟槽的断面尺寸大小根据线缆终期容量来设计，上面设置盖板保护。这种方式的造价较活动地板方式低，便于施工和维护，也有利于扩建，但沟槽设计和施工必须与建筑设计和施工同时进行，在配合、协调上较为复杂。

（3）预埋管路方式

这种方式是指在建筑的墙壁或楼板内预埋管路，管径和根数根据线缆需要来设计。使用这种方式时，穿放线缆比较容易，维护、检修和扩建均有利，造价低廉，技术要求不高，是一种常用的方式。

（4）机架走线架方式

这种方式是一种在设备（机架）上沿墙安装走线架（或槽道）的敷设方式，走线架（或槽道）的尺寸根据线缆设计，它不受建筑的设计和施工限制，可以在建成后使用，便于施工和维护，也有利于扩建。

7.2.3 设备间子系统实施

在设计设备间布局时，一定要将安装设备区域和管理人员办公区域分开，这样不但便于管理人员的办公，而且便于设备的维护。设备间布局平面图如图 7.3 所示（图 7.3 中未标注的单位为 mm）。

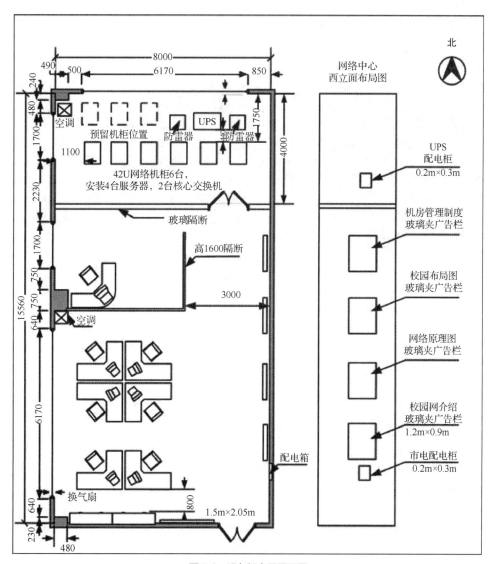

图 7.3 设备间布局平面图

1. 走线通道敷设安装施工

图7.4所示为走线通道敷设安装施工示意，设备间内各种桥架、管道等走线通道敷设应符合以下要求。

（1）横平竖直、水平走向支架或者吊架左右偏差应不大于50mm，高低偏差应不大于2mm。

（2）走线通道与其他管道共架安装时，走线通道应布置在管道的一侧。

（3）在走线通道内垂直敷设线缆时，在线缆的上端和每间隔1.5m处于通道的支架上进行固定，水平敷设线缆时，在线缆的首、尾、转弯及每间隔5～10m处进行固定。

（4）布放在电缆桥架上的线缆必须绑扎。要求外表平直整齐，线扣间距均匀，松紧适度。

（5）要求将交流电源线、直流电源线和信号线分架布放，或金属线槽采用金属板隔开，在保证线缆间距的情况下，可以同槽敷设。

（6）线缆应顺直，不宜交叉，特别在线缆转弯处应绑扎、固定。

（7）线缆在机柜内布放时不宜绷紧，应留有适量余量，绑扎线扣间距均匀，松紧适宜，布放顺直、整齐，不应交叉缠绕。

（8）6A类UTP网线敷设通道填充率不应超过40%。

图7.4　走线通道敷设安装施工示意

2. 线缆端接

设备间有大量的端接工作，在进行线缆与跳线的端接时应遵守下列基本要求。

（1）需要交叉连接时，尽量减少跳线的冗余，保持外表整齐和美观。

（2）满足线缆的弯曲半径要求。

（3）线缆应端接到性能、级别一致的连接硬件上。

（4）主干线缆和水平线缆应被端接在不同的配线架上。

（5）尽量保障双绞线外护套剥除最短。

（6）线对开绞距离不能超过13mm。

（7）6A类双绞线绑扎不宜过紧。

图7.5所示为电缆端接与理线器典型应用案例，图7.6所示为光缆端接典型应用案例。

3. 开放式网格桥架的安装施工

（1）地板下安装

设备间桥架必须与建筑物干线子系统和电信间主桥架连通，在设备间内部，每隔1.5m安装一个地面托架或者支架，用螺栓、螺母等固定，如图7.7所示。

图 7.5　电缆端接与理线器典型应用案例　　　　图 7.6　光缆端接典型应用案例

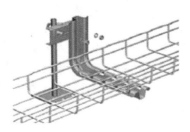

图 7.7　地板下安装

一般情况下可采用支架，支架与托架的离地高度可以根据用户现场的实际情况而定，不受限制，底部至少离地 50mm。

（2）天花板安装

在天花板安装桥架时常采取吊装方式，通过槽钢支架或者钢筋吊杆，再结合水平托架和 M6 螺栓将桥架固定，吊装于机柜上方，将相应的线缆布放到机柜中，通过机柜中的理线器等对其进行绑扎、整理归位，如图 7.8 所示。

图 7.8　天花板安装

4. 设备间防静电措施

为了防止静电带来的危害，更好地保护机房设备，更好地利用布线空间，应在中央机房等关键的房间内安装高架防静电地板。

设备间用的防静电地板有钢结构地板和木结构地板两大类，其要求是既具有防火、防水和防静电功能，又要轻、薄并具有较高的强度和适应性，且有微孔通风。防静电地板下面或防静电吊顶板上面的通风道应留有足够余地以作为机房敷设线槽、线缆的空间，这样既能保证大量线槽、线缆便于施工，又能使机房整洁美观。

在设备间安装防静电地板时，要同时安装静电泄漏地网。静电泄漏地网通过静电泄漏干线和机房安全保护地的接地端子封在一起，将静电泄漏掉。

V7-4　设备间防静电措施

中央机房、设备间的高架防静电地板的安装注意事项如下。

（1）清洁地面。用水冲洗或拖湿地面，必须等到地面完全干了以后再进行施工。

（2）画地板网格线和线缆管槽路径标识线，这是确保地板横平竖直的必要步骤。首先将每个支架的位置正确标注在地面上，其次将地板下大量线槽、线缆的出口、安放方向、距离等一同标注在地面上，再次准确地画出定位螺钉的孔位，最后按照标注安装线槽、支架、地板。

（3）敷设线槽、线缆。先敷设防静电地板下面的线槽，这些线槽都是金属可锁闭和开启的，因而这一步骤的作用是将线槽全面固定，并同时安装接地引线，然后布放线缆。

（4）支架及线槽系统的接地保护。这对于网络系统的安全至关重要。特别注意连接在地板支架上的接地铜线，其作为防静电地板的接地保护。注意，一定要等到所有支架安放完成后再统一校准支架高度。

5. 配电要求

设备间供电由建筑市电提供电源进入设备间专用的配电柜。设备间设置了设备专用的 UPS 地板下插座，为了便于维护，在墙面上安装维修插座。其他房间根据设备的数量安装相应的维修插座。配电柜除了应满足设备间设备的供电以外，应留出一定的余量，以备以后的扩容。

6. 防火墙安装

华为 USG6300 系列防火墙采用了全新设计的万兆多核硬件平台，性能优异。该系列防火墙提供了多个高密度扩展接口卡槽位，支持丰富的接口卡类型，能够实现海量业务处理。其关键部件冗余配置，链路转换机制成熟，支持内置电 Bypass 插卡，可为用户提供超长时间无故障的硬件保障，帮助用户打造永久的办公环境。

（1）安装前准备

在安装防火墙设备前，请充分了解需要注意的事项和遵循的要求，并准备好安装过程中所需要的工具。

① 在安装防火墙设备时，不当的操作可能会引起人身伤害或导致设备损坏，为保障人身和设备安全，在安装、操作和维护设备时，请遵循设备上的标志及手册中说明的所有安全注意事项。手册中的"注意""小心""警告""危险"事项，并不代表所应遵守的所有安全事项，只作为所有安全注意事项的补充。

② 安装防火墙设备前，请检查安装环境是否符合要求，以保证设备正常工作并延长设备使用寿命。

③ 安装防火墙设备过程中需要使用到以下工具：十字螺钉旋具（M3～M6）、套筒扳手（M6、M8、M12、M14、M17、M19）、尖嘴钳、斜口钳等。

（2）安装防火墙

安装防火墙设备到 19 英寸标准机柜中的操作步骤如下。

① 安装机箱挂耳。使用十字螺钉旋具，用 M4 螺钉将挂耳固定在机箱两侧，如图 7.9 所示。

图 7.9　安装机箱挂耳

② 安装浮动螺母。浮动螺母的安装位置如图 7.10 所示。

图 7.10　浮动螺母的安装位置

③ 安装与 M6 螺钉配套的浮动螺母，如图 7.11 所示。

图 7.11　安装与 M6 螺钉配套的浮动螺母

④ 安装 M6 螺钉到机柜中。使用十字螺钉旋具将 M6 螺钉固定在下排的两个浮动螺母上，先不拧紧，外露 2mm 左右，如图 7.12 所示。

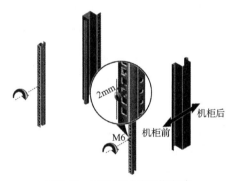

图 7.12　安装 M6 螺钉到机柜中

⑤ 安装设备到机柜中。抬起设备，慢慢将设备移到机柜中，使设备两侧的挂耳勾住外露的 M6 螺钉。使用十字螺钉旋具拧紧外露的 M6 螺钉后，再安装上排的 M6 螺钉，将设备通过挂耳固定到机柜中，如图 7.13 所示。

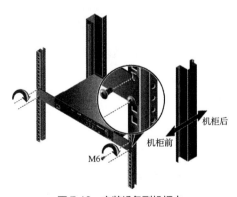

图 7.13　安装设备到机柜中

安装完成后，需检查防火墙设备是否已牢固地安装在机柜中，防火墙周围是否有妨碍散热的物品。

7. 服务器安装

下面以华为 RH2288H V3 服务器为例，说明服务器设备的安装步骤。

（1）安装准备

首先需要准备好工具和附件，包括十字螺钉旋具、一字螺钉旋具、浮动螺母安装条、剥线钳、斜口钳、网线钳、卷尺、万用表、网络测试仪、扎带、防静电手套或防静电手腕带等。

（2）安装服务器

① 在可伸缩滑道上安装服务器（适用于所有厂商的机柜）。

V7-5　在可伸缩滑道上安装服务器

直接堆叠服务器会造成服务器损坏，因此服务器必须安装在滑道上。可伸缩滑道分为左侧滑道和右侧滑道，标有"L"的滑道为左侧滑道，标有"R"的滑道为右侧滑道，安装时勿弄错方向。RH2288H V3 服务器的机柜前后方孔条的距离为 543.5～848.5mm。通过调整可伸缩滑道的长度，可以将服务器安装在不同深度的机柜中。

操作步骤如下。

a. 按照安装指导书安装可伸缩滑道。

b. 至少 2 个人水平抬起服务器，将服务器放置到滑道上，并将其推入机柜。如果搬运时拔出了磁盘，则应记录各磁盘插槽位置，上架后插入对应磁盘，以防预装的系统无法启动。将服务器推入机柜时，注意在机柜后面导向，以免服务器撞到机柜后的方孔条。

c. 服务器两端的挂耳紧贴机柜方孔条时，拧紧挂耳上的松不脱螺钉以固定服务器，如图 7.14 所示。

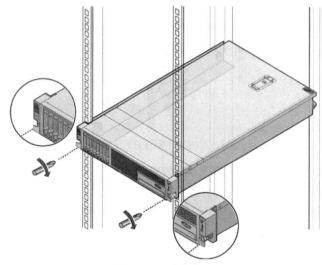

图 7.14　固定服务器

② 在 L 形滑道上安装服务器（只适用于华为机柜）。

L 形滑道只适用于华为机柜。

操作步骤如下。

a. 安装浮动螺母，如图 7.15 所示。

将浮动螺母安装在机柜内侧，为固定服务器的 M6 螺钉提供螺钉孔。

（a）把浮动螺母的下端扣在机柜前方，固定在导槽安装孔位上。

（b）用浮动螺母安装条牵引浮动螺母的上端，将其安装在机柜前的方孔上。

V7-6　在 L 形滑道上安装服务器

图 7.15　安装浮动螺母

b．安装 L 形滑道，如图 7.16 所示。

（a）按照规划好的位置，将滑道水平放置，贴近机柜方孔条。

（b）按顺时针方向拧紧滑道的紧固螺钉。

（c）使用同样方法安装另一个滑道。

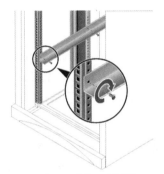

图 7.16　安装 L 形滑道

c．至少 2 个人水平抬起服务器，将服务器放置到滑道上，并将其推入机柜。如果搬运时拔出了磁盘，则应记录各磁盘插槽位置，上架后插入对应磁盘，以防预装的系统无法启动。将服务器推入机柜时，注意在机柜后面导向，以免服务器撞到机柜后的方孔条。

d．服务器两端的挂耳紧贴机柜方孔条时，拧紧挂耳上的松不脱螺钉以固定服务器。

此外，还可以在抱轨上安装服务器，具体内容可扫描二维码进行视频观看。拆卸服务器的操作步骤可扫描二维码进行视频观看。

V7-7　在抱轨上
安装服务器

V7-8　拆卸
服务器

（3）安装电源线

严禁带电安装电源线。安装电源线前，必须关闭电源开关，以免造成人身伤害。为了保障设备和人身安全，请使用配套的电源线。

操作步骤如下。

① 将交流电源线的一端插入服务器后面板电源模块的线缆接口，如图 7.17 所示。

② 将交流电源线的另一端插入机柜的交流插线排。交流插排线位于机柜后方，水平固定在机柜上。可以选择就近的交流插线排上的插孔插入电源线。

V7-9　交流电源
模块

③ 用扎带将电源线绑扎在机柜导线槽上。

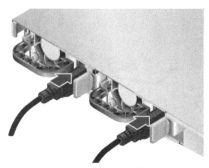

图 7.17　安装电源线

7.3　项目实训

7.3.1　安装设备间 42U 机柜

设备间一般设在建筑物中部或在建筑物的一、二层，避免设在顶层。图 7.18 所示为某公司数据中心机房设备间，设备间内主要安装了计算机、计算机网络设备、程控电话交换机、建筑物自动化控制设备等硬件设备，计算机网络设备多安装在 42U 机柜内，因此本节主要做设备间 42U 机柜的安装实训，实训项目场景如图 7.19 所示。

图 7.18　某公司数据中心机房设备间

图 7.19　实训项目场景

1．实训目的

（1）通过 42U 机柜的安装，了解机柜的布置原则、安装方法及其使用要求。

（2）通过 42U 机柜的安装，掌握机柜门板的拆卸和重新安装方法。

2．实训内容

（1）准备实训材料和工具，列出实训材料和工具清单。

（2）独立领取实训材料和工具。

（3）完成 42U 机柜的定位、地脚螺钉调整、门板的拆卸和重新安装。

3．实训过程

（1）准备实训材料和工具，列出实训材料和工具清单。

（2）领取实训材料和工具。立式机柜 1 个；十字螺钉旋具，长度为 150mm，用于固定螺钉，一般每人 1 把；5m 卷尺，一般每组 1 把。

（3）确定立式机柜安装位置。由 4 或 5 人组成一个项目组，选举项目负责人，每组设计一种设备安装方案，并绘制施工图。项目负责人指定 1 种设计方案进行实训。

（4）实际测量尺寸。

（5）准备好需要安装的网络机柜，将机柜就位，然后将机柜底部的定位螺栓向下旋转，将 4 个轮子悬空，保证机柜不能转动。

（6）安装完毕后，进行机柜门板的拆卸和重新安装。

4．实训总结

（1）画出立式机柜布局示意图。

（2）分步陈述实训程序或步骤以及安装注意事项。

（3）写出实训体会和操作技巧。

7.3.2　安装设备间机柜中设备

设备间非常重要的是机柜中的设备，本节主要做 42U 机柜中的设备（如防火墙、服务器、交换机、路由器、存储器等）安装实训，如图 7.20 所示。

图 7.20　设备安装示意

1．实训目的

（1）通过防火墙、服务器、交换机、路由器、存储器等设备的安装，了解设备的布置原则、安装方法及其使用要求。

（2）通过防火墙、服务器、交换机、路由器、存储器等设备的安装，掌握设备的拆卸和重新安装方法。

2. 实训内容

（1）准备实训材料和工具，列出实训材料和工具清单。

（2）独立领取实训材料和工具。

（3）完成防火墙、服务器、交换机、路由器、存储器等设备的拆卸和重新安装。

3. 实训过程

（1）准备实训材料和工具，列出实训材料和工具清单。

（2）领取实训材料和工具。立式机柜1个；十字螺钉旋具，长度为150mm，用于固定螺钉，一般每人1把。

（3）确定设备的安装位置。由4或5人组成一个项目组，选举项目负责人，每组设计一种设备安装方案，并绘制施工图。项目负责人指定1种设计方案进行实训。

（4）准备好需要安装的设备，将机柜就位，然后将机柜底部的定位螺栓向下旋转，将4个轮子悬空，保证机柜不能转动，进行设备的安装。

（5）安装完毕后，进行设备的拆卸和重新安装。

4. 实训总结

（1）画出设备的布局示意图。

（2）分步陈述实训程序或步骤以及安装注意事项。

（3）写出实训体会和操作技巧。

项目小结

1. 认识设备间子系统，主要讲解设备间子系统配线设备选用规定、配线模块产品选用规定。

2. 设备间子系统设计，主要讲解设备间子系统的设计原则、设备间子系统的设计步骤与要求、设备间子系统的线缆敷设。

3. 设备间子系统实施，主要讲解走线通道敷设安装施工、线缆端接、开放式网格桥架的安装施工、设备间防静电措施、配电要求、防火墙安装、服务器安装。

课后习题

1. 选择题

（1）设备间内的空间应满足布线系统配线设备的安装需要，其面积不应小于（　　）。

　　A. 5m² 　　B. 10m² 　　C. 20m² 　　D. 30m²

（2）设备间室内温度应保持在（　　），相对湿度应保持在（　　），并应有良好的通风系统。

　　A. 10℃～35℃ 　　B. 5℃～25℃ 　　C. 20%～80% 　　D. 10%～60%

（3）设备间内梁下净高不应小于（　　）。

　　A. 2m 　　B. 2.5m 　　C. 2.8m 　　D. 3m

（4）直流工作接地电阻一般要求不应大于4Ω，交流工作接地电阻也不应大于4Ω，防雷保护接地电阻不应大于（　　）。

　　A. 5Ω 　　B. 10Ω 　　C. 20Ω 　　D. 30Ω

（5）接地所使用的铜线电缆规格与接地的距离有直接关系，一般接地距离在（　　）以内。

  A．5m   B．10m   C．20m   D．30m

（6）【多选】设备间子系统的线缆敷设主要有（   ）。

  A．活动地板方式   B．地板或墙壁内沟槽方式

  C．预埋管路方式   D．机架走线架方式

2．简答题

（1）简述设备间子系统配线设备选用规定。

（2）简述设备间子系统的设计原则。

（3）简述设备间子系统的设计步骤与要求。

（4）简述设备间防静电措施。

项目 8
进线间子系统和建筑群子系统的设计与实施

知识目标

- 了解进线间子系统、建筑群子系统。
- 掌握进线间子系统的设计原则、进线间子系统的系统配置设计要求、建筑群子系统的设计原则、建筑群子系统的规划和设计。
- 掌握进线间子系统的安装工艺要求、设备安装工艺要求、建筑群子系统线缆的布设方式、光纤熔接、光纤冷接。

技能目标

- 掌握进线间入口管道敷设方法。
- 掌握建筑群子系统光缆敷设方法。

素养目标

- 培养职业精神、厚植职业理念，注重理实一体，践行知行合一。
- 培养创新能力、组织能力和决策能力。

8.1 项目陈述

进线间子系统是建筑物外部通信和信息管线的入口部位，并可作为入口设施和建筑群配线设备的安装场地。建筑群子系统也称楼宇管理子系统，建筑群子系统的相邻建筑物彼此之间可以进行语音、数据、图像和监控等操作，可用传输介质和各种设备连接在一起。连接各建筑物之间的线缆组成建筑群子系统，它可提供不止一个建筑物间的通信连接，包括连接介质、连接器、电子传输设备及相关电气保护设备。

8.2 知识准备

8.2.1 认识进线间子系统和建筑群子系统

进线间一般提供给多家电信业务经营者使用，通常设于地下一层。进线间主要作为室外电缆和光缆引入楼内的终端与分支，以及光缆的盘长空间冗余位置。一般情况下，进线间宜单独设置场地，以便进行功能的区分，对于电信专用入口设备比较少的布线场合，也可以将进线间与设备间合并。

进线间的线缆一般通过地埋管线进入建筑物内部，宜在土建阶段实施，如图 8.1 所示。

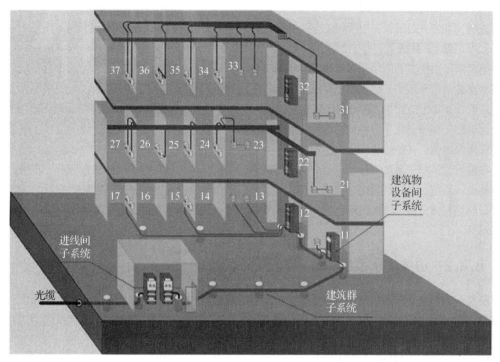

图 8.1　进线间和建筑群子系统示意

1. 进线间子系统

进线间主要作为室外电缆、光缆引入楼内的终端与分支空间位置。因为 FTTB、FTTH、FTTD 的应用日益增多，进线间显得尤为重要。

（1）进线间的位置

一般一个建筑物宜设置 1 个进线间，一般提供给多家电信运营商和业务提供商使用，通常设于地下一层。外线宜从两个不同的路由引入进线间，以利于与外部管道沟通。进线间与建筑物红外线范围内的入孔或手孔采用管道或通道的方式互连。

（2）进线间面积的确定

进线间因涉及因素较多，难以统一提出具体所需面积，可根据建筑物实际情况，并参照通信行业和国家的现行标准进行设计。进线间应满足线缆的敷设路由、终端位置及数量、光缆的盘长空间和线缆的弯曲半径、维护设备及配线设备安装所需要的场地空间和面积。

（3）线缆配置要求

建筑群主干电缆和光缆，以及公用网和专用网电缆、光缆与天线馈线等室外线缆进入建筑物时，应在进线间终端转换成室内电缆、光缆，并在线缆的终端处由多家电信业务经营者设置入口设施，入口设施中的配线设备应按引入的电缆、光缆容量配置。电信业务经营者或其他业务服务商在进线间设置安装入口配线设备应与建筑物配线设备或建筑群配线设备之间敷设相应的连接电缆、光缆，实现路由互通。线缆类型与容量应与配线设备相一致。

（4）入口管孔数量

进线间应设置管道入口。进线间线缆入口处的管孔数量应留有充分的余量，以满足相邻建筑物、建筑物弱电系统、外部接入业务及多家电信业务经营者和其他业务服务商线缆接入的需求，并应留有不少于 4 孔的余量。

（5）进线间管道入口处理

进线间管道入口所有布放线缆和空闲的管孔应采用防火材料封堵，做好防水处理。

2．建筑群子系统

建筑群子系统主要应用于多栋建筑物组成的建筑群综合布线场合，单栋建筑物的综合布线系统可以不考虑建筑群子系统。建筑群子系统主要实现的是建筑物与建筑物之间的通信，一般采用光缆并配置光纤配线架等相应设备，它支持建筑物之间通信所需的硬件，包括线缆、端接设备和电气保护装置。设计建筑群子系统时应考虑综合布线系统周围的环境，主要涉及布线路由选择、线缆选择、线缆布放方式选择等内容，并使线路长度符合相关标准。

在进行建筑群子系统设计时，首先要进行需求分析，具体内容包括工程的总体概况、工程各类信息点的统计数据、各建筑物信息点的分布情况、各建筑物的平面设计图、现有系统的状况、设备间位置等；然后具体分析一栋建筑物到另一栋建筑物之间的布线距离、布线路径，逐步明确布线方式和布线材料。

8.2.2 进线间子系统和建筑群子系统设计

随着信息与通信技术的发展，进线间的作用越来越重要。原来从电信线缆的引入角度考虑，将进线间称为交接间，但其已不仅仅用于实现配线方面的功能了。同时，它又不同于电信枢纽楼对进线间的使用要求，在管道容量上，进线间也是现阶段被认识和引起重视的一个原因。

1．进线间子系统的设计原则

根据国家标准 GB 50311—2016《综合布线系统工程设计规范》，结合实际工程设计与施工经验，建议在设计进线间子系统时遵循以下原则。

V8-1 进线间
子系统的设计原则

（1）地下设置的原则。进线间一般应该设置在地下室或靠近外墙的位置，以方便建筑群及室外线缆的引入，且与布线垂直竖井连通。

（2）空间合理的原则。进线间应满足线缆的敷设路由、端接位置及数量、光缆的盘长空间和线缆的弯曲半径、维护设备及配线设备安装所需要的场地空间和面积，大小应按进线间的进出管道容量及入口设施的最终容量设计。

（3）满足多家电信业务经营者需求的原则。进线间应考虑满足不少于 3 家电信业务经营者安装入口设施等设备的面积，进线间的面积不宜小于 10 m^2。

（4）空间共用的原则。在设计和实现进线间时，应该考虑通信设备、消防设备、安防设备、楼控设备等其他设备以及设备安装空间。如安装配线设备和通信设备时，应符合设备安装设计的要求。

（5）环境安全的原则。进线间应采取预防有害气体措施和设置通风装置，排风量按每小时不少于 5 次换气次数计算，并应采取防渗水措施和排水措施。入口门应采用相应防火级别的防火门，门向外开，净高不小于 2m，净宽不小于 0.9m，同时与进线间无关的水暖管道不宜通过。

2．进线间子系统的系统配置设计要求

国家标准 GB 50311—2016《综合布线系统工程设计规范》入口设施配置设计中，对入口设施的具体要求如下。

（1）室外光缆应转换成室内光缆。建筑群主干电缆和光缆、公用网和专用网电缆及光缆等室外线缆进入建筑物时，应在进线间由器件终端转换成室内电缆、光缆。

（2）入口配线模块应与线缆数量相匹配。线缆的终接处设置的入口设施外线侧配线模块，应按出入的电缆、光缆数量配置。

（3）入口配线模块应与线缆类型相匹配。综合布线系统和电信业务经营者设置的入口设施内线侧配线模块，应与建筑物配线设备或建筑群配线设备之间敷设的线缆类型相匹配。

（4）管道入口的管孔数量应留有余量。进线间的线缆引入管道管孔的数量应满足相邻建筑物、外部接入各类通信业务、建筑智能化业务及多家电信业务经营者线缆接入的需求，并应留有不少于 4 孔的余量。

3. 建筑群子系统的设计原则

在建筑群子系统的设计中，一般要遵循以下原则。

（1）地下埋管的原则。建筑群子系统的室外线缆，一般通过建筑物进线间进入内部的设备间，室外距离比较长，设计时一般选用地下管道穿线或者电缆沟敷设方式，也可在特殊场合使用直埋方式或架空方式。

V8-2　建筑群子系统的设计原则

（2）远离高温管道的原则。建筑群的光缆或电缆，经常在室外部分或进线间需要与热力管道交叉或并行，遇到这种情况时，必须保持较远的距离，避免高温损坏线缆或缩短线缆的使用寿命。

（3）远离强电电缆的原则。园区室外地下埋设有许多 380V 或者 10000V 的交流强电电缆，这些强电电缆的电磁干扰非常强，建筑群子系统的线缆必须远离这些强电电缆，避免对建筑群子系统的影响。

（4）预留备份的原则。建筑群子系统的室外管道和线缆必须预留备份，以方便未来升级和维护。

（5）选用抗压管道的原则。建筑群子系统的地埋管道穿越园区道路时，必须使用钢管或抗压 PVC 管。

（6）大弧度拐弯原则。建筑群子系统一般使用光缆，要求弯曲半径大，实际施工时，一般在拐弯处设立接线井，以方便拉线和后期维护。如果不设立接线井，则必须保证光缆有较大的弯曲半径。

V8-3　建筑群子系统的规划和设计

4. 建筑群子系统的规划和设计

建筑群子系统主要应用于多栋建筑物组成的建筑群综合布线系统，单栋建筑物的综合布线系统可以不考虑建筑群子系统。建筑群子系统的设计主要考虑布线路由选择、线缆选择、线缆布设方式选择等内容。建筑群子系统应按下列要求进行设计。

（1）考虑环境美化要求。设计建筑群子系统时应充分考虑建筑群覆盖区域的整体环境美化要求，建筑群子系统电缆尽量采用地下管道或电缆沟敷设方式。

（2）考虑建筑群未来发展需要。在设计线缆布放时，要充分考虑各建筑需要安装的信息点种类、信息点数量，选择相对应的干线电缆的类型以及电缆布放方式，使综合布线系统建成后保持相对稳定，能满足今后一定时期内各种新的信息业务发展需要。

（3）线缆路由的选择。考虑到节省投资，线缆路由应尽量选择距离短、线路平直的路由。但具体的路由还要根据建筑物之间的地形或敷设条件而定。

（4）电缆引入要求。建筑群干线电缆、光缆进入建筑物时，都要设置引入设备，并在适当位置终端转换为室内电缆、光缆。

（5）干线电缆、主干光缆交接要求。建筑群的干线电缆、主干光缆的交接不应多于两次。从每栋建筑物的楼层配线架到建筑群设备间的配线架，只应通过一个建筑物配线架。

（6）建筑群子系统布线线缆的选择。建筑群子系统敷设的线缆类型及数量由综合布线连接应用系统种类和规模来决定。

（7）线缆的保护。当线缆从一栋建筑物到另一栋建筑物时，易受到雷电、强电感应电压等的影响，必须进行保护。当电缆进入建筑物时，按照国家标准 GB 50311—2016《综合布线系统工程设计规范》的强制性规定，必须增加浪涌保护器。

8.2.3 进线间子系统和建筑群子系统实施

在国家标准 GB 50311—2016《综合布线系统工程设计规范》安装工艺要求中，对进线间子系统提出了具体要求。

1. 进线间子系统的安装工艺要求

进线间子系统的安装工艺要求如下。

（1）进线间内应设置管道入口，入口的尺寸应满足不少于 3 家电信业务经营者通信业务接入及建筑群布线系统和其他弱电子系统的引入管道管孔容量的需求。

V8-4 进线间子系统的安装工艺要求

（2）在单栋建筑物或由连体的多栋建筑物构成的建筑群体内应设置不少于 1 个进线间。

（3）进线间应满足室外引入线缆的敷设与终端位置及数量、线缆的盘长空间和线缆的弯曲半径等相关要求，并应提供安装综合布线系统及不少于 3 家电信业务经营者入口设施的使用空间和面积。进线间面积不宜小于 10 m²。

（4）进线间宜设置在建筑物地下一层临近外墙、便于管线引入的位置，其设计应符合下列规定。

① 管道入口位置应与引入管道高度相对应。

② 进线间应防止渗水，宜在室内设置排水地沟并与附近设有抽排水装置的集水坑相连。

③ 进线间应与电信业务经营者的通信机房和建筑物内配线设备间、信息接入机房、信息网络机房、用户电话交换机房、智能化总控室等及垂直弱电竖井之间设置互通的管槽。

④ 进线间应采用相应防火级别的外开防火门，门净高不应小于 2.0m，净宽不应小于 0.9m。

⑤ 进线间宜采用轴流式通风机通风，排风量应按每小时不少于 5 次换气次数计算。

（5）与进线间安装的设备无关的管道不应在室内通过。

（6）进线间安装的通信设备应符合设备安装的要求。

（7）综合布线系统进线间不应与数据中心的进线间合并，建筑物内各进线间之间应设置互通的管槽。

（8）进线间应设置不少于 2 个单相交流 220V/10A 电源插座盒，每个电源插座的配电线路均应装设保护器。设备供电电源应另行配置。

2. 设备安装工艺要求

设备的安装工艺要求如下。

（1）综合布线系统宜采用标准 19 英寸机柜，安装应符合下列规定。

① 规划机柜数量时应计算配线设备、网络设备、电源设备及理线器等的占用空间，并考虑设备安装空间冗余和散热需要。

② 机柜单排安装时，前面净空不应小于 1000mm²，后面及机柜侧面净空不应小于 800mm²；多排安装时，列间距不应小于 1200mm。

（2）在公共场所安装配线箱时，暗装箱体底面距地面不宜小于 1.5m，明装箱体底面距地面不宜小于 1.8m。

（3）机柜、机架、配线箱等设备的安装宜采用螺栓固定。在抗震设防地区，设备安装应采取减震措施，并应进行基础抗震加固。

3. 建筑群子系统的线缆布设方式

V8-5　建筑群子系统的线缆布设方式

建筑群子系统的线缆布设方式有 4 种：架空布线法、直埋布线法、地下管道布线法和隧道布线法。

（1）架空布线法

架空布线法通常应用于有现成电杆，对走线方式无特殊要求的场合。这种布线方式成本较低，但影响环境美观且安全性和灵活性不足。架空布线法要求用电杆将线缆在建筑物之间悬空架设，一般先架设钢缆，再在钢缆上挂放线缆。架空布线时使用的主要材料和配件有线缆、钢缆、固定螺栓、固定拉攀、预留架、U 形卡、挂钩、标志管等，如图 8.2 所示，需要使用滑车、安全带等辅助工具。

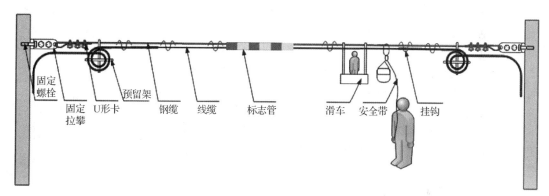

图 8.2　架空布线示意

（2）直埋布线法

直埋布线法根据选定的布线路由在地面上挖沟，再将线缆直接埋在沟内。使用直埋布线法布设的电缆除了穿过基础墙的那部分电缆有管保护外，电缆的其余部分直埋于地下，没有保护。直埋布线法具有较好的经济性，总体优于架空布线法，但更换和维护不方便，且成本较高。

（3）地下管道布线法

地下管道布线法是一种由管道和入孔组成的地下系统，它把建筑群的各个建筑物进行连接，1 根或多根管道通过基础墙进入建筑物内部的结构。地下管道能够保护线缆，不会影响建筑物的外观及内部结构。管道埋设的深度一般为 0.8～1.2m，或符合当地城管等部门有关法规规定的深度。为了方便以后的布线，安装管道时应预埋 1 根拉线。为了方便管理，地下管道应每隔 50～180m 设立一个接合井，安装时应预留 1 或 2 个备用管孔，以供扩充之用。

（4）隧道布线法

建筑物之间通常有地下通道，大多是供暖、供水的通道，利用这些通道来敷设电缆不仅可以降低成本，还可以利用原有的安全设施。如考虑到暖气泄漏等情况，安装电缆时应与供气、供水、供电的管道保持一定的距离，安装在尽可能高的地方，可根据民用建筑设施的有关条件进行施工。

前面介绍了架空布线法、直埋布线法、地下管道布线法、隧道布线法这 4 种建筑群子系统的布线方法，其对比如表 8.1 所示。

表 8.1　建筑群布线方法的对比

布线方法	优点	缺点
架空布线法	如果有现成电杆，则成本最低	没有提供任何机械保护，灵活性差，安全性差，影响建筑物美观
直埋布线法	提供某种程度的机械保护，保持建筑物的外貌	挖沟成本高，难以安排电缆的敷设位置，难以更换和加固
地下管道布线法	提供最佳机械保护，任何时候都可以敷设，扩充和加固都很容易，保持建筑物的外貌	挖沟、埋设管道和入孔的成本很高
隧道布线法	保持建筑物的外貌，如果有现成隧道，则成本最低、安全	高温或泄漏的热气等可能损坏线缆，可能会被水淹

4. 光纤熔接

　　建筑群子系统主要采用光缆进行敷设，因此，建筑群子系统的实现技术主要指光缆的安装技术。安装光缆须格外谨慎，连接每条光缆时都要熔接。光纤不能拉得太紧，也不能形成直角。对于较长距离的光缆敷设，最重要的是选择一条合适的路径。必须要有很完备的设计和施工图纸，以便施工和今后检查。施工中要时刻注意不要使光缆受到重压或被坚硬的物体扎伤。光缆转弯时，其转弯半径要大于光缆自身直径的 20 倍。

V8-6　光纤熔接

　　（1）熔接前的准备工作

　　① 准备相关工具、材料。在做光缆熔接之前，需要准备光纤熔接机 KYRJ-369、工具箱 KYGJX-31、光缆、光纤跳线、光纤熔接保护套、光纤切割刀、无水酒精等工具和材料，如图 8.3 所示。

图 8.3　光纤熔接工具和材料

　　② 检查熔接机。其主要工作包括熔接机开启与关停、电极的检查。

　　（2）开缆

　　光缆有室内光缆和室外光缆之分，室内光缆借助工具很容易开缆。而室外光缆内部有钢丝拉线，故对开缆增加了一定的难度，这里介绍室外光缆开缆的一般方法和步骤。

　　① 在光缆开口处找到光缆内部的两根钢丝，用斜口钳剥开光缆护套，用力向侧面拉出一小截钢丝，如图 8.4 所示。

　　② 一只手握紧光缆，另一只手用老虎钳夹紧钢丝，向身体内侧旋转拉出钢丝，如图 8.5 所示。用同样的方法拉出另外一根钢丝，两根钢丝都被旋转拉出，如图 8.6 所示。

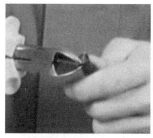
图 8.4 剥开护套

图 8.5 拉出钢丝

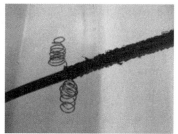
图 8.6 拉出两根钢丝

③ 用断线钳将任意一根旋转钢丝剪断，保留一根以备在光纤配线盒内固定。当两根钢丝被拉出后，外部的黑皮护套就被拉开了，用手剥开护套，用斜口钳剪掉拉开的黑皮护套，并用剥皮钳将其剪开后抽出，如图 8.7 所示。

④ 用剥皮钳将护套剪开，并将其抽出，如图 8.8 所示。

⑤ 完成开缆，如图 8.9 所示。

图 8.7 剥开护套

图 8.8 抽出护套

图 8.9 完成开缆

（3）室内光缆的熔接

下面介绍室内光缆熔接的一般方法和步骤。

① 剥开光纤与清洁裸纤。

a. 剥开尾纤。可以使用光纤跳线，从中间将其剪断后，使其成为尾纤进行操作。一手拿好尾纤一端，另一只手拿好光纤剥线钳，用剥线钳剥开尾纤护套，如图 8.10 所示，并抽出护套，如图 8.11 所示，可以看到光纤的白色护套（注意，剥出的白色护套长度大概为 150mm）。

b. 将光纤在食指上轻轻环绕一周，用拇指按住，留出的光纤应长为 4cm，并用光纤剥线钳剥开光纤护套，如图 8.12 所示，在切断白色护套后，缓缓将护套抽出，此时可以看到透明状的光纤。

图 8.10 剥开尾纤护套

图 8.11 抽出护套

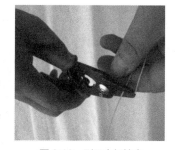
图 8.12 剥开光纤护套

c. 用光纤剥线钳最细小的口轻轻地夹住光纤，缓缓地把剥线钳抽出，将光纤上的树脂保护膜刮去，如图 8.13 所示。

　　d. 用无尘纸（见图 8.14）蘸酒精或干净酒精棉球对裸纤进行清洁（见图 8.15），连续清洁 3 次以上。

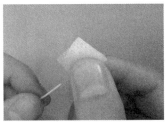

图 8.13　刮去光纤上的树脂保护膜　　　　　图 8.14　无尘纸　　　　　　图 8.15　清洁裸纤

　　② 切割光纤。

　　a. 安装热缩套管。将热缩套管套在一根待熔接光纤上，用于熔接后保护接点，如图 8.16 所示。

　　b. 制作光纤端面。

　　（a）用剥皮钳剥去光纤护套，长度为 30～40mm，用无尘纸蘸酒精或用干净酒精棉球擦去裸纤上的污物。

　　（b）用高精度光纤切割刀将裸纤切去一段，保留 16mm。

　　（c）将安装好热缩管的光纤放在光纤切割刀中较细的导线槽内，如图 8.17 所示。

　　（d）依次放下大、小压板，如图 8.18 所示。

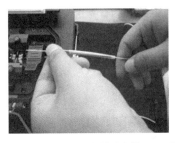

图 8.16　安装热缩套管　　　图 8.17　将光纤放入切割刀导线槽　　图 8.18　依次放下大、小压板

　　（e）左手固定切割刀，右手扶着刀片盖板，并用右手拇指迅速向远离身体的方向推动切割刀刀架，如图 8.19 所示，完成光纤切割。

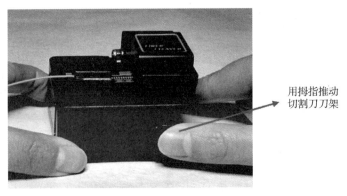

用拇指推动
切割刀刀架

图 8.19　光纤切割

③ 安放光纤。

a. 打开熔接机防风罩，使大压板复位，显示器显示"请安放光纤"。

b. 分别打开大压板将切好端面的光纤放入V形载纤槽，光纤端面不能触到V形载纤槽底部，如图 8.20 所示。

c. 盖上熔接机的防尘盖，如图 8.21 所示。检查光纤的安放位置是否合适，屏幕上显示两边光纤居中为宜，如图 8.22 所示。

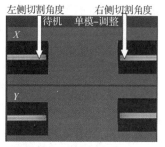

图 8.20　将光纤放入V形载纤槽　　　图 8.21　盖上熔接机的防尘盖　　　图 8.22　检查光纤的安放位置

④ 熔接。熔接机自动熔接的具体步骤如下。

a. 检查"熔接模式"选项，并选择"自动"模式。

b. 制作光纤端面。

c. 打开防风罩及大压板，安装光纤。

d. 盖下防风罩，熔接机进入全自动工作状态：自动清洁光纤、检查端面、设定间隙、按照"芯对芯"或者是"包层对包层"的方式对准；执行放电操作、完成光纤熔接。

e. 将接点损耗估算值显示在熔接机显示屏幕上，正常熔接时，数字应该小于 0.01dB。

⑤ 加热热缩管。

a. 取出熔接好的光纤。依次打开防风罩和左、右光纤压板，小心地取出熔接好的光纤，避免碰到电极。

b. 移放热缩管。将事先装套在光纤上的热缩管小心地移到光纤接点处，使两个光纤被覆层留在热缩管中的长度基本相等。

c. 加热热缩管。

⑥ 盘纤固定。将接续好的光纤固定到光纤收容盘内，如图 8.23 所示，在盘纤时，盘圈的半径越大，弧度越大，整个线路的损耗就越小。所以一定要保持一定的盘圈半径，使光信号在光纤中传输时避免产生一些不必要的损耗。

⑦ 盖上盘纤盒盖板，如图 8.24 所示。

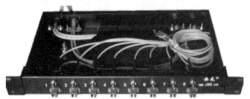

图 8.23　盘纤固定　　　　　　　图 8.24　盖上盘纤盒盖板

⑧ 密封和挂起。如果在野外熔接，则熔接盒一定要密封好，防止进水。熔接盒进水后，光纤及光纤熔接点由于长期浸泡在水中，可能会先出现部分光纤衰减增加的情况。最好对熔接盒做好防水措施并用挂钩挂在吊线上。至此，光纤熔接完成。

5. 光纤冷接

光纤冷接也称机械接续，是指把两根处理好端面的光纤固定在高精度 V 形槽中，通过外径对准的方式实现光纤纤芯的对接，同时利用 V 形槽内的光纤匹配液填充光纤切割不平整所形成的端面间隙。这一过程完全无源，因此被称为冷接。作为一种低成本的接续技术，光纤冷接技术在光纤接入的户线光纤（即皮线光缆）维护工作中有一定的适用性。

V8-7 光纤冷接

下面以皮线光缆为例介绍光纤快速连接器的制作。

（1）制作工具

① 光纤冷接使用光纤冷接工具箱，如图 8.25（a）所示。

② 皮线剥皮钳，用于剥除皮线光缆外护套，如图 8.25（b）所示。

③ 光纤剥皮钳，用于去除光纤涂覆层，如图 8.25（c）所示。

④ 光纤切割刀，用于切割光纤纤芯端面，切割后光纤端面应为平面，如图 8.25（d）所示。

⑤ 无尘纸，用于蘸酒精清洁裸纤（3 次以上），如图 8.25（e）所示。

⑥ 光功率计和红光笔，用于测试光纤损耗。

（a）冷接工具箱　（b）皮线剥皮钳　（c）光纤剥皮钳　（d）光纤切割刀　（e）无尘纸

图 8.25　光纤快速连接器制作工具

（2）光纤快速连接器的制作方法

以直通型光纤快速连接器为例介绍其制作方法。

① 准备材料和工具。端接前，应准备好材料和工具，并检查所用的光纤和连接器是否有损坏。

② 打开光纤快速连接器。将光纤快速连接器的螺帽和外壳取下，将锁紧套松开，将压盖打开，并将螺帽套在光缆上，如图 8.26、图 8.27 所示。

图 8.26　松开锁紧套并打开压盖　　　　图 8.27　将螺帽套在光缆上

③ 切割光纤。

a. 使用皮线剥皮钳剥去 50mm 的光缆外护套，如图 8.28 所示。

b. 使用光纤剥皮钳剥去光纤涂覆层，用无尘纸蘸酒精清洁裸纤 3 次以上，将光纤放入导轨中定长，如图 8.29 所示。

图 8.28 剥去光缆外护套

图 8.29 将光纤放入导轨中定长

c. 将光纤和导轨条放置在切割刀的导线槽中，如图 8.30 所示，依次放下大小压板。左手固定切割刀，右手扶着刀片盖板，并用拇指迅速向远离身体的方向推动切割刀刀架（使用前应回刀），完成切割。

④ 固定光纤。将光纤从连接器末端的导入孔处穿入，如图 8.31 所示。外露部分略弯曲，这说明光纤接触良好。

图 8.30 将光纤和导轨条放置在导线槽中

图 8.31 光纤穿入连接器

⑤ 闭合光纤快速连接器。将锁紧套推至顶端夹紧光纤，闭合压盖，拧紧螺帽，套上外壳，制作好的光纤快速连接器，如图 8.32 所示。

图 8.32 制作好的光纤快速连接器

（3）冷接子的结构原理

使用冷接子可实现光纤与光纤之间的固定连接。皮线光缆冷接子适用于 2 mm × 3 mm 皮线光缆、f 2.0mm/f 3.0mm 单模/多模光缆，如图 8.33 所示。光纤冷接子适用于 250μm/900μm 单模/多模光缆，如图 8.34 所示。

图 8.33 皮线光缆冷接子

图 8.34 光纤冷接子

两种冷接子原理一样，图 8.35、图 8.36 所示为皮线光缆冷接子拆分结构和内腔结构。由这两张图可以看出，两段处理好的光纤纤芯从两端的锥形孔进入，由于内腔逐渐收拢的结构可以很容易地进入中间的 V 形槽部分，从 V 形槽间隙推入光纤到位后，将两个锁紧套向中间移动并压住盖板，使光纤固定，这样就完成了光纤的连接。

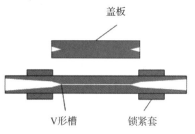

图 8.35　皮线光缆冷接子拆分结构　　　　　图 8.36　皮线光缆冷接子内腔结构

（4）皮线光缆冷接子的制作

接续光缆有皮线光缆和室内光缆，下面以皮线光缆为例介绍冷接子的制作。

① 备材料和工具。端接前，应准备好材料和工具，并检查所用的光缆和冷接子是否有损坏。

② 打开冷接子以备使用，如图 8.37 所示。

③ 切割光纤。

a. 使用皮线剥皮钳剥去 50mm 的光缆外护套，如图 8.38 所示。

b. 使用光纤剥皮钳剥去光纤涂覆层，用无尘纸蘸酒精清洁裸纤 3 次以上，将光纤放入导轨中定长，如图 8.39 所示。

c. 将光纤和导轨条放置在切割刀的导线槽中，如图 8.40 所示，依次放下大小压板，左手固定切割刀，右手扶着刀片盖板，并用拇指迅速向远离身体的方向推动切割刀刀架（使用前应回刀），完成切割。

图 8.37　打开冷接子　　　　　　　　　　图 8.38　剥去光缆外护套

图 8.39　将光纤放入导轨中定长　　　　　图 8.40　将光纤和导轨条放置在导线槽中

d. 将光纤穿入皮线光缆冷接子。把制备好的光纤穿入皮线光缆冷接子，直到光缆外皮切口紧贴在皮线座阻挡位，如图 8.41 所示。光纤对顶产生弯曲，此时说明光缆接续正常。

e. 锁紧光缆。弯曲尾缆，防止光缆滑出；同时取出卡扣，压下卡扣锁紧光缆，如图 8.42 所示。

图 8.41　将光纤穿入皮线光缆冷接子

图 8.42　锁紧光缆

f. 固定两段接续光纤。按照上述方法对另一侧光纤进行相同处理，并将冷接子两端锁紧块先后推至冷接子最中间的限位处，固定两段接续光纤，如图 8.43 所示。

g. 压下皮线盖。压下皮线盖，完成皮线接续，如图 8.44 所示。

图 8.43　冷接子两端锁紧

图 8.44　完成皮线接续

8.3　项目实训

8.3.1　进线间入口管道敷设

进线间主要是室外电缆、光缆引入楼内的终端与分支及光缆的盘长空间，进线间一般靠近外墙和在地下设置，以便于线缆引入。进线间管道敷设示意，如图 8.45 所示。

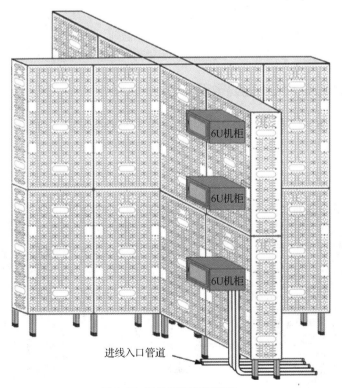

图 8.45　进线间管道敷设示意

1. 实训目的

（1）通过实训，了解进线间的位置和进线间的作用。

（2）通过实训，了解进线间的设计要求。

（3）掌握进线间入口管道的处理方法。

2. 实训内容

（1）掌握进线间的作用。

（2）确定综合布线系统中进线间的位置。

（3）准备实训材料和工具，列出实训材料和工具清单。

（4）领取实训材料和工具。

（5）完成进线间的设计。

（6）完成进线间入口管道的处理。

3. 实训过程

（1）准备实训材料和工具，列出实训材料和工具清单。

（2）领取实训材料和工具。直径为 40mm 的 PVC 管、管卡、接头等若干，锯弓、锯条、钢卷尺、十字螺钉旋具等。

（3）确定进线间的位置。在确定进线间位置时要考虑到线缆的敷设及供电方便。由 4 或 5 人组成一个项目组，选举项目负责人，每组设计进线间的位置、进线间入口管道数量以及入口处理方式，并绘制施工图。

（4）敷设进线间入口管道。将进线间所有入口管道根据用途划分，并按区域放置。

（5）对进线间所有入口管道进行防水等处理。

4. 实训总结

（1）写出进线间在综合布线系统中的重要性以及设计原则、要求。

（2）分步陈述在综合布线系统中设置进线间的要求和入口管道的处理办法。

8.3.2 建筑群子系统光缆敷设

建筑群子系统主要是用来连接两栋建筑物网络中心中的网络设备的，如图 8.46 所示。建筑群子系统的布线方法有架空布线法、直埋布线法、地下管道布线法和隧道内电缆布线法，本节主要介绍架空布线法的实现。

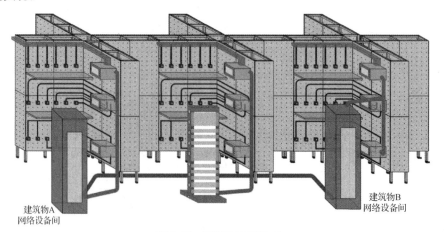

建筑物A
网络设备间

建筑物B
网络设备间

图 8.46　建筑群子系统布线

1. 实训目的

（1）通过设计布线施工图，掌握进线间接入的操作方法。

（2）通过架空光缆的安装，掌握在建筑物之间架空光缆的操作方法。

2. 实训内容

（1）准备实训材料和工具，列出实训材料和工具清单。

（2）领取实训材料和工具。

（3）完成光缆的架空安装。

3. 实训过程

（1）准备实训材料和工具，列出实训材料和工具清单。

（2）领取实训材料和工具，直径为 5mm 钢缆、光缆、U 形卡、支架、挂钩若干，锯弓、锯条、钢卷尺、十字螺钉旋具、活动扳手、人字梯等。

（3）实际测量尺寸，完成钢缆的裁剪。

（4）固定支架。根据设计布线路径，在网络综合布线实训装置上安装固定支架。

（5）连接钢缆。安装好支架以后，开始敷设钢缆，在支架上使用 U 形卡来进行固定。

（6）敷设光缆。钢缆固定好之后开始敷设光缆，使用挂钩，每隔 0.5m 架设一个。

（7）安装完毕。

4. 实训总结

（1）设计布线施工图。

（2）分步陈述实训程序或步骤以及安装注意事项。

（3）写出实训体会和操作技巧。

项目小结

1. 认识进线间子系统和建筑群子系统，主要讲解进线间子系统、建筑群子系统。

2. 进线间子系统和建筑群子系统设计，主要讲解进线间子系统的设计原则、进线间子系统的系统配置设计要求、建筑群子系统的设计原则、建筑群子系统的规划和设计。

3. 进线间子系统和建筑群子系统实施，主要讲解进线间子系统的安装工艺要求、设备安装工艺要求、建筑群子系统的线缆布设方式、光纤熔接、光纤冷接。

课后习题

1. 选择题

（1）进线间应采取预防有害气体措施和设置通风装置，排风量按每小时不少于（   ）次换气次数计算，并且应采取防渗水措施和排水措施。

    A. 1   B. 3   C. 5   D. 10

（2）进线间的线缆引入管道管孔的数量应满足相邻建筑物、外部接入各类通信业务、建筑智能化业务及多家电信业务经营者线缆接入的需求，并应留有不少于（   ）孔的余量。

    A. 1   B. 2   C. 4   D. 8

（3）进线间应考虑满足不少于 3 家电信业务经营者安装入口设施等设备的面积，进线间的面积不宜小于（   ）。

    A. $5m^2$ B. $10m^2$ C. $15m^2$ D. $20m^2$

（4）进线间应设置不少于（　　　）个单相交流 220V/10A 电源插座盒，每个电源插座的配电线路均应装设保护器。

　　A. 1　　　　　　　　　B. 2　　　　　　　　　C. 3　　　　　　　　　D. 4

（5）光缆转弯时，其转弯半径要大于光缆自身直径的（　　　）倍。

　　A. 5　　　　　　　　　B. 10　　　　　　　　　C. 20　　　　　　　　　D. 30

（6）【多选】建筑群子系统的线缆布设方法有（　　　）。

　　A. 架空布线法　　　　　　　　　　　　B. 直埋布线法

　　C. 地下管道布线法　　　　　　　　　　D. 隧道布线法

2. 简答题

（1）简述进线间子系统的设计原则。

（2）简述进线间子系统的系统配置设计要求。

（3）简述建筑群子系统的设计原则。

（4）简述建筑群子系统的规划和设计。

（5）简述进线间子系统的安装工艺要求。

（6）简述进线间设备安装工艺要求。

项目 9

综合布线系统工程的测试与验收

09

知识目标

- 了解综合布线系统工程测试的必要性、综合布线系统工程测试的类别、测试仪表的选择。
- 掌握综合布线系统工程验收的基本原则、综合布线系统工程的环境检查、综合布线系统工程的器材及测试仪表工具检查、综合布线系统工程的设备安装检验、综合布线系统工程的线缆的敷设和保护方式检验、综合布线系统工程的线缆终接、综合布线系统工程的工程电气测试。
- 掌握综合布线系统工程的管理系统验收、综合布线系统工程的工程验收、综合布线系统工程的链路测试。

技能目标

- 掌握铜缆链路故障诊断与分析方法。
- 掌握光缆链路故障诊断与分析方法。

素养目标

- 培养学生自我学习的能力、习惯和爱好。
- 培养学生实践动手能力，能解决工作中的实际问题，树立爱岗敬业精神。

9.1 项目陈述

综合布线系统工程的测试与验收用于保证综合布线系统测试工作的顺利完成，以及确保综合布线系统工程测试结果的准确性、公正性。综合布线系统工程的测试与验收是系统性工作，包括链路连通性、电气和物理特性测试，以及对施工环境、工程器材、设备安装、线缆敷设、线缆终接、竣工技术文档等的验收。其中，标识不清问题在测试、验收中较常出现，容易被施工方忽略。该类问题会直接影响用户网络，用户在使用网络时会出现无法正确找到对应信息点的情况，给用户后期网络建设和维护带来困难。

9.2 知识准备

9.2.1 认识综合布线系统工程的测试技术

综合布线系统工程的测试与验收工作包括施工前检查、随工检查、初步验收、竣工验收等几个阶段，每个阶段都有特定的内容。综合布线系统工程的基本测试方式为验证测试、鉴定测试或认证测试，综合布线系统工程测试现场如图 9.1 所示。

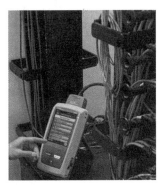

图 9.1 综合布线系统工程测试现场

1. 综合布线系统工程测试的必要性

在实际工作中，人们往往对设计指标、设计方案非常关心，却忽略测试这一重要环节，验收过程"走过场"，造成很多布线系统的工程出现质量问题。从实际应用来看，当前综合布线使用 6 类、7 类线缆的工程项目越来越多，人们对综合布线线缆的传输速率和使用带宽的要求越来越高，需要测试的内容也越来越多。所以单靠线路是否能连通这种检验显然不能保证综合布线系统工程的质量。等到工程验收的时候，发现出现的问题很多，方才意识到测试的必要性。

2. 综合布线系统工程测试的类别

测试按照难易程度一般分为验证测试、鉴定测试、认证测试 3 个级别。

（1）验证测试

验证测试是指要求比较简单的一种测试，一般只测试物理连通性，不对链路的电磁参数和最大传输性能等进行测试。一般在施工的过程中由施工人员边施工边进行验证测试，以保证所完成的每一个连接的正确性。

V9-1 综合布线
系统工程测试的类别

（2）鉴定测试

鉴定测试是指对链路支持应用能力（带宽）的一种鉴定，比验证测试的要求高，但比认证测试的要求低，测试内容和方法也比认证测试的简单一些。例如，测试电缆通断、线序等都属于验证测试，而测试是否支持某个应用和带宽要求，如能否支持 10/100/1000Mbit/s，则属于鉴定测试，测试光纤的通断、极性、衰减或者接收功率也属于鉴定测试。

（3）认证测试

认证测试是指对综合布线系统依照标准进行逐项测试，以确定布线是否能达到设计要求，包括连接性能测试和电气性能测试。认证测试一般包括两种，自我认证测试和第三方认证测试。

3. 测试仪表的选择

对于综合布线系统工程测试结果的认定，需要选择合适的测试仪表，对 5 类线缆来说，一般要求测试仪表能同时具有认证和故障查找能力，在保证测定布线通过各项标准测试的基础上，能够快速、准确地进行故障定位。常用的测试仪表如图 9.2 所示。

图 9.2　常用的测试仪表

在选择测试仪表时应注意以下几个方面。

（1）精度是布线认证测试仪表的基础，所选择的测试仪表既要满足基本链路认证精度，又要满足通道链路的认证精度。测试仪表的精度是有时间限制的，精密的测试仪表必须在使用一定时间后根据需要进行校准。

（2）使用可精确定位故障及有快速的测试速度、带有远端器的测试仪表测试 5 类线时，近端串扰应进行双向测试，即对同一条电缆必须测试两次，而带有智能远端器的测试仪表可实现双向测试一次完成。

（3）测试结果可以与计算机相连接，以传送测试数据，便于输出与保存。

9.2.2　综合布线系统工程验收的基本原则

国家标准 GB/T 50312—2016《综合布线系统工程验收规范》的封面和发布公告如图 9.3 所示。该标准在 2016 年 8 月 26 日发布，2017 年 4 月 1 日开始实施。该标准的主要内容包括：总则、缩略语、环境检查、器材及测试仪表工具检查、设备安装检验、线缆的敷设与保护方式检验、线缆终接、工程电气测试、管理系统验收、工程验收。

图 9.3　国家标准 GB/T 50312-2016《综合布线系统工程验收规范》的封面和发布公告

该标准的总则内容如下。

（1）为统一建筑与建筑群综合布线系统工程施工质量检查、随工检验和竣工验收等工作的技术要求，制定此规范。

（2）此规范适用于新建、扩建和改建建筑与建筑群综合布线系统工程的验收。

（3）在施工过程中，施工单位应符合施工质量检查的规定。建设单位应通过工地代表或工程监理人员加强工地的随工质量检查，及时组织隐蔽工程的检验和签证工作。

（4）综合布线工程验收前应进行自检测试和竣工验收测试工作。

（5）综合布线系统工程的验收除应符合此规范外，尚应符合国家现行有关标准的规定。

9.2.3 综合布线系统工程的环境检查

综合布线系统工程的环境检查规范如下。

（1）工作区、电信间、设备间等建筑环境检查应符合下列规定。

V9-2 综合布线系统工程的环境检查

① 工作区、电信间、设备间及用户单元区域的土建工程应已全部竣工。房屋地面应平整、光洁，门的高度和宽度应符合设计文件要求。

② 房屋预埋槽盒、暗管、孔洞和竖井的位置、数量、尺寸均应符合设计文件要求。

③ 敷设活动地板的场所，活动地板防静电措施及接地应符合设计文件要求。

④ 暗装或明装在墙体或柱子上的信息插座盒底距地高度宜为 300mm。

⑤ 安装在工作台侧隔板面及临近墙面上的信息插座盒底距地高度宜为 1000mm。

⑥ CP 箱体、多用户信息插座箱体宜安装在导管的引入侧和便于维护的柱子及承重墙上等处，箱体底边距地高度宜为 500mm；当在墙体、柱子上部或吊顶内安装时，距地高度不宜小于 1800mm。

⑦ 每个工作区宜配置不少于 2 个带保护接地的单相交流 220V/10A 电源插座盒。电源插座宜嵌墙暗装，高度应与信息插座一致。

⑧ 每个用户单元信息配线箱附近水平 70mm～150mm 处，宜预留设置 2 个单相交流 220V/10A 电源插座，每个电源插座的配电线路均装设保护电器，配线箱内应引入单相交流 220V 电源。电源插座宜嵌墙暗装，底部距地高度宜与信息配线箱一致。

⑨ 电信间、设备间、进线间应设置不少于 2 个单相交流 220V/10A 电源插座盒，每个电源插座的配电线路均装设保护器。设备供电电源应另行配置。电源插座宜嵌墙暗装，底部距地高度宜为 300mm。

⑩ 电信间、设备间、进线间、弱电竖井应提供可靠的接地等电位联结端子板，接地电阻值及接地导线规格应符合设计要求。

⑪ 电信间、设备间、进线间的位置、面积、高度、通风、防火及环境温、湿度等因素应符合设计要求。

（2）建筑物进线间及入口设施的检查应符合下列规定。

① 引入管道的数量、组合排列以及与其他设施，如电、水、燃气、下水道等的位置及间距应符合设计文件要求。

② 引入线缆采用的敷设方法应符合设计文件要求。

③ 管线入口部位的处理应符合设计要求，并应采取排水及防止有害气体、水、虫等进入的措施。

（3）机柜、配线箱、管槽等设施的安装方式应符合抗震设计要求。

9.2.4　综合布线系统工程的器材及测试仪表工具检查

综合布线系统工程的器材及测试仪表工具检查规范如下。

（1）器材检验应符合下列规定。

① 工程所用线缆和器材的品牌、型号、规格、数量、质量应在施工前进行检查，应符合设计文件要求，并应具备相应的质量文件或证书，无出厂检验证明材料、质量文件或与设计不符者不得在工程中使用。

② 进口设备和材料应具有产地证明和商检证明。

③ 经检验的器材应做好记录，对不合格的器件应单独存放，以备核查与处理。

④ 工程中使用的线缆、器材应与订货合同或封存的产品样品在规格、型号、等级上相符。

⑤ 备品、备件及各类文件资料应齐全。

（2）型材、管材与铁件的检查应符合下列规定。

① 地下通信管道和人（手）孔所使用器材的检查及室外管道的检验，应符合现行国家标准 GB/T 50374—2018《通信管道工程施工及验收标准》的有关规定。

② 各种型材的材质、规格、型号应符合设计文件的要求，表面应光滑、平整，不得变形、断裂。

③ 金属导管、桥架及过线盒、接线盒等表面涂覆或镀层应均匀、完整，不得变形、损坏。

④ 室内管材采用金属导管或塑料导管时，其管身应光滑、无伤痕，管孔无变形，孔径、壁厚应符合设计文件要求。

⑤ 金属管槽应根据工程环境要求做镀锌或其他防腐处理。塑料管槽应采用阻燃型管槽，外壁应具有阻燃标记。

⑥ 各种金属件的材质、规格均应符合质量要求，不得有歪斜、扭曲、飞刺、断裂或破损。

⑦ 金属件的表面处理和镀层应均匀、完整，表面光洁，无脱落、气泡等缺陷。

（3）线缆的检验应符合下列规定。

① 工程使用的电缆和光缆的形式、规格及线缆的阻燃等级应符合设计文件要求。

② 线缆的出厂质量检验报告、合格证、出厂测试记录等各种随盘资料应齐全，所附标志、标签内容应齐全、清晰，外包装应注明型号和规格。

③ 电缆外包装和外护套需完整无损，当该盘、箱外包装损坏严重时，应按电缆产品要求进行检验，测试合格后再在工程中使用。

④ 电缆应附有本批量的电气性能检验报告，施工前对盘、箱的电缆长度、指标参数应按电缆产品标准进行抽验，提供的设备电缆及跳线也应抽验，并做测试记录。

⑤ 光缆开盘后应先检查光缆端头封装是否良好。当光缆外包装或光缆护套有损伤时，应对该盘光缆进行光纤性能指标测试，并应符合下列规定。

a. 当有断纤时，应进行处理，并应检查合格后使用。

b. 光缆 A、B 端标识应正确、明显。

c. 光纤检测完闭后，端头应密封固定，并恢复外包装。

⑥ 单盘光缆应对每根光纤进行长度测试。

⑦ 光纤接插软线或光纤跳线检验应符合下列规定。

a. 两端的光纤连接器件端面应装配合适的保护盖帽。

b. 光纤应有明显的类型标记，并应符合设计文件要求。

c. 使用光纤端面测试仪时，应对该批量光连接器件端面进行抽验，比例不宜大于 10%。

（4）连接器件的检验应符合下列规定。

① 配线模块、信息插座模块及其他连接器件的部件应完整，电气和机械性能等指标应符合相应产品的质量标准。塑料材质应具有阻燃性能，并应满足设计要求。

② 光纤连接器件及适配器的形式、数量、端口位置应与设计相符。光纤连接器件应外表平滑、洁净，并不应有油污、毛刺、伤痕及裂纹等缺陷，各零部件组合应严密、平整。

（5）配线设备的使用应符合下列规定。

① 光、电缆配线设备的形式、规格应符合设计文件要求。

② 光、电缆配线设备的编排及标志名称应与设计相符。各类标志名称应统一，标志位置正确、清晰。

（6）测试仪表和工具的检验应符合下列规定。

① 应事先对工程中需要使用的仪表和工具进行测试或检查，线缆测试仪表应附有检测机构的证明文件。

② 测试仪表应能测试相应布线等级的各种电气性能及传输特性，其精度应符合相应要求。测试仪表的精度应按相应的鉴定规程和校准方法进行定期检查及校准，经过计量部门校验取得合格证后，方可在有效期内使用，并应符合下列规定。

a. 测试仪表应具有测试结果的保存功能并提供输出端口。

b. 可将所有存储的测试数据输出至计算机和打印机，测试数据不应被修改。

c. 测试仪表应能提供所有测试项目的概要和详细的报告。

d. 测试仪表宜提供汉化的通用人机界面。

③ 施工前应对剥线器、光缆切断器、光纤熔接机、光纤磨光机、光纤显微镜、卡接工具等电缆或光缆的施工工具进行检查，合格后方可在工程中使用。

（7）现场尚无检测手段取得屏蔽布线系统所需的相关技术参数时，可将认证检测机构或生产厂商附有的技术报告作为检测依据。

（8）双绞线电缆电气性能与机械特性、光缆传输性能以及连接器件的具体技术指标应符合设计文件要求。性能指标不符合设计文件要求的设备和材料不得在工程中使用。

9.2.5 综合布线系统工程的设备安装检验

综合布线系统工程的设备安装检验规范如下。

（1）机柜、配线箱等设备的规格、容量、位置应符合设计文件要求，安装应符合下列规定。

① 垂直度偏差不应大于 3mm。

② 机柜上的各种零件不得脱落或碰坏，漆面不应有脱落及划痕，各种标志应完整、清晰。

③ 在公共场所安装配线箱时，壁嵌式箱体底面距地不宜小于 1.5m，墙挂式箱体底面距地不宜小于 1.8m。

④ 门锁的启闭应灵活、可靠。

⑤ 机柜、配线箱及桥架等设备的安装应牢固，当有抗震要求时，应按抗震设计进行加固。

（2）各类配线部件的安装应符合下列规定。

① 各部件应完整，安装就位，标志齐全、清晰。

② 安装螺钉应拧紧，面板应保持在一个平面上。

（3）信息插座模块安装应符合下列规定。

① 信息插座底盒、多用户信息插座及集合点配线箱、用户单元信息配线箱安装位置和高度应符合

设计文件要求。

② 安装在活动地板内或地面上时，应固定在接线盒内，插座面板采用直立或水平等形式；接线盒盖可开启，并应具有防水、防尘、抗压功能。接线盒盖面应与地面齐平。

③ 信息插座底盒同时安装信息插座模块和电源插座时，间距及采取的防护措施应符合设计文件要求。

④ 信息插座底盒明装时的固定方法应根据施工现场条件而定。

⑤ 固定螺丝应拧紧，不应产生松动现象。

⑥ 各种插座面板应有标识，以颜色、图形、文字表示所接终端设备业务类型。

⑦ 工作区内终接光缆的光纤连接器件及适配器安装底盒应具有空间，并应符合设计文件要求。

（4）线缆桥架的安装应符合下列规定。

① 安装位置应符合施工图要求，左右偏差不应超过 50 mm。

② 安装水平度每米偏差不应超过 2 mm。

③ 垂直安装应与地面保持垂直，垂直度偏差不应超过 3 mm。

④ 桥架截断处及拼接处应平滑、无毛刺。

⑤ 吊架和支架安装应保持垂直，整齐牢固，无歪斜现象。

⑥ 金属桥架及金属导管各段之间应保持连接良好，安装牢固。

⑦ 采用垂直槽盒布放线缆时，支撑点宜避开地面沟槽和槽盒位置，支撑应牢固。

（5）安装机柜、配线箱、配线设备屏蔽层及金属导管、桥架使用的接地体应符合设计文件要求，就近接地，并应保持良好的电气连接。

9.2.6　综合布线系统工程的线缆的敷设和保护方式检验

综合布线系统工程的线缆的敷设和保护方式检验规范如下。

1. 线缆的敷设

（1）线缆的敷设应符合下列规定。

① 线缆的形式、规格应与设计规定相符。

② 线缆在各种环境中的敷设方式、布放间距均应符合设计要求。

③ 线缆的布放应自然平直，不得产生扭绞、打圈等现象，不应受外力的挤压和损伤。

④ 线缆的布放路由中不得出现线缆接头。

⑤ 线缆两端应贴有标签，应标明编号，标签书写应清晰、端正和正确。标签应选用不易损坏的材料。

⑥ 线缆应有余量以适应终端、终接、检测和变更，有特殊要求的应按设计要求预留长度，并应符合下列规定。

a. 对绞电缆在终接处，预留长度在工作区信息插座底盒内宜为 30mm～60mm，电信间宜为 0.5m～2.0m，设备间宜为 3m～5m。

b. 光缆布放路由宜盘留，预留长度宜为 3m～5m。光缆在配线柜处预留长度应为 3m～5m，楼层配线箱处光纤预留长度应为 1.0m～1.5m，配线箱终接时预留长度不应小于 0.5m，光缆纤芯在配线模块处不做终接时，应保留光缆施工预留长度。

⑦ 线缆的弯曲半径应符合下列规定。

a. 非屏蔽和屏蔽 4 对对绞电缆的弯曲半径不应小于电缆外径的 4 倍。

b. 主干对绞电缆的弯曲半径不应小于电缆外径的 10 倍。

c. 双芯或 4 芯水平光缆的弯曲半径应大于 25mm；其他芯数的水平光缆、主干光缆和室外光缆的弯曲半径不应小于光缆外径的 10 倍。

d. G.652、G.657 用户光缆弯曲半径应符合表 9.1 的规定。

表 9.1　G.652、G.657 用户光缆弯曲半径

光缆类型		静态弯曲
室内外光缆		15D/15H
微型自承式通信用室外光缆		10D/10H 且不小于 30mm
管道入户光缆 蝶形引入光缆 室内布线光缆	G.652D 光纤	10D/10H 且不小于 30mm
	G.657A 光纤	5D/5H 且不小于 15mm
	G.657B 光纤	5D/5H 且不小于 10mm

注：D 为缆芯处圆形护套外径，H 为缆芯处扁形护套短轴的高度。

⑧ 综合布线系统线缆与其他管线的间距应符合设计文件要求，并应符合下列规定。

a. 电力电缆与综合布线系统线缆应分隔布放，对绞电缆与电力电缆最小净距应符合表 9.2 的规定。

表 9.2　对绞电缆与电力电缆最小净距

条件	最小净距/mm		
	380V <2kV·A	380V <2kV·A～ 5kV·A	380V >5kV·A
对绞电缆与电力电缆平行敷设	130	300	600
有一方在接地的金属槽盒或金属导管中	70	150	300
双方均在接地的金属槽盒或金属导管中	10	80	150

注：双方都在接地的槽盒中系指双方在两个不同的槽盒中，也可在同一槽盒中用金属板隔开，且平行长度≤10m。

b. 室外墙上敷设的综合布线管线与其他管线的间距应符合表 9.3 的规定。

表 9.3　室外墙上敷设的综合布线管线与其他管线的间距

管线种类	平行净距/mm	垂直交叉净距/mm
防雷专设引下线	1000	300
保护地线	50	20
热力管（不包封）	500	500
热力管（包封）	300	300
给水管	150	20
燃气管	300	20
压缩空气管	150	20

c. 综合布线线缆宜单独敷设，与其他弱电系统各子系统线缆间距应符合设计文件要求。

d. 对于有安全保密要求的工程，综合布线线缆与信号线、电力线、接地线的间距应符合相应的保密规定和设计要求，综合布线线缆应采用独立的金属导管或金属槽盒敷设。

⑨ 屏蔽电缆的屏蔽层端到端应保持完好的导通性，屏蔽层不应承载拉力。

（2）采用预埋槽盒和暗管敷设线缆应符合下列规定。

① 槽盒和暗管的两端宜用标志表示出编号等内容。

② 预埋槽盒宜采用金属槽盒，截面利用率应为 30%～50%。

③ 暗管宜采用钢管或阻燃聚氯乙烯导管。布放大对数主干电缆及 4 芯以上光缆时，直线管道的管径利用率应为 50%～60%，弯导管应为 40%～50%。布放 4 对对绞电缆或 4 芯及以下光缆时，管道的截面利用率应为 25%～30%。

④ 对金属材质有严重腐蚀的场所，不宜采用金属的导管、桥架布线。

⑤ 在建筑物吊顶内应采用金属导管、槽盒布线。

⑥ 导管、桥架跨越建筑物变形缝处，应设补偿装置。

（3）设置线缆桥架敷设线缆时应符合下列规定。

① 密封槽盒内线缆布放应顺直，不宜交叉，在线缆进出槽盒部位、转弯处应绑扎固定。

② 在梯架或托盘内垂直敷设线缆时，在线缆的上端和每间隔 1.5m 处应固定在梯架或托盘的支架上；水平敷设时，在线缆的首、尾、转弯及每间隔 5m～10m 处应进行固定。

③ 在水平、垂直梯架或托盘中敷设线缆时，应对线缆进行绑扎。对绞电缆、光缆及其他信号电缆应根据线缆的类别、数量、缆径、线缆芯数分束绑扎。绑扎间距不宜大于 1.5m，间距应均匀，不宜绑扎过紧或使线缆受到挤压。

④ 室内光缆在梯架或托盘中敞开敷设时应在绑扎固定段加装垫套。

（4）采用吊顶支撑柱（垂直槽盒）在顶棚内敷设线缆时，每根支撑柱所辖范围内的线缆可不设置密封槽盒进行线缆布放，但应分束绑扎，线缆应阻燃，线缆选用应符合设计文件要求。

（5）建筑群子系统采用架空、管道、电缆沟、电缆隧道、直埋、墙壁及暗管等方式敷设线缆的施工质量检查和验收应符合现行行业标准 YD 5121—2010《通信线路工程验收规范》的有关规定。

2．保护措施

（1）配线子系统线缆敷设保护应符合下列规定。

① 金属导管、槽盒明敷设时，应符合下列规定。

a．槽盒明敷设时，与横梁或侧墙或其他障碍物的间距不宜小于 100mm。

b．槽盒的连接部位不应设置在穿越楼板处和实体墙的孔洞处。

c．竖向导管、电缆槽盒的墙面固定间距不宜大于 1500mm。

d．在距接线盒 300mm 处、弯头处两边、每隔 3m 处均应采用管卡固定。

② 预埋金属槽盒保护应符合下列规定。

a．在建筑物中预埋槽盒时，宜按单层设置，每一路由进出同一过线盒的预埋槽盒均不应超过 3 根，槽盒截面高度不宜超过 25mm，总宽度不宜超过 300mm。当槽盒路由中包括过线盒和出线盒时，截面高度宜为 70mm～100mm。

b．槽盒直埋长度超过 30m 或在槽盒路由交叉、转弯时，宜设置过线盒。

c．过线盒盖应能开启，并应与地面齐平，盒盖处应具有防灰与防水功能。

d．过线盒和接线盒盒盖应能抗压。

e．从金属槽盒至信息插座模块接线盒、86 底盒间或金属槽盒与金属钢管之间相连接时的线缆宜采用金属软管敷设。

③ 预埋暗管保护应符合下列规定。

a．金属管敷设在钢筋混凝土现浇楼板内时，导管的最大外径不宜大于楼板厚度的 1/3；导管在墙体、楼板内敷设时，其保护层厚度不应小于 30mm。

b. 导管不应穿越机电设备基础。

c. 预埋在墙体中间暗管的最大管外径不宜超过 50mm，楼板中暗管的最大管外径不宜超过 25mm，室外管道进入建筑物的最大管外径不宜超过 100mm。

d. 直线布管每 30m 处、有 1 个转弯的管段长度超过 20m 时、有 2 个转弯长度不超过 15m 时、路由中反向（U 形）弯曲的位置应设置过线盒。

e. 暗管的转弯角度应大于 90°。布线路由上每根暗管的转弯角不得多于 2 个，并不应有 S 弯出现。

f. 暗管管口应光滑，并应加有护口保护，管口伸出部位宜为 25mm～50mm。

g. 至楼层电信间暗管的管口应排列有序，应便于识别与布放线缆。

h. 暗管内应安置牵引线或拉线。

i. 管路转弯的弯曲半径不应小于所穿入线缆的最小允许弯曲半径，并且不应小于该管外径的 6 倍，当暗管外径大于 50mm 时，不应小于该管外径的 10 倍。

④ 设置桥架保护应符合下列规定。

a. 桥架底部应高于地面并不应小于 2.2m，顶部距建筑物楼板不宜小于 300mm，与梁及其他障碍物交叉处间的距离不宜小于 50mm。

b. 梯架、托盘水平敷设时，支撑间距宜为 1.5m～3.0m。垂直敷设时固定在建筑物构体上的间距宜小于 2m，距地 1.8m 以下部分应加金属盖板保护，或采用金属走线柜包封，但门应可开启。

c. 直线段梯架、托盘每超过 15m～30m 或跨越建筑物变形缝时，应设置伸缩补偿装置。

d. 金属槽盒明装敷设时、在槽盒接头处、每间距 3m 处、离开槽盒两端出口 0.5m 处和转弯处均应设置支架或吊架。

e. 塑料槽盒槽底固定点间距宜为 1m。

f. 线缆桥架转弯半径不应小于槽内线缆的最小允许弯曲半径，直角弯处最小弯曲半径不应小于槽内最粗线缆外径的 10 倍。

g. 桥架穿过防火墙体或楼板时，线缆布放完成后应采取防火封堵措施。

⑤ 网络地板线缆敷设保护方式应符合下列规定。

a. 槽盒之间应沟通。

b. 槽盒盖板应可以开启。

c. 主槽盒的宽度宜为 200mm～400mm，支槽盒宽度不宜小于 70mm。

d. 可开启的槽盒盖板与明装插座底盒间应采用金属软管连接。

e. 地板块与槽盒盖板应抗压、抗冲击和阻燃。

f. 具有防静电功能的网络地板应整体接地。

g. 网络地板板块间的金属槽盒段与段之间应保持良好导通并接地。

⑥ 在架空活动地板下敷设线缆时，地板内净空应为 150mm～300mm。当空调采用下送风方式时，地板内净高应为 300mm～500mm。

（2）当综合布线线缆与大楼弱电系统线缆采用同一槽盒或托盘敷设时，各子系统之间应采用金属板隔开，间距应符合设计文件要求。

（3）干线子系统线缆敷设保护方式应符合下列规定。

① 线缆不得布放在电梯或供水、供气、供暖管道竖井中，亦不宜布放在强电竖井中。当与强电共用竖井布放时，线缆的布放应符合此规范的规定。

② 电信间、设备间、进线间之间干线通道应沟通。

（4）建筑群子系统线缆敷设保护方式应符合设计文件要求。

（5）当电缆从建筑物外面进入建筑物时，应选用适配的信号线路浪涌保护器，并应符合现行国家标准 GB 50311—2016《综合布线系统工程设计规范》的有关规定。

9.2.7　综合布线系统工程的线缆终接

综合布线系统工程的线缆终接规范如下。

（1）线缆终接应符合下列规定。

① 线缆在终接前，应核对线缆标识内容是否正确。

② 线缆终接处应牢固、接触良好。

③ 对绞电缆与连接器件连接应认准线号、线位色标，不得颠倒和错接。

（2）对绞电缆终接应符合下列规定。

① 终接时，每对对绞线应保持扭绞状态，扭绞松开长度对于 3 类电缆不应大于 75mm，对于 5 类电缆不应大于 13mm，对于 6 类及以上类别的电缆不应大于 6.4mm。

② 对绞线与 8 位模块式通用插座相连时，应按色标和线对顺序进行卡接（见图 9.4）。两种连接方式均可采用，但在同一布线工程中两种连接方式不应混合使用。

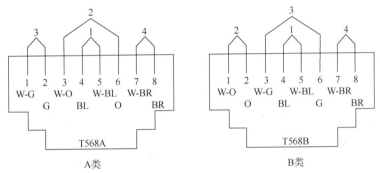

图 9.4　T568A 与 T568B 的连接方式

注：G（Green）—绿；BL（Blue）—蓝；BR（Brown）—棕；W（White）—白；O（Orange）—橙

③ 4 对对绞电缆与非 RJ-45 模块终接时，应按线序号和组成的线对进行卡接（见图 9.5、图 9.6）。

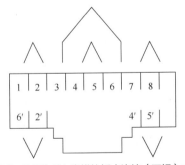

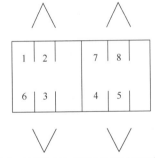

图 9.5　7 类和 7A 类模块插座连接（正视）方式 1　　图 9.6　7 类和 7A 类插座连接（正视）方式 2

④ 屏蔽对绞电缆的屏蔽层与连接器件终接处屏蔽罩应通过紧固器件可靠接触，线缆屏蔽层应与连接器件屏蔽罩 360° 接触，接触长度不宜小于 10mm。

⑤ 对不同的屏蔽对绞线或屏蔽电缆，屏蔽层应采用不同的端接方法。应使编织层或金属箔与汇流导线进行有效的端接。

⑥ 信息插座底盒不宜兼作过线盒使用。

（3）光纤终接与接续应符合下列规定。

① 光纤与连接器件连接时可采用尾纤熔接和机械连接方式。

② 光纤与光纤接续时可采用熔接和光连接子连接方式。

③ 光纤熔接处应加以保护和固定。

（4）各类跳线的终接应符合下列规定。

① 各类跳线线缆和连接器件间接触应良好，接线无误，标志齐全。跳线选用类型应符合系统设计要求。

② 各类跳线长度及性能参数指标应符合设计文件要求。

9.2.8 综合布线系统工程的工程电气测试

综合布线系统工程的工程电气测试规范如下。

（1）综合布线工程电气测试应包括电缆布线系统电气性能测试及光纤布线系统性能测试。

（2）综合布线系统工程测试应随工进行。

（3）对绞电缆布线系统永久链路、CP 链路及信道测试应符合下列规定。

① 综合布线工程应对每一个完工后的信息点进行永久链路测试。主干线缆采用电缆时也可按照永久链路的连接模型进行测试。

② 对包含设备线缆和跳线在内的拟用或在用电缆链路进行质量认证时可按信道方式测试。

③ 对跳线和设备线缆进行质量认证时，可进行元件级测试。

④ 对绞电缆布线系统链路或信道应测试长度、连接图、回波损耗、插入损耗、近端串扰、近端串扰功率和、衰减远端串扰比、衰减远端串扰比功率和、衰减近端串扰比、衰减近端串扰比功率和、环路电阻、时延、时延偏差等，指标参数应符合此规范的规定。

⑤ 现场条件允许时，宜对 E_A 级、F_A 级对绞电缆布线系统的外部近端串扰功率和（PS ANEXT）及外部远端串扰比功率和（PSAACR-F）指标进行抽测。

⑥ 屏蔽布线系统应符合本规范规定的测试内容，还应检测屏蔽层的导通性能。屏蔽布线系统用于工业级以太网和数据中心时，还应排除虚接地的情况。

⑦ 对绞电缆布线系统应用于工业以太网、PoE 及高速信道等场景时，可检测 TCL、ELTCTL、不平衡电阻、耦合衰减等屏蔽特性指标。

（4）光纤布线系统性能测试应符合下列规定。

① 光纤布线系统每条光纤链路均应测试，信道或链路的衰减应符合此规范的规定，并应记录测试所得的光纤长度。

② 当 OM3、OM4 光纤应用于 10Gbit/s 及以上链路时，应使用发射和接收补偿光纤进行双向 OTDR 测试。

③ 当光纤布线系统性能指标的检测结果不能满足设计要求时，宜通过 OTDR 测试曲线进行故障定位测试。

（5）在光纤到用户单元系统工程中，应检测用户接入点至用户单元信息配线箱之间的每一条光纤链路，衰减指标宜采用插入损耗法进行测试。

（6）综合布线系统现场测试仪功能应符合下列规定。

① 测试仪精度应定期检测，每次现场测试前，仪表厂商应出示测试仪的精度有效期限证明。

② 电缆及光纤布线系统的现场测试仪表应符合此规范的规定，仪表的精度应符合表 9.4 的规定并能向下兼容。

表 9.4　测试仪表精度

布线等级	D 级	E 级	E$_A$ 级	F 级	F$_A$ 级
仪表精度	II$_e$	III	III$_e$	IV	V

（7）布线系统各项测试结果应有详细记录，并应作为竣工资料的一部分。测试内容应按此规范的规定，测试记录可采用自制表格、电子表格或仪表自动生成的报告文件等记录方式，表格形式与内容宜符合表 9.5 和表 9.6 的规定。

表 9.5　综合布线系统工程电缆性能指标测试记录

工程项目名称			备注
工程编号			
测试模型	链路（布线系统级别）		
	信道（布线系统级别）		
信息点位置	地址码		
	线缆标识编号		
	配线端口标识码		
测试指标项目	是否通过测试		处理情况
测试记录	测试日期、测试环境及工程实施阶段：		
	测试单位及人员：		
	测试仪表型号、编号、精度校准情况和制造商；测试连接图、采用软件版本、测试双绞线电缆及配线模块的详细信息（类型和制造商、相关性能指标）：		

表 9.6 综合布线系统工程光纤性能指标测试记录

工程项目名称			备注	
工程编号				
测试模型	链路（布线系统级别）			
	信道（布线系统级别）			
信息点位置	地址码			
	线缆标识编号			
	配线端口标识码			
测试指标项目	光纤类型	测试方法	是否通过测试	处理情况
测试记录	测试日期、测试环境及工程实施阶段：			
	测试单位及人员：			
	测试仪表型号、编号、精度校准情况和制造商；测试连接图、采用软件版本、测试光缆及适配器的详细信息（类型和制造商、相关性能指标）：			

9.2.9 综合布线系统工程的管理系统验收

综合布线系统工程的管理系统验收规范如下。

（1）布线管理系统宜按下列规定进行分级。

① 一级管理应针对单一电信间或设备间的系统。

② 二级管理应针对同一建筑物内多个电信间或设备间的系统。

③ 三级管理应针对同一建筑群内多栋建筑物的系统，并应包括建筑物内部及外部系统。

④ 四级管理应针对多个建筑群的系统。

（2）综合布线管理系统宜符合下列规定。

① 管理系统级别的选择应符合设计要求。

② 需要管理的每个组成部分均应设置标签，并由唯一的标识符进行表示，标识符与标签的设置应符合设计要求。

③ 管理系统的记录文档应详细完整并汉化，应包括每个标识符相关信息、记录、报告、图纸等内容。

④ 不同级别的管理系统可采用通用电子表格、专用管理软件或智能配线系统等进行维护管理。

（3）综合布线管理系统的标识符与标签的设置应符合下列规定。

① 标识符应包括安装场地、线缆终端位置、线缆管道、水平线缆、主干线缆、连接器件、接地等类型的专用标识，系统中每一组件应指定一个唯一标识符。

② 电信间、设备间、进线间所设置配线设备及信息点处均应设置标签。

③ 每根线缆应指定专用标识符，标在线缆的护套上或在距每一端护套 300 mm 内设置标签，线缆的成端点应设置标签标记指定的专用标识符。

④ 接地体和接地导线应指定专用标识符，标签应设置在靠近导线和接地体的连接处的明显部位。

⑤ 根据设置的部位不同，可使用粘贴型、插入型或其他类型标签。标签标识内容应清晰，材质应符合工程应用环境要求，具有耐磨、抗恶劣环境、附着力强等性能。

⑥ 成端色标应符合线缆的布放要求，线缆两端成端点的色标颜色应一致。

（4）综合布线系统各个组成部分的管理信息记录和报告应符合下列规定。

① 记录应包括管道、线缆、连接器件及连接位置、接地等内容，各部分记录中应包括相应的标识符、类型、状态、位置等信息。

② 报告应包括管道、安装场地、线缆、接地系统等内容，各部分报告中应包括相应的记录。

（5）当对综合布线系统工程采用布线工程管理软件和电子配线设备组成的智能配线系统进行管理和维护工作时，应按专项系统工程进行验收。

9.2.10　综合布线系统工程的工程验收

综合布线系统工程的工程验收规范如下。

（1）竣工技术文件应按下列规定进行编制。

① 竣工后，施工单位应在工程验收以前，将竣工技术资料交给建设单位。

② 综合布线系统工程的竣工技术资料应包括下列内容。

a. 竣工图纸。

b. 设备材料进场检验记录及开箱检验记录。

c. 系统中文检测报告及中文测试记录。

d. 工程变更记录及工程洽商记录。

e. 随工验收记录，分项工程质量验收记录。

f. 隐蔽工程验收记录及签证。

g. 培训记录及培训资料。

③ 竣工技术文件应保证质量，做到外表整洁、内容齐全、数据准确。

（2）综合布线系统工程应按此规范所列项目、内容进行检验。检验应作为工程竣工资料的组成部分及工程验收的依据之一，并应符合下列规定。

① 系统工程安装质量检查，各项指标符合设计要求，被检项检查结果应为合格；被检项的合格率

为 100%，工程安装质量应为合格。

② 竣工验收需要抽验系统性能时，抽样比例不应低于 10%，抽样点应包括最远布线点。

③ 系统性能检测单项合格判定应符合下列规定。

a. 若一个被测项目的技术参数测试结果不合格，则该项目为不合格。若某一被测项目的检测结果与相应规定的差值在仪表准确度范围内，则该被测项目为合格。

b. 按此规范的指标要求，采用 4 对对绞电缆作为水平电缆或主干电缆，若所组成的链路或信道有一项指标测试结果不合格，则该水平链路、信道或主干链路、信道为不合格。

c. 主干布线大对数电缆中按 4 对对绞对测试，若有一项指标不合格，则该线对为不合格。

d. 当光纤链路、信道测试结果不满足此规范的指标要求时，该光纤链路、信道为不合格。

e. 未通过检测的链路、信道的电线缆对或光纤可在修复后复检。

④ 竣工检测综合合格判定应符合下列规定。

a. 对绞电缆布线全部检测时，无法修复的链路、信道或不合格线对数量有一项超过被测总数的 1%，为不合格。光缆布线系统检测时，当系统中有一条光纤链路、信道无法修复时，为不合格。

b. 对绞电缆布线抽样检测时，被抽样检测点（线对）不合格比例不大于被测总数的 1%，为抽样检测通过，不合格点（线对）应予以修复并复检。被抽样检测点（线对）不合格比例如果大于 1%，则为一次抽样检测未通过，应进行加倍抽样，加倍抽样不合格比例不大于 1%，表示抽样检测通过。如果不合格比例仍大于 1%，则为抽样检测不通过，应进行全部检测，并按全部检测要求进行判定。

c. 当全部检测或抽样检测的结论为合格时，竣工检测的最后结论为合格；当全部检测的结论为不合格时，竣工检测的最后结论为不合格。

⑤ 综合布线系统的验收合格判定应符合下列规定。

a. 标签和标识应按 10%抽检，系统软件功能应全部检测。检测结果符合设计要求的才为合格。

b. 智能配线系统应检测电子配线架链路、信道的物理连接，以及与管理软件中显示的链路、信道连接关系的一致性，按 10%抽检；连接关系全部一致的为合格，有一条及以上链路、信道不一致时，应整改后重新抽测。

（3）光纤到用户单元系统工程中用户光缆的光纤链路 100%测试并合格时，表示工程质量判定为合格。

9.2.11 综合布线系统工程的链路测试

综合布线系统工程的测试是一项系统性工作，它包含链路连通性、电气和物理特性测试。由于篇幅所限，不能一一介绍，本节主要介绍双绞线链路的测试。

1. 测试设备

在综合布线系统工程中，用于测试双绞线链路的设备通常有通断测试设备与分析测试设备两类。前者主要用于链路的简单通断性判定，如能手测试仪，如图 9.7 所示。后者用于链路性能参数的确定，如福禄克系列产品，如图 9.8 所示。下面主要介绍常用测试仪表的性能和测试模型。

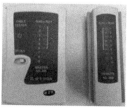

图 9.7　能手测试仪

图 9.8　福禄克系列产品

2. 测试模型

测试模型包括基本链路连接模型、信道连接模型和永久链路连接模型。

（1）基本链路连接模型

基本链路包括 3 部分：最长为 90m 的水平电缆、两端接插件和两条 2m 测试设备线缆。基本链路连接模型如图 9.9 所示。

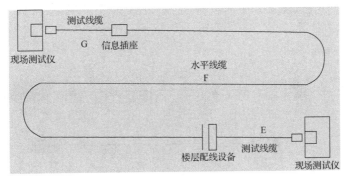

图 9.9　基本链路连接模型

（2）信道连接模型

信道指从网络设备跳线到工作区跳线间端到端的连接，它包括最长为 90m 的水平电缆、两端接插件、一个工作区转接连接器、两端连接跳线和用户终端连接线，信道最长为 100m。信道连接模型如图 9.10 所示。

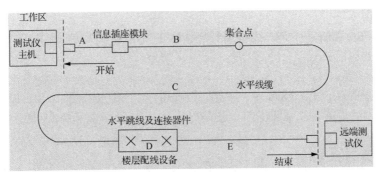

图 9.10　信道连接模型

（3）永久链路连接模型

永久链路又称固定链路，它由最长为 90m 的水平电缆、两端接插件和转接连接器组成。永久链路连接模型如图 9.11 所示。H 为从信息插座至楼层配线设备（包括集合点）的水平线缆，H 的长度小于等于 90m。其与基本链路的区别在于基本链路包括两端的 2m 测试线缆。在使用永久链路连接模型测试时，可排除跳线在测试过程中本身带来的误差，从技术上消除测试跳线对整个链路测试结果的影响，使测试结果更准确、合理。

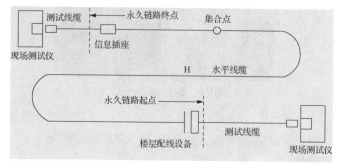

图 9.11　永久链路连接模型

（4）3 种测试模型之间的差别

图 9.12 显示了 3 种测试模型之间的差别，主要体现在测试起点和终点的不同、包含的固定连接点不同和是否可用终端跳线等。

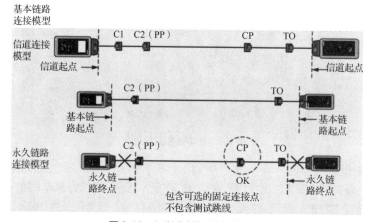

图 9.12　3 种测试模型之间的差别

3. 测试标准

综合布线系统的测试首先是与布线的标准紧密相关的。布线的现场测试是布线测试的依据，它与布线的其他标准息息相关。

4. 测试技术参数

综合布线系统的双绞线链路测试中，需要现场测试的参数包括接线图、长度、传输时延、插入损耗、近端串扰、综合近端串扰、回波损耗、衰减串扰比、等效远端串扰和综合等效远端串扰等。

9.3　项目实训

9.3.1　铜缆链路故障诊断与分析

1. 实训目的

（1）了解并掌握各种网络链路故障的形成原因和预防办法。

（2）掌握使用 6 类、7 类线测试仪表测试网络链路故障的方法。

（3）掌握常见链路故障的维修方法。

2. 实训内容

（1）准备实训材料和工具，列出实训材料和工具清单。

（2）领取实训材料和工具。

（3）完成永久链路的测试，准确找出故障点，并判定故障类型。

3. 实训过程

（1）准备实训材料和工具，列出实训材料和工具清单。

（2）领取实训材料和工具。立式机柜 1 个；十字螺钉旋具，长度为 150mm，用于固定螺钉，一般每人 1 把；6 类、7 类网络线缆若干；信息模块、面板若干。

（3）制作信息模块、网络跳线。

（4）由 4 或 5 人组成一个项目组，选举项目负责人；使用线缆测试仪表对 6 类、7 类线进行测试，根据测试仪表显示数据，判定各条链路的故障位置和故障类型，并排查网络链路故障。

（5）填写综合布线系统常见故障检测分析表，如表 9.7 所示，完成故障测试分析。

表 9.7　综合布线系统常见故障检测分析表

序号	链路名称	检测结果	主要故障类型	主要故障主要原因分析
1	A1 链路			
2	A2 链路			
3	A3 链路			
4	A4 链路			
5	A5 链路			
6	B1 链路			
7	B2 链路			
8	B3 链路			
9	B4 链路			
10	B5 链路			

4. 实训总结

（1）分步陈述实训步骤以及实训过程中的注意事项。

（2）根据故障检测结果，总结不同故障的维修方法。

（3）写出实训体会和操作技巧。

9.3.2　光缆链路故障诊断与分析

1. 实训目的

（1）了解并掌握各种网络链路故障的形成原因和预防办法。

（2）掌握使用光缆测试仪表测试网络链路故障的方法。

（3）掌握常见链路故障的维修方法。

2. 实训内容

（1）准备实训材料和工具，列出实训材料和工具清单。

（2）领取实训材料和工具。

（3）完成永久链路的测试，准确找出故障点，并判定故障类型。

3. 实训过程

（1）准备实训材料和工具，列出实训材料和工具清单。

（2）领取实训材料和工具。立式机柜 1 个；十字螺钉旋具，长度为 150mm，用于固定螺钉，一般每人 1 把；光纤皮纤若干、光纤模块若干。

（3）制作光纤模块、光纤跳线。

（4）由 4 或 5 人组成一个项目组，选举项目负责人；使用光缆测试仪表对光纤进行测试，根据测试仪表显示数据，判定各条链路的故障位置和故障类型，并排查网络链路故障。

（5）填写故障检测分析表，完成故障测试分析。

4. 实训总结

（1）分步陈述实训步骤以及实训过程中的注意事项。

（2）根据故障检测结果，总结不同故障的维修方法。

（3）写出实训体会和操作技巧。

项目小结

1. 认识综合布线系统工程的测试技术，主要讲解综合布线系统工程测试的必要性、综合布线系统工程测试的类别、测试仪表的选择。

2. 综合布线系统工程验收的基本原则，主要讲解综合布线系统工程验收总则。

3. 综合布线系统工程的环境检查，主要讲解综合布线系统工程的环境检查规范。

4. 综合布线系统工程的器材及测试仪表工具检查，主要讲解综合布线系统工程的器材及测试仪表工具检查规范。

5. 综合布线系统工程的设备安装检验，主要讲解综合布线系统工程的设备安装检验规范。

6. 综合布线系统工程的线缆的敷设和保护方式检验，主要讲解综合布线系统工程的线缆的敷设和保护方式检验规范。

7. 综合布线系统工程的线缆终接，主要讲解综合布线系统工程的线缆终接规范。

8. 综合布线系统工程的工程电气测试，主要讲解设综合布线系统工程的工程电气测试规范。

9. 综合布线系统工程的管理系统验收，主要讲解综合布线系统工程的管理系统验收规范。

10. 综合布线系统工程的工程验收，主要讲解综合布线系统工程的工程验收规范。

11. 综合布线系统工程的链路测试，主要讲解测试设备、测试模型、测试类型、测试标准、测试技术参数。

课后习题

1. 选择题

（1）光缆布放路由宜盘留，预留长度宜为（　　　）。

　A. 1~2m　　　　B. 2~3m　　　　C. 3~5m　　　　D. 5~10m

（2）（　　）管理应针对同一建筑物内多个电信间或设备间的系统。

　A. 一级　　　　B. 二级　　　　C. 三级　　　　D. 四级

（3）（　　）管理应针对同一建筑群内多栋建筑物的系统，并应包括建筑物内部及外部系统。

　A. 一级　　　　B. 二级　　　　C. 三级　　　　D. 四级

（4）综合布线管理系统的标签和标识应按（　　　）抽检，系统软件功能应全部检测。

    A. 5%　　　　　　　B. 10%　　　　　　　C. 20%　　　　　　　D. 30%

（5）光纤到用户单元系统工程中用户光缆的光纤链路应（　　　）测试并合格，工程质量判定应为合格。

    A. 20%　　　　　　B. 30%　　　　　　　C. 80%　　　　　　　D. 100%

2. 简答题

（1）简述综合布线系统工程测试的类别。

（2）简述综合布线系统工程验收的基本原则。

（3）简述综合布线系统工程的环境检查规范。

（4）简述综合布线系统工程的设备安装检验规范。

（5）简述综合布线系统工程的线缆敷设和保护方式检验规范。

（6）简述综合布线系统工程的工程电气测试规范。

（7）简述综合布线系统工程的管理系统验收规范。

（8）简述综合布线系统工程的工程验收规范。